大学生のための

電磁気学演習

Problems and Solutions in Electromagnetism for College Students

沼居 貴陽 著

共立出版

まえがき

本書は，大学で初めて電磁気学を学ぶ学生さんのための自習用演習書です．レベルとしては，高校で物理をひととおり学んだうえで大学で扱う基本的な数式を理解している学部1〜2年生を想定しています．大学の講義に出席しているだけでは，ややもすれば受身の学習態度になりがちです．これに対して，読者自身が自発的に問題に取り組み，能動的な学習をする手助けになることを目指し，教科書を補完する学習書として本書は企画されました．電磁気学の教科書としては，たとえば拙著『大学生のためのエッセンス　電磁気学』（共立出版）を手に取ってみるのもよいでしょう．

本書では，復習を兼ねて，各章の冒頭に基礎事項を簡潔にまとめてあります．基礎事項を眺めながら，教科書における論理展開を思い浮かべると，問題を解くためのよいウォーミングアップになるでしょう．各問題文のあとには，問題の意義や，問題で扱っているテーマの用途を簡潔に説明しました．これは，電磁気学が物理学・電気工学・電子工学においてとても重要でありながら，イメージしづらいとか，何に使えるのかわからないといった学生さんからの声に応じたものです．ぜひ，意義や用途を理解したうえで，イメージをもって問題に取り組んでほしいと思います．それでも，いざ問題を解くとなると，考えるきっかけがほしいときがあります．そこで，解答の前にはヒントを設けました．本書によって電磁気学を学ぶ場合，まずヒントをもとに徹底的に考えて，自分なりの答案をつくりましょう．それから，自分の答案と解答を比較し，答案と解答との違いを意識すると，学習効果が高まると思います．

さて，読者の中には，公式に当てはめれば答が出ると思っている人もいるかもしれません．しかし，大学では，本質が何であるかということに主眼をおき，どのような法則によって現象が説明できるのかということを意識してほしいものです．本書が，少しでも電磁気学を理解する手助けになれば幸いです．

単位系としては，国際単位系 (Système International d'Unités) を用いています．物理量の単位はSI単位によって表され，$\boldsymbol{E}-\boldsymbol{B}$ 対応による表記が用いられています．

さて，これまで筆者が研究と教育に従事してくることができたのは，学生時代からご指導いただいている東京大学名誉教授（元慶應義塾大学教授）霜田光一先生，慶應義塾大学名誉教授 上原喜代治先生，元慶應義塾大学教授 藤岡知夫先生，慶應義塾大学教授 小原實先生のおかげです．この場をお借りして，改めて感謝いたします．最後に，本書を出版する機会をいただいた共立出版株式会社の寿日出男さん，野口訓子さんはじめ編集部の方々にお礼を申し上げます．

2011 年 6 月

沼 居 貴 陽

目　　次

物理定数

名称	記号	値
真空中の光速	c	$2.99792458 \times 10^{8}\,\mathrm{m\,s^{-1}}$
真空の誘電率	ε_0	$10^7/4\pi c^2 = 8.854 \times 10^{-12}\,\mathrm{F\,m^{-1}}$
真空の透磁率	μ_0	$4\pi/10^7 = 1.25664 \times 10^{-6}\,\mathrm{H\,m^{-1}}$
真空中の電子の質量	m_0	$9.109 \times 10^{-31}\,\mathrm{kg}$
電気素量	e	$1.602 \times 10^{-19}\,\mathrm{C}$
万有引力定数	G	$6.67 \times 10^{-11}\,\mathrm{m^3\,kg^{-1}\,s^{-2}}$

物理量と単位（国際単位系，$\boldsymbol{E}$–$\boldsymbol{B}$ 対応）

物理量	物理量の記号	単位	単位の読み方
時間	t	s	
質量	m	kg	キログラム
速度	$\boldsymbol{v}$	$\mathrm{m\,s^{-1}}$	
加速度	$\boldsymbol{a} = \mathrm{d}\boldsymbol{v}/\mathrm{d}t$	$\mathrm{m\,s^{-2}}$	
力	$\boldsymbol{F}$	$\mathrm{N = kg\,m\,s^{-2}}$	ニュートン
エネルギー	U	$\mathrm{J = N\,m}$	ジュール
パワー	W	$\mathrm{W = J\,s^{-1}}$	ワット
電荷	q	C	クーロン
電界	$\boldsymbol{E}$	$\mathrm{V\,m^{-1} = N\,C^{-1}}$	
電位	ϕ	V	ボルト
電流	I	$\mathrm{A = C\,s^{-1}}$	アンペア
電気双極子モーメント	$\boldsymbol{p}$	$\mathrm{C\,m}$	
分極	$\boldsymbol{P}$	$\mathrm{C\,m^{-2}}$	
電束密度	$\boldsymbol{D}$	$\mathrm{C\,m^{-2}}$	
磁荷	q_{m}	$\mathrm{A\,m}$	
磁界	H	$\mathrm{A\,m^{-1}}$	
磁位	ϕ_{m}	A	
磁気双極子モーメント	$\boldsymbol{m}$	$\mathrm{A\,m^2}$	
磁化	$\boldsymbol{M}$	$\mathrm{A\,m^{-1}}$	
磁気分極	$\mu_0\boldsymbol{M}$	$\mathrm{T = Wb\,m^{-2}}$	テスラ
磁束密度	$\boldsymbol{B}$	$\mathrm{T = Wb\,m^{-2}}$	
磁束	Φ	Wb	ウェーバ
スカラーポテンシャル	ϕ	V	
ベクトルポテンシャル	$\boldsymbol{A}$	$\mathrm{T\,m = Wb\,m^{-1}}$	
電気抵抗	R	$\Omega = \mathrm{V\,A^{-1}}$	オーム
電気容量	C	$\mathrm{F = C\,V^{-1}}$	ファラド
インダクタンス	L	$\mathrm{H = Wb\,A^{-1}}$	ヘンリー

ギリシャ文字のアルファベット

小文字，大文字	英語表記	日本語表記
α, A	alpha	アルファ
β, B	beta	ベータ
γ, Γ	gamma	ガンマ
δ, Δ	delta	デルタ
ϵ, E	epsilon	イプシロン
ζ, Z	zeta	ゼータ
η, H	eta	イータ
θ, Θ	theta	シータ
ι, I	iota	イオタ
κ, K	kappa	カッパ
λ, Λ	lambda	ラムダ
μ, M	mu	ミュー
ν, N	nu	ニュー
ξ, Ξ	xi	クシー
o, O	omicron	オミクロン
π, Π	pi	パイ
ρ, P	rho	ロー
σ, Σ	sigma	シグマ
τ, T	tau	タウ
υ, Υ	upsilon	ウプシロン
ϕ, Φ	phi	ファイ
χ, X	chi	カイ
ψ, Ψ	psi	プサイ
ω, Ω	omega	オメガ

第 1 章

電荷と静電界／電位

1.1 静電界と電位
1.2 ガウスの法則

問題 *1.1* 万有引力とクーロン力との比較
問題 *1.2* 負の点電荷の周囲の静電界と電位
問題 *1.3* 正の線電荷の周囲の静電界
問題 *1.4* 負の面電荷の周囲の静電界
問題 *1.5* 表面だけに電荷をもつ球の内外の静電界と電位
問題 *1.6* 表面だけに電荷をもつ無限長の円柱の内外の静電界と電位
問題 *1.7* 一様な電荷をもつ球の内外の静電界と電位
問題 *1.8* 一様な電荷をもつ有限長の円柱の内外の静電界と電位
問題 *1.9* 平行平板に対する閉曲面
問題 *1.10* 電気双極子間の電位

1.1 静電界と電位

電荷 (electric charge) の周辺には，電気的な山や谷ができている．電荷量が時間的に変化しないとき，この電気的な山や谷の勾配を**静電界** (electrostatic electric field) という．**静電界 $\boldsymbol{E}$** に対して，次の関係が成り立つ．

$$\mathrm{rot}\,\boldsymbol{E} = \nabla \times \boldsymbol{E} = 0 \tag{1.1}$$

ここで，∇ はナブラ (nabla) とよばれる演算子であり，xyz-座標系では，次のように定義されている．

$$\nabla \equiv \frac{\partial}{\partial x}\hat{\boldsymbol{x}} + \frac{\partial}{\partial y}\hat{\boldsymbol{y}} + \frac{\partial}{\partial z}\hat{\boldsymbol{z}} \tag{1.2}$$

ただし，$\hat{\boldsymbol{x}}, \hat{\boldsymbol{y}}, \hat{\boldsymbol{z}}$ は，それぞれ x, y, z 軸の正の方向を向いた単位ベクトル（長さ 1 のベクトル）である．

静電界 $\boldsymbol{E}$ は，**電位** (electric potential) $\phi\,(\mathrm{V})$ を用いて，次のように表される．

$$\boldsymbol{E} = -\mathrm{grad}\,\phi = -\nabla\phi \tag{1.3}$$

式 (1.3) から，**静電界 $\boldsymbol{E}$ は，電位 ϕ の勾配** (gradient) **によって与えられる**といえる．勾配とは，空間について 1 階微分したものであるから，静電界 $\boldsymbol{E}$ の単位が V/m あるいは $\mathrm{V\,m^{-1}}$ で与えられることがわかる．

電位 ϕ と静電界 $\boldsymbol{E}$ の関係は，式 (1.3) のように微分形で表すことができる．一方，電位 ϕ と静電界 $\boldsymbol{E}$ の関係を積分形で表すと，次のようになる．

$$\phi = -\int_{\boldsymbol{r}_0}^{\boldsymbol{r}} \boldsymbol{E}\cdot \mathrm{d}\boldsymbol{r} \tag{1.4}$$

ここで，$\boldsymbol{r}_0$ は電位の基準（$\phi = 0\,\mathrm{V}$）となる点の位置ベクトル，$\boldsymbol{r}$ は電位 ϕ を求めるべき点の位置ベクトルである．**電位の基準となる点は，無限遠の点に選ぶことが多い**．ただし，電荷の形状によっては，電位の基準となる点を無限遠の点に選ぶと，求めるべき点において電位 ϕ が発散する．このような場合は，求めるべき点において**電位 ϕ が発散しないように，電荷をもつ物体の表面に電位の基準点を選ぶなど，工夫する**必要がある．

静電界 $\boldsymbol{E}$ と電位 ϕ に対して，**重ね合せの原理** (principle of superposition)

が成り立つ．電荷 q_n によって点 P に生じる静電界と電位をそれぞれ $\boldsymbol{E}_n$，ϕ_n と表すと，点 P における静電界 $\boldsymbol{E}$ と電位 ϕ は，次のように表される．

$$\boldsymbol{E} = \sum_n \boldsymbol{E}_n, \quad \phi = \sum_n \phi_n \tag{1.5}$$

1.2 ガウスの法則

静電界 $\boldsymbol{E}$ が貫く面をもつような閉曲面を考え，閉曲面上で静電界 $\boldsymbol{E}$ の面積分を計算すると，真空中あるいは空気中に置かれた電荷に対して，次式が成り立つ．

$$\iint \boldsymbol{E} \cdot \boldsymbol{n} \, \mathrm{d}S = \frac{1}{\varepsilon_0} \times (\text{閉曲面内の全電荷}) \tag{1.6}$$

ここで，$\boldsymbol{n}$ は閉曲面の単位法線ベクトルであり，閉曲面の内側から外側に向かうと約束する．また，$\mathrm{d}S$ は閉曲面表面の微小面積，ε_0 は真空の誘電率である．式 (1.6) は，**ガウスの法則** (Gauss's law) とよばれている．

閉曲面を決定するためには，電荷の周囲にできる静電界 $\boldsymbol{E}$ をイメージすることが大切である．正の電荷と負の電荷の周囲の静電界 $\boldsymbol{E}$ は，それぞれ図 1.1，1.2 のようになる．

図 1.1，1.2 からわかるように，点電荷，線電荷，面電荷の周囲にできる静電界に対してガウスの法則を適用するには，$\boldsymbol{E}$ と $\boldsymbol{n}$ が平行あるいは反平行となるように，図 1.3 の閉曲面を用いると，計算が簡単になる．点電荷に対しては，点電荷の位置に中心をもつ球を，線電荷に対しては，線電荷の位置に中心線（円

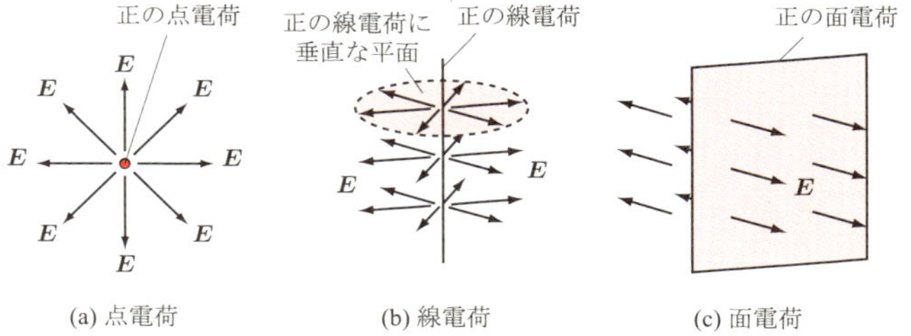

図 1.1 正の電荷の周囲の静電界

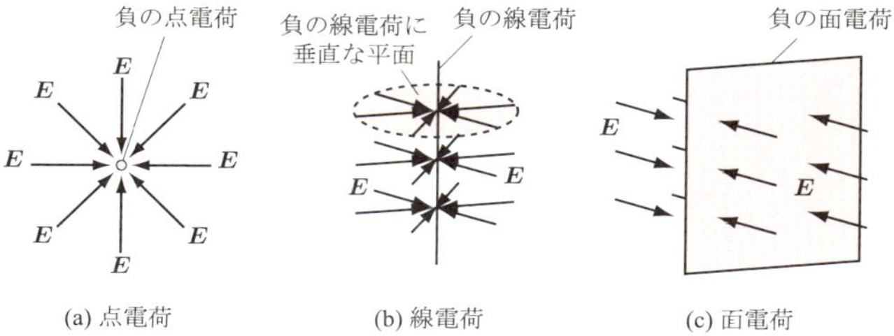

図 1.2 負の電荷の周囲の静電界

柱の二つの円の中心を結ぶ線）をもつ円柱を，面電荷に対しては，面電荷に平行な面をもつ直方体をそれぞれ閉曲面として用いればよい．このとき，静電界の空間的な対称性に留意してほしい．

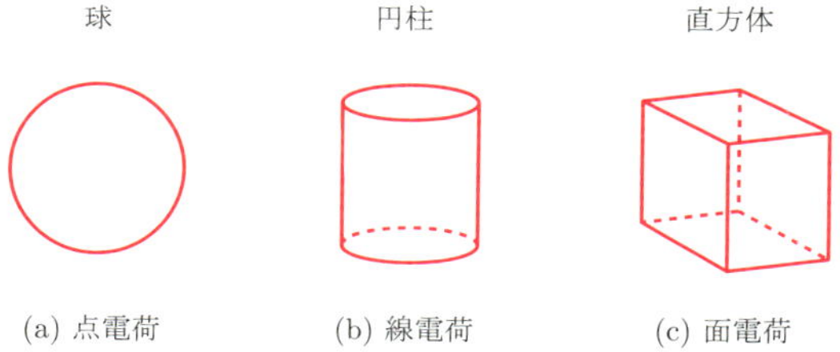

図 1.3 電荷の形状と閉曲面との関係

問題 1.1 万有引力とクーロン力との比較

質量 $m = 4.67 \times 10^{-26}\,\mathrm{kg}$，電荷 $q = 1.60 \times 10^{-19}\,\mathrm{C}$ をもつ粒子 2 個が，真空中で距離 $r = 2.35 \times 10^{-10}\,\mathrm{m}$ だけ離れて置かれている．この粒子間に働く万有引力の大きさ F_{G} とクーロン力の大きさ F を比較せよ．

意　義

万有引力とクーロン力の大きさの違いを理解しておこう．たとえば，結晶内でイオン殻と電子の間に働く力や，イオン間に働く力を考えるとき，万有引力を無視し，クーロン力だけを考えても十分よい近似となることがわかるだろう．

ヒント

- 粒子間の距離を r とすると，万有引力とクーロン力は r^{-2} に比例する．

解　答

2 個の粒子間の万有引力の大きさ F_{G} は，万有引力定数 $G = 6.67 \times 10^{-11}\,\mathrm{m^3\,kg^{-1}\,s^{-2}}$ を用いて，次のように求められる．

$$F_{\mathrm{G}} = G\frac{m^2}{r^2} = 2.63 \times 10^{-42}\,\mathrm{N} \tag{1.7}$$

一方，2 個の粒子は同一電荷をもつから，粒子間に働くクーロン力は反発力となる．このクーロン力の大きさ F は，次のようになる．

$$F = \frac{q^2}{4\pi\varepsilon_0 r^2} = 4.17 \times 10^{-9}\,\mathrm{N} \gg F_{\mathrm{G}} \tag{1.8}$$

これらの結果からわかるように，クーロン力の大きさ F は，万有引力の大きさ F_{G} に比べて極めて大きい．

問題 1.2　負の点電荷の周囲の静電界と電位

真空中に置かれた負の点電荷 $-q$ (C) の周辺にできる静電界 $\boldsymbol{E}$ (V m^{-1}) と電位 ϕ (V) を求めよ．

意　義

物体は，点の集合である．したがって，点電荷の周囲の静電界に対して重ね合せの原理を適用すれば，任意の形状の電荷に対して静電界を求めることができる．

ヒント

- 点に対しては，どの方角も同等である．
- 静電界の方向は，負の電荷に向かうと約束する．

解　答

静電界 $\boldsymbol{E}$ は，周囲から一様に負の点電荷 $-q$ に集まる．したがって，閉曲面として，負の点電荷の位置に中心をもつ半径 r (m) の球を考える．負の点電荷，周囲の静電界 $\boldsymbol{E}$，閉曲面を示すと，図 1.4 のようになる．

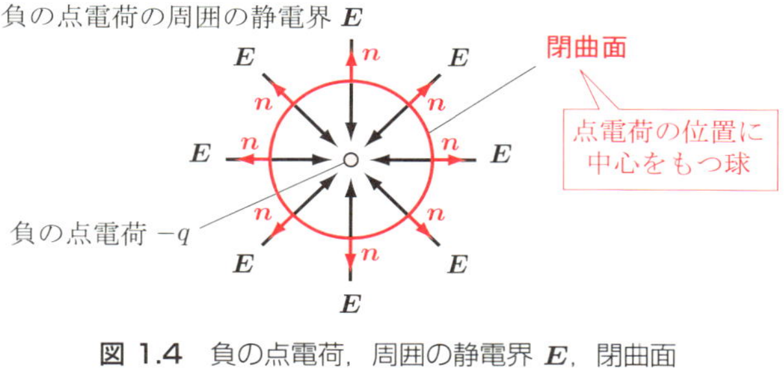

図 1.4　負の点電荷，周囲の静電界 $\boldsymbol{E}$，閉曲面

閉曲面（球）の表面積は $S = 4\pi r^2\,(\mathrm{m}^2)$ であり，閉曲面内の全電荷は $-q\,(\mathrm{C})$ である．また，静電界 $\boldsymbol{E}$ と閉曲面の単位法線ベクトル $\boldsymbol{n}$ が反平行だから，$\boldsymbol{E}\cdot\boldsymbol{n} = -E$ となる．ただし，$E = |\boldsymbol{E}|$ である．以上から，ガウスの法則は次のように表される．

$$\iint \boldsymbol{E}\cdot\boldsymbol{n}\,\mathrm{d}S = -E \times 4\pi r^2 = -\frac{1}{\varepsilon_0}q \tag{1.9}$$

式 (1.9) から，静電界の大きさ $E\,(\mathrm{V\,m^{-1}})$ は，次のように求められる．

$$E = \frac{q}{4\pi\varepsilon_0 r^2} \tag{1.10}$$

ベクトル $\boldsymbol{r}$ の始点を負の点電荷とすると，静電界 $\boldsymbol{E}$ と $\boldsymbol{r}$ は反平行だから，$\boldsymbol{E}\cdot\mathrm{d}\boldsymbol{r} = -E\mathrm{d}r$ である．この状態で，電位の基準点を無限遠の点とすると，電位 $\phi\,(\mathrm{V})$ は次のように求められる．

$$\phi = -\int_{\infty}^{r} -E\,\mathrm{d}r = \int_{\infty}^{r} \frac{q}{4\pi\varepsilon_0 r^2}\,\mathrm{d}r = -\frac{q}{4\pi\varepsilon_0 r} \tag{1.11}$$

復　習

真空中あるいは空気中におけるガウスの法則

$$\iint \boldsymbol{E}\cdot\boldsymbol{n}\,\mathrm{d}S = \frac{1}{\varepsilon_0} \times (\text{閉曲面内の全電荷})$$

問題 1.3　正の線電荷の周囲の静電界

真空中に置かれた正の線電荷の周辺にできる静電界 $\boldsymbol{E}\,(\mathrm{V\,m^{-1}})$ を求めよ．ただし，線電荷の長さを無限大とし，単位長さあたりの電荷を $\lambda\,(\mathrm{C\,m^{-1}})$ とする．

意　義

線電荷は，極限まで細くした信号線や導線に蓄積された電荷であると考えられる．したがって，太さが無視できるような信号線や導線の周囲の静電界や電位は，この問題の解によって与えられる．

ヒント

- 線に対して垂直なすべての方角は同等である．
- 静電界の方向は，正の電荷を始点とすると約束する．

解　答

静電界 $\boldsymbol{E}$ は，正の線電荷に垂直に交わり，放射状に広がると考えられる．したがって，閉曲面として，正の線電荷上に中心線をもつ半径 $r\,(\mathrm{m})$，高さ $h\,(\mathrm{m})$ の円柱を考える．正の線電荷，周囲の静電界 $\boldsymbol{E}$，閉曲面を図 1.5 に示す．

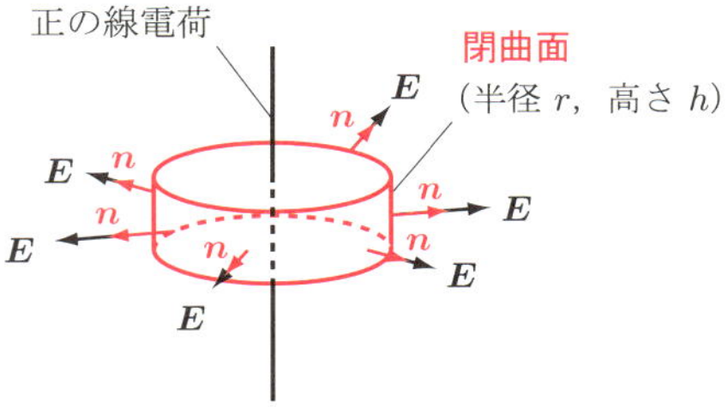

図 1.5　正の線電荷，周囲の静電界 $\boldsymbol{E}$，閉曲面

閉曲面内には，正の線電荷のうち，長さ $h\,(\mathrm{m})$ の範囲に存在している電荷が，すべて含まれている．したがって，静電界が貫く閉曲面の側面の表面積 $2\pi rh\,(\mathrm{m}^2)$ を用いると，ガウスの法則は次のように表される．

$$\iint \boldsymbol{E}\cdot\boldsymbol{n}\,\mathrm{d}S = 2\pi rhE = \frac{1}{\varepsilon_0}\times\lambda h \tag{1.12}$$

式 (1.12) から，静電界 $\boldsymbol{E}$ の大きさ $E\,(\mathrm{V\,m^{-1}})$ は，次のように求められる．

$$E = \frac{\lambda}{2\pi\varepsilon_0 r} \tag{1.13}$$

復　習

静電界 $\boldsymbol{E}$ に対するガウスの法則の適用

- 電荷の周囲の静電界をイメージする．
- 静電界の向きと平行な法線をもつ閉曲面を用いる．
- 静電界の空間的な対称性に留意する．

電荷の形状	閉曲面
点電荷	点電荷の位置に中心をもつ球
線電荷	線電荷の位置に中心線をもつ円柱
面電荷	面電荷に平行な面をもつ直方体

このとき，閉曲面の表面積を S とすると，

$$\iint \boldsymbol{E}\cdot\boldsymbol{n}\,\mathrm{d}S = \iint E\,\mathrm{d}S = SE$$

問題 1.4　負の面電荷の周囲の静電界

真空中に置かれた負の面電荷の周辺にできる静電界 $\boldsymbol{E}\,(\mathrm{V\,m^{-1}})$ を求めよ．ただし，面電荷は無限に広がっており，単位面積あたりの電荷を $-\sigma\,(\mathrm{C\,m^{-2}})$ とする．

意　義

面電荷は，極限まで薄くした板に蓄積された電荷であると考えられる．したがって，厚さが無視できるような板の周囲の静電界は，この問題の解によって与えられる．平行平板キャパシタにおける静電界を求めるときの基礎となる．

ヒント

- 静電界の方向は，面に対して垂直である．
- 静電界の方向は，負の電荷に向かうと約束する．

解　答

静電界 $\boldsymbol{E}$ は，負の面電荷に垂直に交わると考えられる．したがって，閉曲面として，面電荷に平行な面をもつ直方体を考え，上面と底面の面積をどちらも $S\,(\mathrm{m^2})$ とする．負の面電荷，周囲の静電界 $\boldsymbol{E}$，閉曲面を図 1.6 に示す．

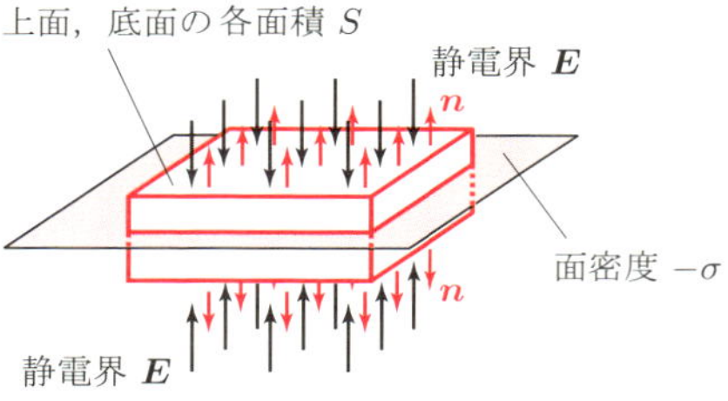

図 1.6　負の面電荷，周囲の静電界 $\boldsymbol{E}$，閉曲面

面密度 $-\sigma\,(\mathrm{C\,m^{-2}})$ の負の電荷によって発生する静電界 $\boldsymbol{E}$ と閉曲面の上面，底面における単位法線ベクトル $\boldsymbol{n}$ が反対向きなので，$\boldsymbol{E}\cdot\boldsymbol{n} = -E$ となる．このことに注意すると，ガウスの法則から次式が得られる．

$$\iint \boldsymbol{E}\cdot\boldsymbol{n}\,\mathrm{d}S = -E \times 2S = \frac{1}{\varepsilon_0}\times S(-\sigma) \tag{1.14}$$

したがって，静電界 $\boldsymbol{E}$ の大きさ $E\,(\mathrm{V\,m^{-1}})$ は，次のように求められる．

$$E = \frac{\sigma}{2\varepsilon_0} \tag{1.15}$$

復　習

電位 ϕ と静電界 $\boldsymbol{E}$ との関係

- 微分形

$$\boldsymbol{E} = -\mathrm{grad}\,\phi = -\nabla\phi$$

- 積分形

$$\phi = -\int_{\boldsymbol{r}_0}^{\boldsymbol{r}} \boldsymbol{E}\cdot\mathrm{d}\boldsymbol{r}$$

  – 点電荷の場合：$|\boldsymbol{r}_0| = \infty$
  – 電位 ϕ が発散する場合：$|\boldsymbol{r}_0| \neq \infty$

問題 1.5　表面だけに電荷をもつ球の内外の静電界と電位

真空中に置かれた半径 $a\,(\mathrm{m})$ の球の表面に，面密度 $\sigma\,(\mathrm{C\,m^{-2}})$ の正の電荷が一様に分布し，球の内部には電荷が存在しないとする．このとき，球の内外の静電界と電位を計算せよ．

意　義

導体球に電荷を与えると，球の表面に電荷が一様に分布し，導体内部では静電界が存在しない．この原理を用いて，外部の静電界の影響を受けないシールドルームとよばれる部屋を作ることができる．シールドルーム内では，外部の電磁波も減衰するので，精密電子機器の測定に使用される．

ヒント

- 半径 $a\,(\mathrm{m})$ を基準にして，閉曲面のサイズを場合分けする．

解　答

静電界 $\boldsymbol{E}$ は，半径 $a\,(\mathrm{m})$ の球から放射状に広がると考えられる．したがって，閉曲面として，球の中心と同じ中心をもつ半径 $r\,(\mathrm{m})$ の球を考える．

(a) $r \geq a$ の場合

閉曲面内には，正の電荷が表面に一様に分布している球がもっている電荷 $4\pi a^2\sigma\,(\mathrm{C})$ が，すべて含まれている．したがって，ガウスの法則から

$$\iint \boldsymbol{E}\cdot\boldsymbol{n}\,\mathrm{d}S = 4\pi r^2 E = \frac{1}{\varepsilon_0}\cdot 4\pi a^2\sigma \tag{1.16}$$

となる．この結果，静電界 $\boldsymbol{E}$ の大きさ $E\,(\mathrm{V\,m^{-1}})$ は，次のようになる．

$$E = \frac{\sigma a^2}{\varepsilon_0}\cdot\frac{1}{r^2} \tag{1.17}$$

(b) $0 < r < a$ の場合

閉曲面内には，電荷がまったく含まれていないので，ガウスの法則から

$$\iint \boldsymbol{E} \cdot \boldsymbol{n} \, \mathrm{d}S = 4\pi r^2 E = 0 \tag{1.18}$$

となる．したがって，静電界 $\boldsymbol{E}$ の大きさ $E\,(\mathrm{V\,m^{-1}})$ は，次のようになる．

$$E = 0 \tag{1.19}$$

式 (1.17)，(1.19) から，静電界 $\boldsymbol{E}$ の大きさ E と r の関係は，図 1.7(a) のようになる．

電位の基準（$\phi = 0\,\mathrm{V}$）となる点を $|\boldsymbol{r}_0| = \infty$ に選び，$\boldsymbol{E} \parallel \boldsymbol{r}$ とすると，電位 $\phi\,(\mathrm{V})$ は，次のように求められる．

(a) $r \geq a$ の場合

$$\phi = -\int_{\infty}^{r} E \, \mathrm{d}r = \int_{r}^{\infty} \frac{\sigma a^2}{\varepsilon_0} \cdot \frac{1}{r^2} \, \mathrm{d}r = \frac{\sigma a^2}{\varepsilon_0} \cdot \frac{1}{r} \tag{1.20}$$

(b) $0 < r < a$ の場合

$$\begin{aligned} \phi &= -\int_{\infty}^{r} E \, \mathrm{d}r = -\left(\int_{\infty}^{a} \frac{\sigma a^2}{\varepsilon_0} \cdot \frac{1}{r^2} \, \mathrm{d}r + \int_{a}^{r} 0 \, \mathrm{d}r \right) \\ &= \int_{r}^{a} 0 \, \mathrm{d}r + \int_{a}^{\infty} \frac{\sigma a^2}{\varepsilon_0} \cdot \frac{1}{r^2} \, \mathrm{d}r = \frac{\sigma a}{\varepsilon_0} \end{aligned} \tag{1.21}$$

式 (1.20)，(1.21) から，電位 ϕ と r の関係は，図 1.7(b) のようになる．

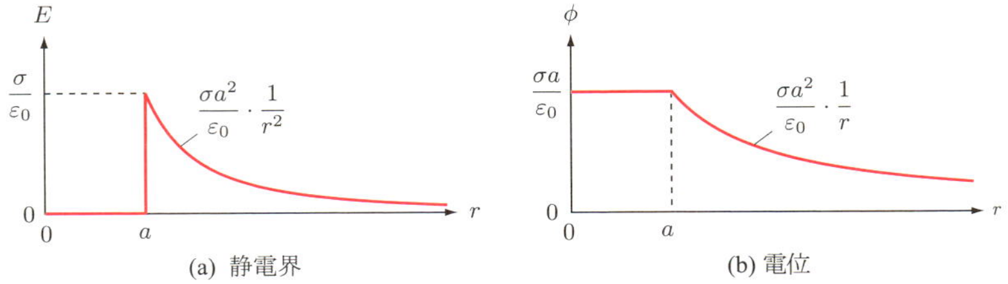

図 1.7　表面に電荷が一様に分布する球内外の (a) 静電界と (b) 電位

問題 1.6　表面だけに電荷をもつ無限長の円柱の内外の静電界と電位

真空中に置かれた半径 a (m)，長さ無限大の円柱の表面に，面密度 σ (C m^{-2}) の正の電荷が一様に分布し，円柱の内部には電荷が存在しないとする．このとき，円柱の内外の静電界と電位を計算せよ．

意　義

導体円柱に電荷を与えると，円柱の表面に電荷が一様に分布し，導体内部では静電界が存在しない．

ヒント

- 半径 a (m) を基準にして，閉曲面のサイズを場合分けする．
- 場合分けする場合でも，電位の基準点は同一とする．
- 電位の基準点を無限遠の点に選ぶと，電位が発散する．

解　答

静電界 $\boldsymbol{E}$ は，半径 a (m) の円柱の側面に垂直に交わり，円柱から放射状に広がると考えられる．したがって，閉曲面として，円柱の中心線と同じ中心線をもつ半径 r (m)，高さ h (m) の円柱を考える．

(a) $r \geq a$ の場合

閉曲面内には，正の電荷が側面に一様に分布している円柱がもっている電荷 $2\pi a h \sigma$ (C) が，すべて含まれている．したがって，ガウスの法則から

$$\iint \boldsymbol{E} \cdot \boldsymbol{n}\, \mathrm{d}S = 2\pi r h E = \frac{1}{\varepsilon_0} \cdot 2\pi a h \sigma \tag{1.22}$$

となる．この結果，静電界 $\boldsymbol{E}$ の大きさ E (V m^{-1}) は，次のようになる．

$$E = \frac{\sigma a}{\varepsilon_0} \cdot \frac{1}{r} \tag{1.23}$$

(b) $0 < r < a$ の場合

閉曲面内には，電荷がまったく含まれていないので，ガウスの法則から

$$\iint \boldsymbol{E} \cdot \boldsymbol{n} \, \mathrm{d}S = 2\pi r h E = 0 \tag{1.24}$$

となる．したがって，静電界 $\boldsymbol{E}$ の大きさ $E\,(\mathrm{V\,m^{-1}})$ は，次のようになる．

$$E = 0 \tag{1.25}$$

式 (1.23)，(1.25) から，静電界 $\boldsymbol{E}$ の大きさ E と r の関係は，図 1.8(a) のようになる．

電位の基準（$\phi = 0\,\mathrm{V}$）となる点を $|\boldsymbol{r}_0| = \infty$ に選ぶと，電位が発散する．そこで，電位の基準となる点を $|\boldsymbol{r}_0| = a$ に選び，$\boldsymbol{E} \parallel \boldsymbol{r}$ とすると，電位 $\phi\,(\mathrm{V})$ は，次のようになる．

(a) $r \geq a$ の場合

$$\phi = -\int_a^r E \, \mathrm{d}r = \int_r^a \frac{\sigma a}{\varepsilon_0} \cdot \frac{1}{r} \, \mathrm{d}r = \frac{\sigma a}{\varepsilon_0} \ln \frac{a}{r} \tag{1.26}$$

(b) $0 < r < a$ の場合

$$\phi = -\int_a^r E \, \mathrm{d}r = \int_r^a 0 \, \mathrm{d}r = 0 \tag{1.27}$$

式 (1.26)，(1.27) から，電位 ϕ と r の関係は，図 1.8(b) のようになる．

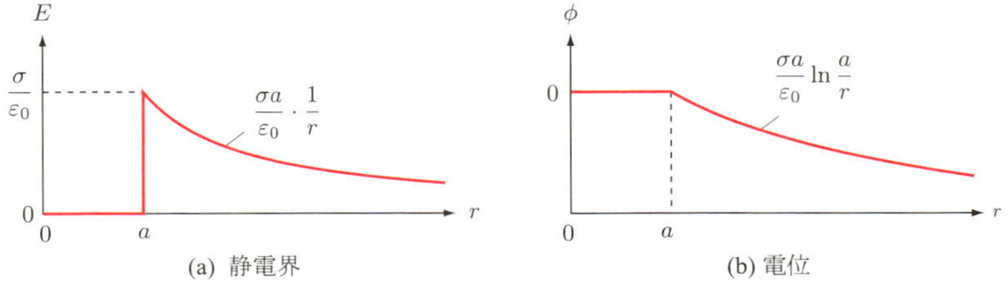

図 1.8 表面に電荷が一様に分布する円柱内外の (a) 静電界と (b) 電位

問題 1.7　一様な電荷をもつ球の内外の静電界と電位

真空中に置かれた半径 a (m) の球の内部に，正の電荷が一様に分布し，全電荷が Q (C) であるとする．このとき，球の内外の静電界と電位を計算せよ．

意　義

イオン化した n 型半導体では，正の電荷が一様に分布すると考えられる．現在では，球状の半導体デバイスも開発されている．

ヒント

- 半径 a (m) を基準にして，閉曲面のサイズを場合分けする．

解　答

静電界 $\boldsymbol{E}$ は，半径 a (m) の球の中心から放射状に広がると考えられる．したがって，閉曲面として，半径 r (m) の同心球を考える．

(a) $r > a$ の場合

閉曲面内には，正の電荷が一様に分布している球がもっている電荷 Q (C) が，すべて含まれている．したがって，ガウスの法則から

$$\iint \boldsymbol{E}\cdot\boldsymbol{n}\,\mathrm{d}S = 4\pi r^2 E = \frac{1}{\varepsilon_0}\cdot Q \tag{1.28}$$

となる．この結果，静電界 $\boldsymbol{E}$ の大きさ $E\,(\mathrm{V\,m^{-1}})$ は，次のようになる．

$$E = \frac{Q}{4\pi\varepsilon_0}\cdot\frac{1}{r^2} \tag{1.29}$$

(b) $0 < r \leq a$ の場合

閉曲面内には，正の電荷が一様に分布している球がもっている電荷のうち，一部だけが含まれる．したがって，ガウスの法則から

$$\iint \boldsymbol{E}\cdot\boldsymbol{n}\,\mathrm{d}S = 4\pi r^2 E = \frac{1}{\varepsilon_0}\times\left(Q \div \frac{4\pi a^3}{3}\right)\times\frac{4\pi r^3}{3} \tag{1.30}$$

となる．この結果，静電界 $\boldsymbol{E}$ の大きさ $E\,(\mathrm{V\,m^{-1}})$ は，次のようになる．

$$E = \frac{Q}{4\pi\varepsilon_0 a^3} r \tag{1.31}$$

式 (1.29)，(1.31) から，静電界 $\boldsymbol{E}$ の大きさ E と r の関係は，図 1.9(a) のようになる．

電位の基準（$\phi = 0\,\mathrm{V}$）となる点を $|\boldsymbol{r}_0| = \infty$ に選び，$\boldsymbol{E} \parallel \boldsymbol{r}$ とすると，電位 $\phi\,(\mathrm{V})$ は，次のように求められる．

(a) $r > a$ の場合

$$\phi = -\int_{\infty}^{r} E\,\mathrm{d}r = \int_{r}^{\infty} \frac{Q}{4\pi\varepsilon_0} \cdot \frac{1}{r^2}\,\mathrm{d}r = \frac{Q}{4\pi\varepsilon_0} \cdot \frac{1}{r} \tag{1.32}$$

(b) $0 < r \leq a$ の場合

$$\begin{aligned}\phi &= -\int_{\infty}^{r} E\,\mathrm{d}r = -\left(\int_{\infty}^{a} \frac{Q}{4\pi\varepsilon_0} \cdot \frac{1}{r^2}\,\mathrm{d}r + \int_{a}^{r} \frac{Q}{4\pi\varepsilon_0 a^3} r\,\mathrm{d}r\right) \\ &= \int_{r}^{a} \frac{Q}{4\pi\varepsilon_0 a^3} r\,\mathrm{d}r + \int_{a}^{\infty} \frac{Q}{4\pi\varepsilon_0} \cdot \frac{1}{r^2}\,\mathrm{d}r = \frac{Q\left(3a^2 - r^2\right)}{8\pi\varepsilon_0 a^3}\end{aligned} \tag{1.33}$$

式 (1.32)，(1.33) から，電位 ϕ と r の関係は，図 1.9(b) のようになる．

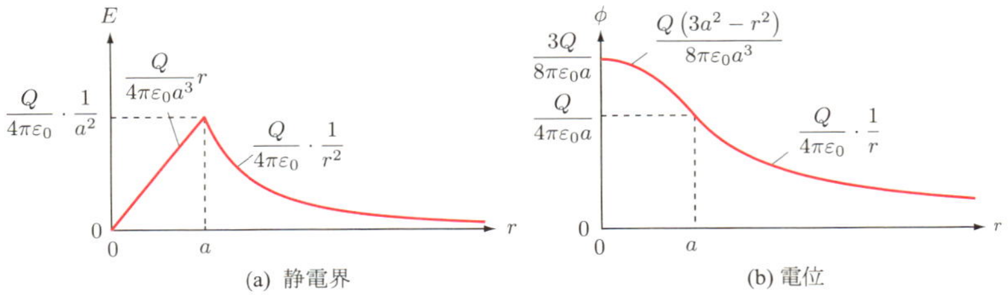

図 1.9　全電荷 Q が内部に一様に分布する球内外の (a) 静電界と (b) 電位

問題 1.8　一様な電荷をもつ有限長の円柱の内外の静電界と電位

真空中に置かれた半径 $a\,(\mathrm{m})$，高さ $h\,(\mathrm{m})$ $(h \gg a)$ の円柱の内部に，正の電荷が一様に分布し，全電荷が $Q\,(\mathrm{C})$ であるとする．このとき，円柱の内外の静電界と電位を計算せよ．ただし，円柱の長さ方向の上面と底面付近の静電界は，無視してよい．

意　義

電荷が一様に分布した円柱は，複数の導線が束になったリード線に電荷が蓄えられた状態を示していると考えられる．したがって，リード線の周囲の静電界や電位は，この問題の解によって与えられる．

ヒント

- 半径 $a\,(\mathrm{m})$ を基準にして，閉曲面のサイズを場合分けする．
- 場合分けする場合でも，電位の基準点は同一とする．
- 電位の基準点を無限遠の点に選ぶと，電位が発散する．

解　答

静電界 $\boldsymbol{E}$ は，半径 $a\,(\mathrm{m})$ の円柱の中心線から放射状に広がると考えられる．したがって，閉曲面として，この円柱の中心線と同じ中心線をもつ半径 $r\,(\mathrm{m})$，高さ $h\,(\mathrm{m})$ の円柱を考える．

(a) $r > a$ の場合

閉曲面内には，正の電荷が一様に分布している円柱がもっている電荷 $Q\,(\mathrm{C})$ が，すべて含まれている．したがって，ガウスの法則から

$$\iint \boldsymbol{E}\cdot\boldsymbol{n}\,\mathrm{d}S = 2\pi r h E = \frac{1}{\varepsilon_0}\cdot Q \tag{1.34}$$

となる．この結果，静電界 $\boldsymbol{E}$ の大きさ $E\,(\mathrm{V\,m^{-1}})$ は，次のようになる．

$$E = \frac{Q}{2\pi\varepsilon_0 h}\cdot\frac{1}{r} \tag{1.35}$$

(b) $0 < r \leq a$ の場合

閉曲面内には，正の電荷が一様に分布している円柱がもっている電荷のうち，一部だけが含まれる．したがって，ガウスの法則から

$$\iint \boldsymbol{E} \cdot \boldsymbol{n}\, \mathrm{d}S = 2\pi r h E = \frac{1}{\varepsilon_0} \times (Q \div \pi a^2 h) \times \pi r^2 h \tag{1.36}$$

となる．この結果，静電界 $\boldsymbol{E}$ の大きさ $E\,(\mathrm{V\,m^{-1}})$ は，次のようになる．

$$E = \frac{Q}{2\pi\varepsilon_0 a^2 h} r \tag{1.37}$$

式 (1.35)，(1.37) から，静電界 $\boldsymbol{E}$ の大きさ E と r の関係は，図 1.10(a) のようになる．

電位の基準（$\phi = 0\,\mathrm{V}$）となる点を $|\boldsymbol{r}_0| = \infty$ に選ぶと，電位が発散する．そこで，電位が発散しないように，電位の基準となる点を $|\boldsymbol{r}_0| = a$ に選び，$\boldsymbol{E} \parallel \boldsymbol{r}$ とすると，電位 $\phi\,(\mathrm{V})$ は，次のようになる．

(a) $r > a$ の場合

$$\phi = -\int_a^r E\, \mathrm{d}r = \int_r^a \frac{Q}{2\pi\varepsilon_0 h} \cdot \frac{1}{r}\, \mathrm{d}r = \frac{Q}{2\pi\varepsilon_0 h} \ln \frac{a}{r} \tag{1.38}$$

(b) $0 < r \leq a$ の場合

$$\phi = -\int_a^r E\, \mathrm{d}r = \int_r^a \frac{Q}{2\pi\varepsilon_0 a^2 h} r\, \mathrm{d}r = \frac{Q}{4\pi\varepsilon_0 a^2 h} \left(a^2 - r^2\right) \tag{1.39}$$

式 (1.38)，(1.39) から，電位 ϕ と r の関係は，図 1.10(b) のようになる．

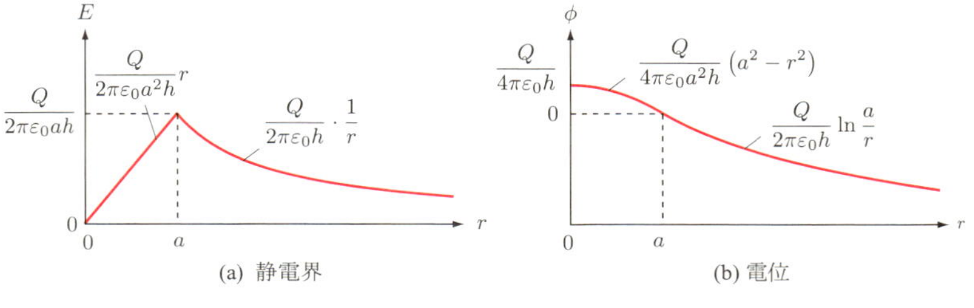

図 1.10 全電荷 Q が内部に一様に分布する円柱内外の (a) 静電界と (b) 電位

問題 1.9　平行平板に対する閉曲面

一様な面密度の正負の電荷をそれぞれもつ面積無限大の平行平板に対して，(a) 平行平板を 2 枚とも中に含む直方体の閉曲面，あるいは (b) 平行平板間だけに存在する直方体の閉曲面を考える．このとき，ガウスの法則と静電界の大きさとの関係について説明せよ．

意　義

平行平板キャパシタを解析するための最も簡単な理論モデルである．平行平板キャパシタの端から十分離れた場所における静電界は，この理論モデルによって計算できる．ただし，閉曲面の選び方が重要であることをこの問題を通じて理解してほしい．

ヒント

- 閉曲面を貫く静電界が存在するかどうかを考える．

解　答

計算を簡単にするため，図 1.11 のように，平行平板と平行となるように，直方体の上面と底面を選ぶことにする．

(a) 図 1.11(a) のように，平行平板を 2 枚とも中に含む直方体を閉曲面として選ぶと，閉曲面の上面でも底面でも静電界 $\boldsymbol{E} = 0$ である．また，閉曲面内の電荷の総和は 0 なので，ガウスの法則は，矛盾なく次のように表される．

$$\iint \boldsymbol{E} \cdot \boldsymbol{n} \, \mathrm{d}S = 0 \tag{1.40}$$

しかし，式 (1.40) からは，平行平板間における静電界 $\boldsymbol{E}$ の大きさ E を求めることはできない．

(b) 図 1.11(b) のように，平行平板間だけに存在する直方体を閉曲面として選ぶと，閉曲面の上面では $\boldsymbol{E} \cdot \boldsymbol{n} = -E$，閉曲面の底面では $\boldsymbol{E} \cdot \boldsymbol{n} = E$ となる．また，閉曲面内の電荷の総和は 0 なので，ガウスの法則は，矛盾なく次のように表される．

$$\iint \boldsymbol{E}\cdot\boldsymbol{n}\,\mathrm{d}S = 0 \tag{1.41}$$

しかし，式 (1.41) からは，平行平板間およびそれ以外の領域における静電界 $\boldsymbol{E}$ の大きさ E を求めることはできない．

ガウスの法則を用いて静電界 $\boldsymbol{E}$ の大きさ E を求めるときには，閉曲面の選び方が大切であることを意識しておいてほしい．

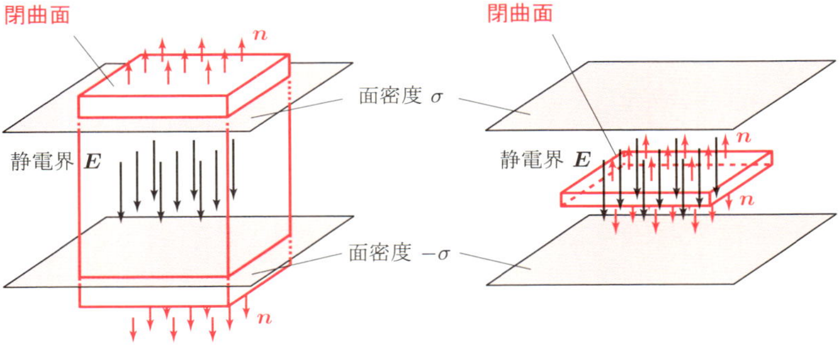

(a) 平行平板を2枚とも中に含む閉曲面　(b) 平行平板間だけに存在する閉曲面

図 1.11　平行平板と不適切な閉曲面

問題 1.10　電気双極子間の電位

z 軸上の $z = a$ の点に q の点電荷，$z = -a$ の点に $-q$ の点電荷が存在する．このとき，点 P $(x, y, 0)$ における電位を求めよ．ただし，$-a < z < a$ とする．

意　義

電気双極子の中央では，電位が 0 になる．電気双極子の一方の電荷と電位が 0 の位置だけに着目すると，無限に広がった導体板の近くに一方の電荷だけが存在する場合と同じ境界条件が得られる．このことから，鏡像法 (method of images) の解法につながる．

ヒント

- 正の電荷と負の電荷を別々に考えて，静電界と電位をそれぞれ求める．
- 重ね合せの原理を用いる．

解　答

2 個の点電荷と点 P の位置関係は，図 1.12 のようになる．

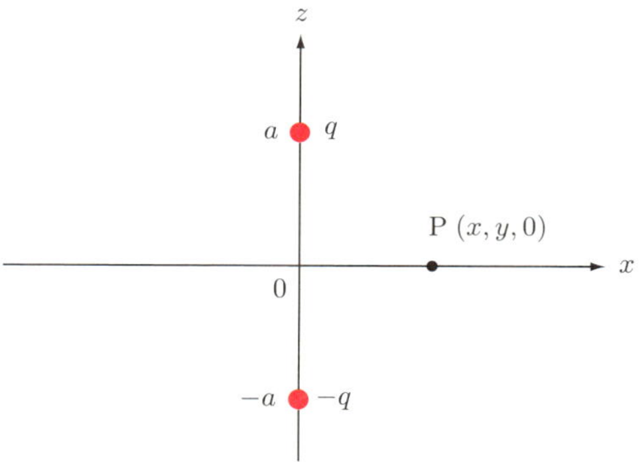

図 1.12　電気双極子

電位の基準点を無限遠の点とすると，正の点電荷 q によって点 P に発生する

電位 ϕ_1 は，次のように表される．

$$\phi_1 = \frac{q}{4\pi\varepsilon_0\sqrt{x^2+y^2+a^2}} \tag{1.42}$$

一方，負の点電荷 $-q$ によって点 P に発生する電位 ϕ_2 は，次のように表される．

$$\phi_2 = \frac{-q}{4\pi\varepsilon_0\sqrt{x^2+y^2+a^2}} \tag{1.43}$$

重ね合せの原理から，点 P における電位 ϕ は次のように 0 V となる．

$$\phi = \phi_1 + \phi_2 = 0 \tag{1.44}$$

つまり，図 1.12 において，xy 平面上の電位は 0 V となる．

この問題の結果を用いて，図 1.13(a) のように，xy 平面の電位が 0 V であって，正の電荷 q だけが xy 平面から離れて置かれている場合を考えてみよう．このとき，正の電荷 q の周囲の静電界や電位を求めようとするならば，図 1.13(b) のように，xy 平面に対して正の電荷 q と対称な位置に負の電荷 $-q$ を配置することで，xy 平面の電位が 0 V という境界条件を得ることができる．このように境界条件に着目して仮想的な電荷を配置して解析する方法は，ケルヴィン卿によって提案され，**鏡像法**とよばれている．

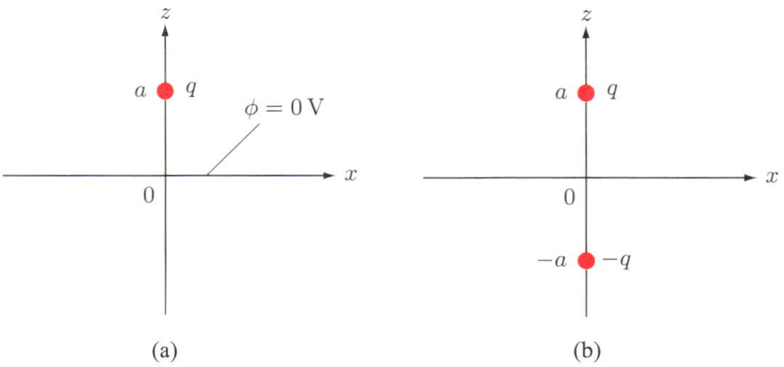

図 1.13 鏡像法

第2章

導　　体

2.1　導体と電荷／電界
2.2　電気容量
2.3　容量係数と電位係数
2.4　自由電子の運動方程式
2.5　ローレンツ力

問題 *2.1*　導体球の電気容量
問題 *2.2*　円柱導体の単位長さあたりの電気容量
問題 *2.3*　同軸ケーブルの単位長さあたりの電気容量
問題 *2.4*　平行平板キャパシタの電位差
問題 *2.5*　平行平板キャパシタの容量係数
問題 *2.6*　平行平板キャパシタに挿入された導体板に働く力
問題 *2.7*　平行平板キャパシタに蓄えられるエネルギー
問題 *2.8*　同心球殻における電界のエネルギー
問題 *2.9*　電気伝導率
問題 *2.10*　電磁界中の導体に対する定常状態における電流密度

2.1 導体と電荷／電界

導体 (conductor) 中では，電荷が自由に動き回ることができ，導体に電界を印加すると，電流が流れる．しかし，平衡状態では，電荷はお互いに反発しあって，導体表面に均一に分布する．例として，電荷 Q を与えた後に平衡状態になった導体球を図 2.1 に示す．

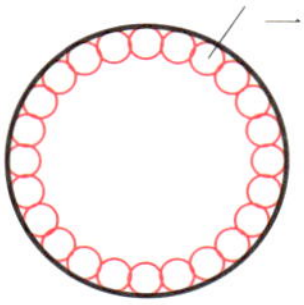

図 2.1　平衡状態における導体球

ガウスの法則を用いると，平衡状態では導体内部に電界が存在しないことが示される．ただし，電荷が移動しているとき，すなわち電流が流れているときのような非平衡状態では，導体内部にも電界は存在する．

2.2 電気容量

導体が 1 個存在する場合，導体に電荷 Q (C) を与えたとき，導体の電位が ϕ(V) であれば，次式によって，導体の電気容量 (electric capacity または capacitance) C (F) を定義する．

$$Q \equiv C\phi \tag{2.1}$$

式 (2.1) は，電荷 Q が電位 ϕ に比例し，この比例係数が電気容量 C であることを意味している．電気容量の単位であるファラド（記号 F）は，式 (2.1) から，電荷の単位 C と電位の単位 V を用いて，$\mathrm{F} = \mathrm{C\,V^{-1}}$ と表されることがわかる．なお，電気容量は，**静電容量** (electrostatic capacitance) ともよばれる．

2.3 容量係数と電位係数

導体が複数個存在する場合，導体はお互いに影響を及ぼしあう．たとえば，導体の近くに正の電荷を近づけると，正の電荷を打ち消すように，正の電荷の近くの導体表面に負の電荷が現れる．逆に，導体の近くに負の電荷を近づけると，負の電荷を打ち消すように，負の電荷の近くの導体表面に正の電荷が現れる．このような現象を**静電誘導** (electrostatic induction) という．

導体 i に電荷 Q_i (C) を与えたとき，導体 i の電位が ϕ_i (V) になったとする．そして，電荷 Q_j (C) をもつ導体 j の電位が ϕ_j (V) になったとする．このとき，次式によって，導体の**容量係数** (capacity coefficient) C_{ij} (F) と**電位係数** (coefficient of electrostatic potential) P_{ij} (F^{-1}) が定義されている．

$$Q_i \equiv \sum_j C_{ij}\phi_j \tag{2.2}$$

$$\phi_i \equiv \sum_j P_{ij}Q_j \tag{2.3}$$

2.4 自由電子の運動方程式

導体中において，電界 $\boldsymbol{E}$ と磁束密度 $\boldsymbol{B}$ が存在する場合，有効質量 m^*，電荷 $-e$ の**自由電子** (free electron) の運動方程式は，次のように表される．

$$m^* \frac{\mathrm{d}\boldsymbol{v}}{\mathrm{d}t} = -e(\boldsymbol{E} + \boldsymbol{v} \times \boldsymbol{B}) - \frac{m^*\boldsymbol{v}}{\tau} \tag{2.4}$$

ここで，$\boldsymbol{v}$ は自由電子の速度，τ は平均衝突時間であり，$-m^*\boldsymbol{v}/\tau$ は原子やイオンなどとの衝突による単位時間あたりの運動量の損失を表す．なお，導体などの結晶中では，結晶を構成する原子やイオンなどのポテンシャルの影響を受け，電子は真空中とは異なる質量をもつかのように振る舞う．このポテンシャルの影響を取り込んだ質量 m^* を**有効質量** (effective mass) という．

2.5 ローレンツ力

式 (2.4) の右辺における $-e(\boldsymbol{E}+\boldsymbol{v}\times\boldsymbol{B})$ が，自由電子に対する**ローレンツ力** (Lorentz force) を示している．なお，$-e\boldsymbol{v}\times\boldsymbol{B}$ を自由電子に対するローレンツ力ということもある．外積 $\boldsymbol{v}\times\boldsymbol{B}$ は，図 2.2 のように，自由電子の速度 $\boldsymbol{v}$ と磁束密度 $\boldsymbol{B}$ の両方に対して垂直である．

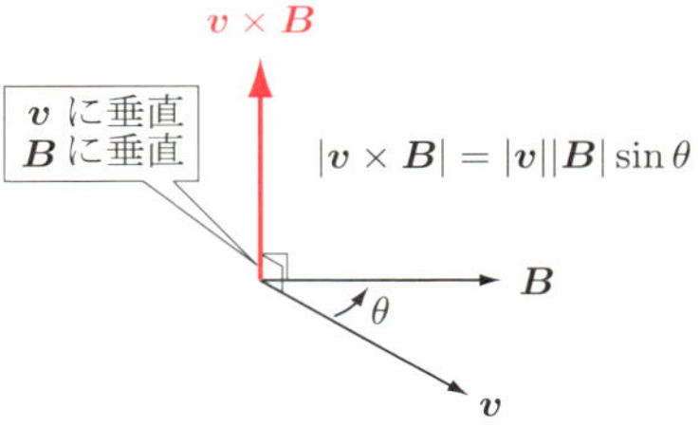

図 2.2　$\boldsymbol{v}\times\boldsymbol{B}$

問題 2.1　導体球の電気容量

真空中に置かれた半径 a (m) の導体球の電気容量が $C = 4\pi\varepsilon_0 a$ (F) であることを示せ．ここで，ε_0 (F m^{-1}) は真空の誘電率である．

意　義

電気容量は，電荷と電位との間の比例係数である．電荷をもつ物体の形状に関係なく，電気容量を定義できることに注意しよう．

ヒント

- 半径 a (m) の導体球に電荷を与え，電荷と電位との関係を求める．
- 平衡状態では，電荷は導体球の表面に一様に分布する．

解　答

平衡状態では，電荷はお互いに反発しあって，導体表面に均一に分布する．真空中に置かれた半径 a (m) の導体球に電荷 Q (C) を与え，平衡状態になった場合，図 2.1 のように，電荷 Q は導体球の表面のみに一様に分布し，内部には電荷は存在しない．

電荷の面密度は $\sigma = Q/4\pi a^2$ (C m^{-2}) であり，式 (1.21) から，導体球の電位 ϕ (V) は次のように表される．

$$\phi = \frac{\sigma a}{\varepsilon_0} = \frac{Q}{4\pi\varepsilon_0 a} \tag{2.5}$$

式 (2.1)，(2.5) から，この導体球の電気容量 C (F) は，次のように求められる．

$$C = \frac{Q}{\phi} = 4\pi\varepsilon_0 a \tag{2.6}$$

問題 2.2　円柱導体の単位長さあたりの電気容量

真空中に置かれた半径 $a\,(\mathrm{m})$，無限長の円柱導体について，単位長さあたりの電気容量 $C_\mathrm{L}\,(\mathrm{F\,m^{-1}})$ を計算せよ．ただし，円柱の中心線から距離 $b\,(\mathrm{m})$ の点を電位の基準点とし，$b > a$ とする．

意　義

円柱は，信号線や導線を一般化したものであり，信号線や導線の単位長さあたりの電気容量は，この問題の解によって与えられる．

ヒント

- 円柱導体に電荷を与え，電荷と電位との関係を求める．
- 閉曲面のサイズは自分で決め，ガウスの法則を適用する．
- 半径 $a\,(\mathrm{m})$ を基準にして，場合分けする．

解　答

閉曲面として，円柱導体と同じ中心線をもつ半径 $r\,(\mathrm{m})$，長さ $h\,(\mathrm{m})$ の円柱を考える．円柱導体のもつ電荷のうち，長さ $h\,(\mathrm{m})$ の範囲に存在する電荷を $Q\,(\mathrm{C})$ とする．平衡状態では，電荷は導体円柱の表面に分布する．

(a) $r \geq a$ の場合

閉曲面内には，電荷 $Q\,(\mathrm{C})$ がすべて含まれている．したがって，静電界が貫く閉曲面の側面の表面積 $2\pi rh\,(\mathrm{m^2})$ を用いると，ガウスの法則から

$$\iint \boldsymbol{E} \cdot \boldsymbol{n}\,\mathrm{d}S = 2\pi rhE = \frac{1}{\varepsilon_0} \cdot Q \tag{2.7}$$

となる．したがって，静電界 $\boldsymbol{E}$ の大きさ $E\,(\mathrm{V\,m^{-1}})$ は，次のようになる．

$$E = \frac{Q}{2\pi\varepsilon_0 h} \cdot \frac{1}{r} \tag{2.8}$$

(b) $0 < r < a$ の場合

閉曲面内には，電荷が存在しない．したがって，ガウスの法則から

$$\iint \boldsymbol{E} \cdot \boldsymbol{n} \, \mathrm{d}S = 2\pi r h E = \frac{1}{\varepsilon_0} \cdot 0 \tag{2.9}$$

となる．式 (2.9) から，静電界 $\boldsymbol{E}$ の大きさ $E\,(\mathrm{V\,m^{-1}})$ は，円柱導体内部では次のようになる．

$$E = 0 \tag{2.10}$$

円柱の中心線から距離 $b\,(\mathrm{m})$ の点を電位の基準 $(\phi = 0\,\mathrm{V})$ となる点とすると，円柱導体の電位 $\phi\,(\mathrm{V})$ は，次のように求められる．

$$\phi = -\int_b^a E \, \mathrm{d}r = \int_a^b \frac{Q}{2\pi\varepsilon_0 h} \cdot \frac{1}{r} \, \mathrm{d}r = \frac{Q}{2\pi\varepsilon_0 h} \ln \frac{b}{a} \tag{2.11}$$

式 (2.11) から，電気容量 $C\,(\mathrm{F})$ は，次のように表される．

$$C = \frac{Q}{\phi} = \frac{2\pi\varepsilon_0 h}{\ln(b/a)} \tag{2.12}$$

式 (2.12) から，単位長さあたりの電気容量 $C_{\mathrm{L}} = C/h\,(\mathrm{F\,m^{-1}})$ は，次のようになる．

$$C_{\mathrm{L}} = \frac{C}{h} = \frac{2\pi\varepsilon_0}{\ln(b/a)} \tag{2.13}$$

問題 2.3　同軸ケーブルの単位長さあたりの電気容量

半径 b (m) の導体円筒の中に半径 a (m) の同心導線が配置され，導体円筒と導線との間に誘電率 ε (F m^{-1}) の絶縁体が挿入されている．この同軸ケーブルの単位長さあたりの電気容量を求めよ．ただし，導体円筒の厚さは十分薄いとして無視せよ．

意　義

図 2.3 のような同軸ケーブルでは，中央の導線が信号線である．絶縁体を介して外側に形成された導体円筒は，接地されている．このとき，導体円筒外部における静電界は，導体円筒の内部に入り込まない．導体円筒外部において時間的に変動している電界も，導体円筒の内部では減衰する．したがって，同軸ケーブルによって送られる電気信号は，導体円筒外部で発生する電磁ノイズの影響を受けにくい．このことから，同軸ケーブルは，テレビ本体とアンテナ間の接続や，電子計測機器間の接続などに用いられている．

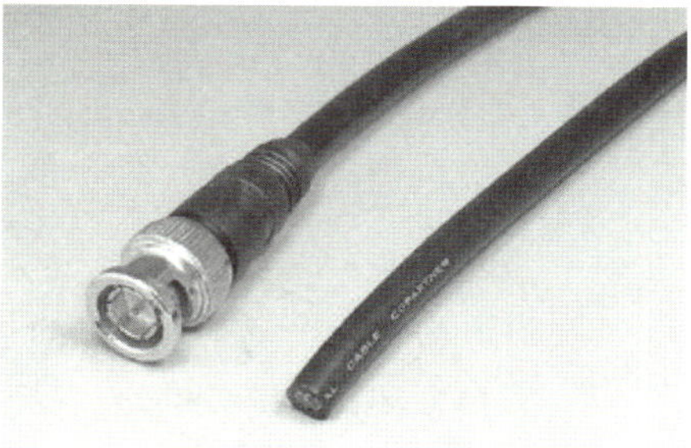

図 2.3　同軸ケーブル

ヒント

- 同軸ケーブルの模式図を描くと，電界をイメージしやすい．
- 半径 a (m) の導線に電荷を与え，電荷と電位との関係を求める．
- 閉曲面のサイズは自分で決め，ガウスの法則を適用する．

解　答

半径 a (m) の導線に蓄えられている電荷を，単位長さあたり λ とする．SI 単位では，λ の単位は $\mathrm{C\,m^{-1}}$ である．ここで，$\lambda > 0$ とすると，電界は導線の側面に垂直であって，図 2.4 のように放射状に広がる．そこで，閉曲面として，導線と同じ中心線をもつ半径 r (m)，長さ h (m) の円柱を考える．ただし，$a \leq r \leq b$ とする．この閉曲面にガウスの法則を適用すると，次のようになる．

$$\iint \boldsymbol{E} \cdot \boldsymbol{n}\, \mathrm{d}S = 2\pi r h E = \frac{1}{\varepsilon} \cdot \lambda h \tag{2.14}$$

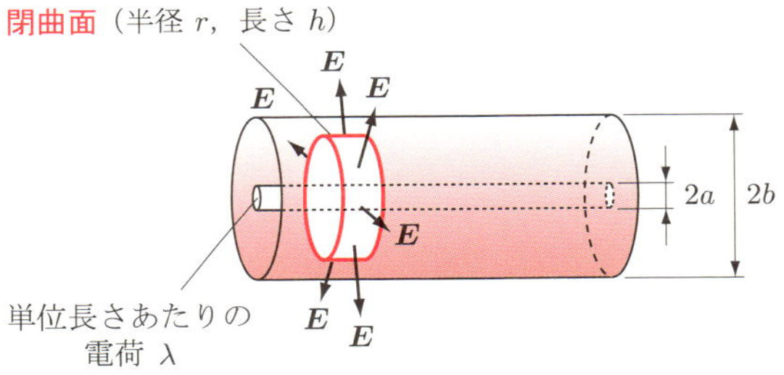

図 2.4　同軸ケーブルと閉曲面

式 (2.14) から，電界の大きさ E ($\mathrm{V\,m^{-1}}$) は，次のように表される．

$$E = \frac{\lambda}{2\pi\varepsilon} \cdot \frac{1}{r} \tag{2.15}$$

半径 b (m) の導体円筒の表面を接地し，導体円筒の表面の電位を 0 V とすると，半径 a (m) の導線の電位 ϕ (V) は次のようになる．

$$\phi = -\int_b^a E\, \mathrm{d}r = -\int_b^a \frac{\lambda}{2\pi\varepsilon} \cdot \frac{1}{r}\, \mathrm{d}r = -\frac{\lambda}{2\pi\varepsilon} \left[\ln r\right]_b^a = \frac{\lambda}{2\pi\varepsilon} \ln \frac{b}{a} \tag{2.16}$$

単位長さあたりの電気容量 C_{L} ($\mathrm{F\,m^{-1}}$) は，式 (2.16) から次のようになる．

$$C_{\mathrm{L}} = \frac{\lambda}{\phi} = \frac{2\pi\varepsilon}{\ln(b/a)} \tag{2.17}$$

問題 2.4　平行平板キャパシタの電位差

正の電荷 Q (C) が一様に分布している平板と，負の電荷 $-Q$ (C) が一様に分布している平板が，距離 d (m) だけ隔てて真空中に平行に置かれている．この平行平板キャパシタの平板間の電位差を計算せよ．ただし，平板の厚さは無視できるとし，平板の面積は 2 枚とも S (m^2) とする．

意　義

平行平板キャパシタは，電荷を蓄積することができる．電荷の蓄積の有無を情報の有無とみなして，キャパシタはメモリとして用いられる．

ヒント

- 平板の周辺部を除けば，静電界は平板に垂直に交わる．
- 電荷の正負と静電界の向きとの関係を思い起こす．

解　答

2 枚の平板が同一形状で長方形のとき，平行平板キャパシタ，周囲の静電界，閉曲面を図 2.5 に示す．ただし，閉曲面（直方体）の厚さは，平板の厚さよりも十分大きいとする．

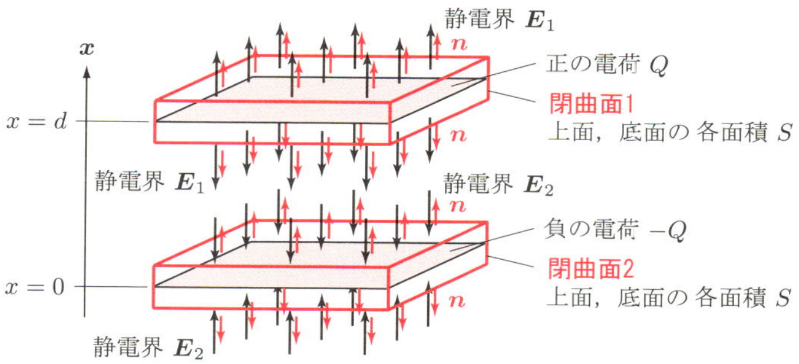

図 2.5　平行平板キャパシタ，周囲の静電界，閉曲面

静電界が貫く閉曲面1の上面，底面の総面積 $2S\,(\mathrm{m}^2)$ を用いると，正の電荷 $Q\,(\mathrm{C})$ によって発生する静電界 $\boldsymbol{E}_1$ に対して，ガウスの法則は次のように表される．

$$\iint \boldsymbol{E}_1 \cdot \boldsymbol{n}\,\mathrm{d}S = E_1 \times 2S = \frac{1}{\varepsilon_0} \cdot Q \tag{2.18}$$

したがって，静電界 $\boldsymbol{E}_1$ の大きさ $E_1\,(\mathrm{V\,m^{-1}})$ は，次のように求められる．

$$E_1 = \frac{Q}{2\varepsilon_0 S} \tag{2.19}$$

負の電荷 $-Q\,(\mathrm{C})$ によって発生する静電界 $\boldsymbol{E}_2$ と閉曲面2の上面，底面における単位法線ベクトル $\boldsymbol{n}$ が反対向きであることから，$\boldsymbol{E}_2 \cdot \boldsymbol{n} = -E_2$ となる．このことに注意すると，静電界 $\boldsymbol{E}_2$ に対して，ガウスの法則は次のように表される．

$$\iint \boldsymbol{E}_2 \cdot \boldsymbol{n}\,\mathrm{d}S = -E_2 \times 2S = \frac{1}{\varepsilon_0} \cdot (-Q) \tag{2.20}$$

したがって，静電界 $\boldsymbol{E}_2$ の大きさ $E_2\,(\mathrm{V\,m^{-1}})$ は，次のように求められる．

$$E_2 = \frac{Q}{2\varepsilon_0 S} \tag{2.21}$$

平行平板の間では，静電界 $\boldsymbol{E}_1$ と静電界 $\boldsymbol{E}_2$ が強めあって静電界 $\boldsymbol{E}$ が生じ，その大きさ $E\,(\mathrm{V\,m^{-1}})$ は，次のようになる．

$$E = |\boldsymbol{E}| = |\boldsymbol{E}_1 + \boldsymbol{E}_2| = E_1 + E_2 = \frac{Q}{\varepsilon_0 S} \tag{2.22}$$

なお，その他の領域では，$\boldsymbol{E}_1$ と $\boldsymbol{E}_2$ が打ち消し合って，静電界は存在しない．

図2.5のように，負の電荷 $-Q\,(\mathrm{C})$ をもつ平板の位置を $x = 0\,\mathrm{m}$，正の電荷 $Q\,(\mathrm{C})$ をもつ平板の位置を $x = d\,(\mathrm{m})$ とすると，$\boldsymbol{E}$ と $\boldsymbol{x}$ が反対方向だから，$\boldsymbol{E} \cdot \mathrm{d}\boldsymbol{x} = -E\,\mathrm{d}x$ となる．したがって，正の電荷をもつ平板と負の電荷をもつ平板の電位差 $\phi\,(\mathrm{V})$ は，次のように求められる．

$$\phi = -\int_0^d -E\,\mathrm{d}x = \int_0^d \frac{Q}{\varepsilon_0 S}\,\mathrm{d}x = \frac{Q}{\varepsilon_0 S} d \tag{2.23}$$

問題 2.5　平行平板キャパシタの容量係数

正の電荷 Q (C) が一様に分布している平板と，負の電荷 $-Q$ (C) が一様に分布している平板が，距離 d (m) だけ隔てて真空中に平行に置かれている．この平行平板キャパシタについて，容量係数 C_{11} (F)，C_{12} (F)，C_{21} (F)，C_{22} (F) を計算せよ．ただし，平板の厚さは十分薄いとして無視し，平板の面積は 2 枚とも S (m^2) とする．

意　義

平行平板キャパシタは，二つの導体平板が近接して配置された構成になっている．したがって，容量係数を定義することができる．

ヒント

- 容量係数の定義を用いて，連立方程式を立てる．
- 一方の平板の電位を 0 にして，容量係数を求める．

解　答

式 (2.2) から，容量係数 C_{ij} を用いて，次のように表すことができる．

$$Q_1 = C_{11}\phi_1 + C_{12}\phi_2 \tag{2.24}$$

$$Q_2 = C_{21}\phi_1 + C_{22}\phi_2 \tag{2.25}$$

式 (2.24)，(2.25) において，$Q_1 = Q$ (C)，負の電荷をもつ平板の電荷を $Q_2 = -Q$ (C) とする．負の電荷 $-Q$ (C) をもつ平板の電位を $\phi_2 = 0$ V とおくと，式 (2.23) から，正の電荷をもつ平板の電位 ϕ_1 は $Qd/\varepsilon_0 S$ (V) となり，式 (2.24)，(2.25) に代入すると，次のように表される．

$$Q = C_{11}\frac{Q}{\varepsilon_0 S}d \tag{2.26}$$

$$-Q = C_{21}\frac{Q}{\varepsilon_0 S}d \tag{2.27}$$

したがって，容量係数に対して，次の結果が得られる．

$$C_{11} = -C_{21} = \frac{\varepsilon_0 S}{d} \tag{2.28}$$

問題 2.4 の式 (2.23) から，正の電荷 Q (C) をもつ平板の電位は，負の電荷 $-Q$ (C) をもつ平板の電位よりも，$Qd/\varepsilon_0 S$ (V) だけ高い．したがって，正の電荷 Q (C) をもつ平板の電位を $\phi_1 = 0$ V とすると，負の電荷をもつ平板の電位 ϕ_2 は $-Qd/\varepsilon_0 S$ (V) となり，式 (2.24)，(2.25) に代入すると，次のように表される．

$$Q = -C_{12} \frac{Q}{\varepsilon_0 S} d \tag{2.29}$$

$$-Q = -C_{22} \frac{Q}{\varepsilon_0 S} d \tag{2.30}$$

したがって，容量係数に対して，次の結果が得られる．

$$C_{22} = -C_{12} = \frac{\varepsilon_0 S}{d} \tag{2.31}$$

復　習

容量係数と電位係数

- 容量係数 C_{ij}

$$Q_i \equiv \sum_j C_{ij} \phi_j$$

- 電位係数 P_{ij}

$$\phi_i \equiv \sum_j P_{ij} Q_j$$

問題 2.6　平行平板キャパシタに挿入された導体板に働く力

面積 $S\,(\mathrm{m}^2)$，間隔 $d\,(\mathrm{m})$ の平行平板キャパシタ A の間の空間に，面積 $S\,(\mathrm{m}^2)$，厚さ $a\,(\mathrm{m})$ の導体板 B が，平板と平行に挿入されている．平行平板キャパシタ A の 2 枚の平板を接地し，導体板 B に電荷 $Q\,(\mathrm{C})$ を与えるとき，導体板 B に働く力を求めよ．

意　義

導体板 B を平行平板キャパシタ A の間の空間に挿入することで，平行平板キャパシタが並列接続されたとみなされる．平行平板キャパシタを設計するときに，平板を支えるための部材を考える基礎となる．

ヒント

- 電源は接続されていないので，エネルギーの流入はない．
- 並列接続された平行平板キャパシタに蓄積されるエネルギーを考える．

解　答

平行平板キャパシタ A と平板間の空間に挿入された導体板 B の斜視図を図 2.6 に示す．

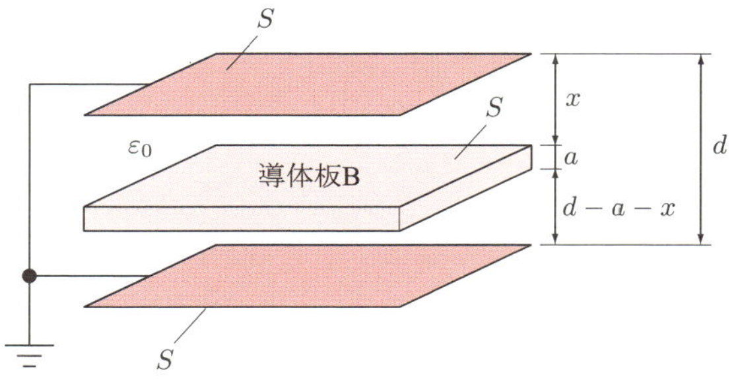

図 2.6　平行平板キャパシタと挿入された導体板

図 2.6 から，面積 S，間隔 x の平行平板キャパシタ C と，面積 S，間隔 $(d-a-x)$ の平行平板キャパシタ D が並列に接続されていると考えられる．

したがって，合成電気容量 C は，次のように表される．

$$C = \frac{\varepsilon_0 S}{x} + \frac{\varepsilon_0 S}{d-a-x} = \frac{\varepsilon_0 S(d-a)}{x(d-a-x)} \tag{2.32}$$

式 (2.32) を用いると，静電エネルギー U は，次式によって与えられる．

$$U = \frac{Q^2}{2C} = \frac{Q^2}{2\varepsilon_0 S(d-a)}\left[-x^2 + (d-a)x\right] \tag{2.33}$$

ここでは，平板と導体板 B に電源は接続されていないから，外部からのエネルギーの流入は考える必要がない．したがって，導体板 B に働く力 F は，次のように求められる．

$$F = -\frac{\partial U}{\partial x} = \frac{Q^2}{2\varepsilon_0 S(d-a)}(2x-d+a) \tag{2.34}$$

復　習

キャパシタの合成電気容量

- 並列接続

$$C_{\mathrm{p}} = \sum_{i=1}^{n} C_i$$

- 直列接続

$$C_{\mathrm{s}} = \left(\sum_{i=1}^{n} \frac{1}{C_i}\right)^{-1}$$

問題 2.7　平行平板キャパシタに蓄えられるエネルギー

正の電荷 Q (C) が一様に分布している平板と，負の電荷 $-Q$ (C) が一様に分布している平板が，距離 d (m) だけ隔てて真空中に平行に置かれている．平板の面積は 2 枚とも S (m^2) である．この平行平板キャパシタに蓄えられるエネルギーが $U = Q^2/2C$ (J) であることを示せ．

意　義

平行平板キャパシタでは，電界が存在する空間にエネルギーが蓄えられる．

ヒント

- 電荷は，電荷自身が発生した電位の影響を受けない．
- 正に帯電した平板は，負に帯電した平板が発生した電位の影響を受ける．

解　答

正の電荷 Q (C) をもつ平板には，負の電荷 $-Q$ (C) をもつ平板から静電界 $\boldsymbol{E}_2$ (V m^{-1}) がかかっている．したがって，正の電荷 Q (C) をもつ平板には，クーロン力 $\boldsymbol{F}_1 = Q\boldsymbol{E}_2$ (N) が働く．このクーロン力に逆らって，正の電荷 Q (C) をもつ平板を移動しようとすれば，クーロン力と反対方向に力 $-\boldsymbol{F}_1 = -Q\boldsymbol{E}_2$ (N) を及ぼす必要がある．平板の変位を表すベクトルを $\boldsymbol{x}$ とし，$-\boldsymbol{F}_1$ と $\boldsymbol{x}$ が同方向であることに注意すると，$-\boldsymbol{F}_1 \cdot \mathrm{d}\boldsymbol{x} = QE_2\,\mathrm{d}x\ (>0)$ となる．問題 2.4 の式 (2.21)–(2.23) を用いると，正の電荷 Q (C) をもつ平板を距離 d (m) だけ移動するのに必要なエネルギー U は次のように表される．

$$U = \int_0^d QE_2\,\mathrm{d}x = QE_2 d = \frac{1}{2}QEd = \frac{1}{2}Q\phi = \frac{1}{2}C\phi^2 = \frac{1}{2}\frac{Q^2}{C} \qquad (2.35)$$

ただし，右辺の最後の二つの等号において，式 (2.1) を用いた．

問題 2.8 同心球殻における電界のエネルギー

半径 a (m) の導体球 A を半径 b (m) の導体球殻 B の中にそれぞれの中心が一致するように置く．ここで，$a < b$ であり，導体球殻 B の厚さは十分薄いとして無視する．導体球殻 B を接地し，導体球 A の電位が ϕ (V) のとき，導体球 A のもつエネルギーと導体球殻 B 内の電界のエネルギーを比較せよ．

意 義

シールドルーム内で電子機器の実験をするとき，シールドルーム内での電界によるエネルギーを考える目安となる．

ヒント

- 導体球 A と導体球殻 B に電荷を与え，ガウスの法則を用いる．
- 接地されている導体の電位は 0 である．

解 答

図 2.7 のように，導体球 A がもつ電荷を Q_1 (C)，導体球殻 B がもつ電荷を Q_2 (C) とする．閉曲面として半径 r (m) の同心球を考え，$r \geq b$ においてガウスの法則を用いると，導体球殻 B の周囲の静電界 $\boldsymbol{E}_2$ (V m^{-1}) に対して次式が成り立つ．

$$\iint \boldsymbol{E}_2 \cdot \boldsymbol{n}\, \mathrm{d}S = 4\pi r^2 E_2 = \frac{Q_1 + Q_2}{\varepsilon_0} \tag{2.36}$$

式 (2.36) から，静電界 $\boldsymbol{E}_2$ の大きさ E_2 (V m^{-1}) は，次のようになる．

$$E_2 = \frac{Q_1 + Q_2}{4\pi\varepsilon_0 r^2} \tag{2.37}$$

導体球殻 B は接地されているから，導体球殻 B の電位は $\phi_2 = 0$ V である．したがって，電位の基準点を無限遠の点として式 (2.37) を用いると，次のように表される．

$$\phi_2 = -\int \boldsymbol{E} \cdot \mathrm{d}\boldsymbol{r} = -\int_{\infty}^{b} E_2\, \mathrm{d}r = -\int_{\infty}^{b} \frac{Q_1 + Q_2}{4\pi\varepsilon_0 r^2}\, \mathrm{d}r = \frac{Q_1 + Q_2}{4\pi\varepsilon_0 b} = 0 \tag{2.38}$$

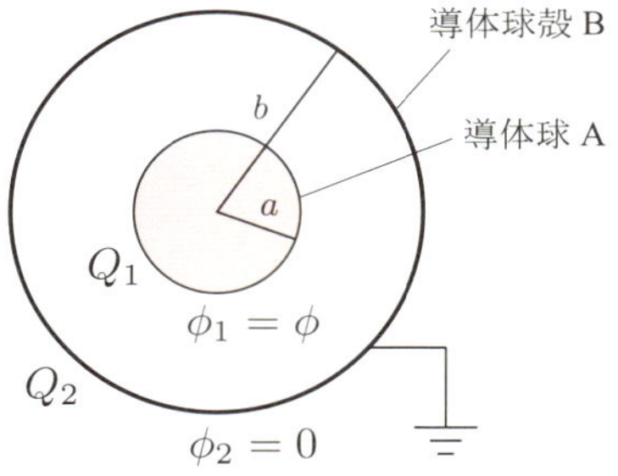

図 2.7　導体球 A と導体球殻 B

式 (2.38) から，次式が成り立つ．

$$Q_1 + Q_2 = 0 \tag{2.39}$$

式 (2.39) から，$r \geq b$ のとき閉曲面内の全電荷は 0 となる．したがって，導体球殻 B の外側には電界は存在しない．

次に，$a \leq r < b$ においてガウスの法則を用いると，導体球殻 B と導体球 A の間の空間における静電界 $\boldsymbol{E}_1$ の大きさ $E_1\,(\mathrm{V\,m^{-1}})$ に対して次式が成り立つ．

$$\iint \boldsymbol{E} \cdot \boldsymbol{n}\,\mathrm{d}S = 4\pi r^2 E_1 = \frac{Q_1}{\varepsilon_0} \tag{2.40}$$

式 (2.40) から，$E_1\,(\mathrm{V\,m^{-1}})$ は次のようになる．

$$E_1 = \frac{Q_1}{4\pi\varepsilon_0 r^2} \tag{2.41}$$

式 (2.41) から，導体球 A の電位 $\phi_1\,(\mathrm{V})$ は次のように表される．

$$\phi_1 = -\int \boldsymbol{E} \cdot \mathrm{d}\boldsymbol{r} = -\int_b^a E_1\,\mathrm{d}r = -\int_b^a \frac{Q_1}{4\pi\varepsilon_0 r^2}\,\mathrm{d}r = \frac{Q_1}{4\pi\varepsilon_0}\left(\frac{1}{a} - \frac{1}{b}\right) \tag{2.42}$$

式 (2.42) から，導体球 A の電気容量 $C = C_{11}$ は次のようになる．

$$C = C_{11} = \frac{Q_1}{\phi_1} = 4\pi\varepsilon_0\left(\frac{1}{a} - \frac{1}{b}\right)^{-1} \tag{2.43}$$

導体球 A のもつエネルギー U_A は，式 (2.42)，(2.43) から，次式によって与えられる．

$$U_\mathrm{A} = \frac{1}{2}C{\phi_1}^2 = \frac{{Q_1}^2}{2C} = \frac{{Q_1}^2}{8\pi\varepsilon_0}\left(\frac{1}{a} - \frac{1}{b}\right) \tag{2.44}$$

一方，導体球殻 B 内の電界のエネルギー U_{E} は，式 (2.41) から，次式によって与えられる．

$$
\begin{aligned}
U_{\mathrm{E}} &= \iiint \frac{1}{2}\varepsilon_0 {E_1}^2 \,\mathrm{d}V \\
&= \int_a^b \mathrm{d}r \int_0^\pi \sin\theta \,\mathrm{d}\theta \int_0^{2\pi} \mathrm{d}\varphi \, \frac{1}{2}\varepsilon_0 \left(\frac{Q_1}{4\pi\varepsilon_0 r^2}\right)^2 r^2 \\
&= \frac{{Q_1}^2}{8\pi\varepsilon_0}\left(\frac{1}{a} - \frac{1}{b}\right) \qquad (2.45)
\end{aligned}
$$

式 (2.44)，(2.45) から，導体球 A のもつエネルギーと導体球殻 B 内の電界のエネルギーが等しいことがわかる．

問題 2.9　電気伝導率

(a) 電気伝導率 σ をもつ導体に直流電界 $\boldsymbol{E}$ だけが印加されており，電流密度を $\boldsymbol{i}$ とすると，定常状態において，オームの法則 $\boldsymbol{i} = \sigma \boldsymbol{E}$ が成り立つことを示せ．

(b) 導体に角周波数 ω の交流電界 E を印加すると，電気伝導率は角周波数 ω の関数となり，$\sigma(\omega)$ と表される．この電気伝導率 $\sigma(\omega)$ を求めよ．

意　義

回路でよく用いられる電気抵抗における電子の運動を，微視的な観点から考察した問題である．電流が流れるメカニズムの基礎となる．

ヒント

- 加速力と減速力を用いて，運動方程式を立てる．
- 非平衡状態では，導体内に電界が生じている．

解　答

(a) 導体中において，電界 $\boldsymbol{E}$ だけが存在する場合，有効質量 m^*，電荷 $-e$ の自由電子の運動方程式は，式 (2.4) において $\boldsymbol{B} = 0$ として，次のようになる．

$$m^* \frac{\mathrm{d}\boldsymbol{v}}{\mathrm{d}t} = -e\boldsymbol{E} - \frac{m^* \boldsymbol{v}}{\tau} \tag{2.46}$$

定常状態（$\mathrm{d}/\mathrm{d}t = 0$）では，自由電子の速度 $\boldsymbol{v}$ は次のように求められる．

$$\boldsymbol{v} = -\frac{e\tau}{m^*}\boldsymbol{E} \equiv -\mu_{\mathrm{e}}\boldsymbol{E} \tag{2.47}$$

ここで，$\mu_{\mathrm{e}} = e\tau/m^*$ は自由電子の移動度である．自由電子濃度を $n\,(\mathrm{m}^{-3})$ とすると，式 (2.47) から，電流密度 $\boldsymbol{i}\,(\mathrm{A\,m}^{-2})$ は次式で与えられる．

$$\boldsymbol{i} = n(-e)\boldsymbol{v} = ne\mu_{\mathrm{e}}\boldsymbol{E} = \frac{ne^2\tau}{m^*}\boldsymbol{E} \equiv \sigma\boldsymbol{E} \tag{2.48}$$

(b) ドリフト速度 v と電界 E を，それぞれ次のように表す．

$$v = v_0 \exp(-\mathrm{i}\omega t),\ E = E_0 \exp(-\mathrm{i}\omega t) \tag{2.49}$$

式 (2.49) を運動方程式 (2.46) に代入して整理すると，次式が得られる．

$$v_0 = -\frac{eE_0\tau}{m^*}\frac{1+\mathrm{i}\omega\tau}{1+(\omega\tau)^2} \tag{2.50}$$

したがって，電流密度 i は次のようになる．

$$i = n(-e)v = \frac{ne^2\tau}{m^*}\frac{1+\mathrm{i}\omega\tau}{1+(\omega\tau)^2}E \equiv \sigma(\omega)E \tag{2.51}$$

式 (2.51) から，電気伝導率 $\sigma(\omega)$ は次のように求められる．

$$\sigma(\omega) = \frac{ne^2\tau}{m^*}\frac{1+\mathrm{i}\omega\tau}{1+(\omega\tau)^2} \tag{2.52}$$

復　習

導体

- 平衡状態：導体内部に電界は存在しない
- 非平衡状態：導体内部に電界が存在し，電流が流れる

問題 2.10　電磁界中の導体に対する定常状態における電流密度

図 2.8 のように，断面積 $S\,(\mathrm{m}^2)$，長さ $L\,(\mathrm{m})$ の導体に，x 軸に沿って電圧 $V\,(\mathrm{V})$ が印加され，磁束密度 $\boldsymbol{B}\,(\mathrm{T})$ が z 軸の正の方向を向いているとする．このとき，自由電子は，速度 $\boldsymbol{v}\,(\mathrm{m\,s^{-1}})$ で運動する．自由電子の電荷を $-e\,(\mathrm{C})$ として，定常状態における電流密度を計算せよ．

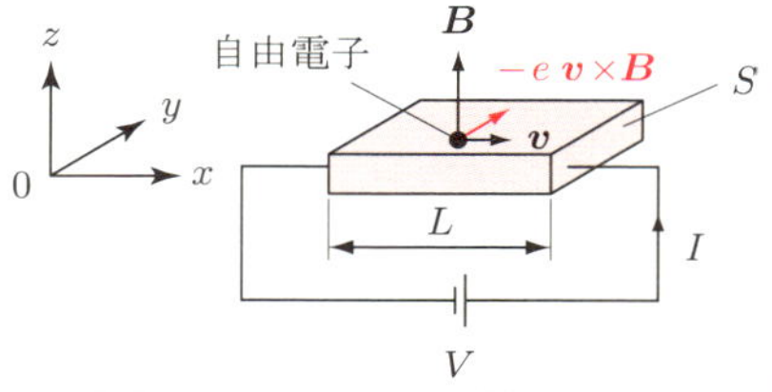

図 2.8　電磁界を印加した導体

意　　義

図 2.8 において，y 軸に沿って電流が流れていないとき，磁束密度と x 軸に沿って流れる電流の電流密度の比から，導体の自由電子濃度を決定できる．

ヒント

- 運動方程式を x, y, z 成分に分けて示す．

解　　答

磁束密度 $\boldsymbol{B} = (0, 0, B)$，電界 $\boldsymbol{E} = (E_x, E_y, E_z) = (-V/L, E_y, E_z)$，速度 $\boldsymbol{v} = (v_x, v_y, v_z)$ を用い，式 (2.4) を各成分に分けて示すと，次のようになる．

$$m^* \left(\frac{\mathrm{d}}{\mathrm{d}t} + \frac{1}{\tau} \right) v_x = -\,e\,(E_x + Bv_y) \tag{2.53}$$

$$m^* \left(\frac{\mathrm{d}}{\mathrm{d}t} + \frac{1}{\tau} \right) v_y = -\,e\,(E_y - Bv_x) \tag{2.54}$$

$$m^* \left(\frac{\mathrm{d}}{\mathrm{d}t} + \frac{1}{\tau} \right) v_z = -\,eE_z \tag{2.55}$$

定常状態（$\mathrm{d}/\mathrm{d}t = 0$）では，式 (2.53)–(2.55) は次のようになる．

$$v_x = -\frac{e}{m^*}\tau E_x - \omega_c \tau v_y \tag{2.56}$$

$$v_y = -\frac{e}{m^*}\tau E_y + \omega_c \tau v_x \tag{2.57}$$

$$v_z = -\frac{e}{m^*}\tau E_z \tag{2.58}$$

ここで，ω_c は次式によって定義されるサイクロトロン角周波数である．

$$\omega_c \equiv \frac{eB}{m^*} \tag{2.59}$$

式 (2.56)，(2.57) を連立させて解くと，次の結果が得られる．

$$v_x = \frac{1}{1 + (\omega_c \tau)^2}\left(-\frac{e\tau}{m^*}\right)(E_x - \omega_c \tau E_y) \tag{2.60}$$

$$v_y = \frac{1}{1 + (\omega_c \tau)^2}\left(-\frac{e\tau}{m^*}\right)(\omega_c \tau E_x + E_y) \tag{2.61}$$

自由電子濃度を n とすると，式 (2.58)-(2.61) から，電流密度の各成分 i_x, i_y, i_z は次のように求められる．

$$i_x = n(-e)v_x = \frac{\sigma_0}{1 + (\omega_c \tau)^2}(E_x - \omega_c \tau E_y) \tag{2.62}$$

$$i_y = n(-e)v_y = \frac{\sigma_0}{1 + (\omega_c \tau)^2}(\omega_c \tau E_x + E_y) \tag{2.63}$$

$$i_z = n(-e)v_z = \sigma_0 E_z \tag{2.64}$$

ただし，次のようにおいた．

$$\sigma_0 = \frac{ne^2\tau}{m^*} \tag{2.65}$$

ここで，x 軸の負の方向だけに電流が流れ，y 軸に沿った方向に電流が流れない場合を考えよう．このとき，y 軸に沿った方向に電荷は移動しないから，$v_y = 0$ となる．この場合の現象は，**ホール効果** (Hall effect) とよばれ，**ホール係数** (Hall coefficient) $R_H \equiv E_y/i_x B$ は，次のように表される．

$$R_H \equiv \frac{E_y}{i_x B} = -\frac{1}{ne} \tag{2.66}$$

式 (2.66) からわかるように，**ホール係数 R_H の測定結果から，導体中の自由電子濃度 n を決定することができる．**

第3章

誘電体

3.1 誘電体／絶縁体

3.2 電気双極子モーメントと分極

3.3 反分極因子

3.4 分極と電束密度

3.5 電気感受率と分極率

3.6 静電界と電束密度の境界条件

問題 *3.1* 点電荷に働く力

問題 *3.2* 誘電体球の分極

問題 *3.3* 電気双極子の周囲の静電界

問題 *3.4* 静電界の境界条件

問題 *3.5* 強誘電性の条件

問題 *3.6* キャパシタの電気容量

問題 *3.7* 誘電体板を含む平行平板キャパシタ

問題 *3.8* 平行平板キャパシタに挿入された誘電体板に働く力

問題 *3.9* 油の中の平行平板キャパシタ

問題 *3.10* 油の中に浮いた導体球

3.1 誘電体／絶縁体

外部から静電界を印加したとき，内部の電荷分布が変化するだけで直流電流が流れない物質は，**誘電体** (dielectrics) または**絶縁体** (insulator) とよばれる．誘電体（絶縁体）において，電荷分布の変化にともなって電気双極子モーメントが変わる現象を**誘電分極** (dielectric polarization) あるいは**分極** (polarization) という．

3.2 電気双極子モーメントと分極

電気双極子 (electric dipole) とは，微小距離を隔てて置かれた正負の電荷のペアである．図 3.1 において，正の電荷 $+q_n$ (C)，負の電荷 $-q_n$ (C)，負の電荷から正の電荷に向かうベクトル $\boldsymbol{r}_n$ (m) を用いると，**電気双極子モーメント** (electric dipole moment) $\boldsymbol{p}_n$ (C m) は，次式によって定義される．

$$\boldsymbol{p}_n \equiv q_n \boldsymbol{r}_n \tag{3.1}$$

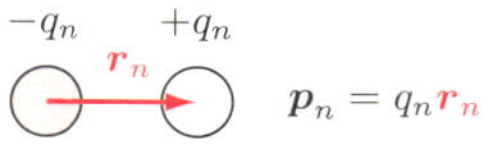

図 3.1　電気双極子と電気双極子モーメント

電荷が移動して電気双極子モーメント $\boldsymbol{p}_n$ が形成されたときは，正の電荷が移動した方向が $\boldsymbol{p}_n$ の方向であると約束する．分極 $\boldsymbol{P}$ (C m^{-2}) は，単位体積あたりの電気双極子モーメントである．電荷が移動して分極 $\boldsymbol{P}$ が形成されたときは，正の電荷が移動した方向を $\boldsymbol{P}$ の方向と約束する．

3.3 反分極因子

誘電体に外部から電界 $\boldsymbol{E}_0$ (V m^{-1}) を印加すると，分極 $\boldsymbol{P}$ (C m^{-2}) が生ずる．この分極 $\boldsymbol{P}$ (C m^{-2}) により，外部から印加された電界 $\boldsymbol{E}_0$ (V m^{-1}) を打ち

消すような**反分極電界** (depolarization electric field) $\boldsymbol{E}_1\,(\mathrm{V\,m^{-1}})$ が生ずる．この結果，誘電体内の巨視的な (macroscopic) 全電界 $\boldsymbol{E}\,(\mathrm{V\,m^{-1}})$ は，次のようになる．

$$\boldsymbol{E} = \boldsymbol{E}_0 + \boldsymbol{E}_1 \tag{3.2}$$

誘電体において，反分極電界 $\boldsymbol{E}_1\,(\mathrm{V\,m^{-1}})$ の各軸方向成分は，次のように表される．

$$E_{1x} = -\frac{N_x P_x}{\varepsilon_0}, \quad E_{1y} = -\frac{N_y P_y}{\varepsilon_0}, \quad E_{1z} = -\frac{N_z P_z}{\varepsilon_0} \tag{3.3}$$

ここで，N_x，N_y，N_z は，**反分極因子** (depolarization factor) である．

誘電体に真電荷を与えたとき，ガウスの法則を用いて全電界を求めるには，**誘電率 $\varepsilon\,(\mathrm{F\,m^{-1}})$ あるいは比誘電率 ε_s を用いて**，次のように表せばよい．

$$\iint \boldsymbol{E}\cdot\boldsymbol{n}\,\mathrm{d}S = \frac{1}{\varepsilon}\times(\text{閉曲面内の全電荷}) = \frac{1}{\varepsilon_\mathrm{s}\varepsilon_0}\times(\text{閉曲面内の全電荷}) \tag{3.4}$$

式 (3.4) を微分形で表すと，次のようになる．

$$\mathrm{div}\,\boldsymbol{E} = \nabla\cdot\boldsymbol{E} = \frac{\rho}{\varepsilon} = \frac{\rho}{\varepsilon_\mathrm{s}\varepsilon_0} \tag{3.5}$$

3.4 分極と電束密度

分極 $\boldsymbol{P}\,(\mathrm{C\,m^{-2}})$ と式 (3.2) の誘電体内の巨視的な全電界 $\boldsymbol{E}\,(\mathrm{V\,m^{-1}})$ を用いて，**電束密度 (electric flux density) $\boldsymbol{D}\,(\mathrm{C\,m^{-2}})$** が，次式によって定義されている．

$$\boldsymbol{D} \equiv \varepsilon_0\boldsymbol{E} + \boldsymbol{P} = \varepsilon_\mathrm{s}\varepsilon_0\boldsymbol{E} = \varepsilon\boldsymbol{E} \tag{3.6}$$

静電界を誘電体に印加しても直流電流は流れない．しかし，**時間的に変動する電界を誘電体に印加すると，変位電流 (displacement current) が流れる**．そして，変位電流密度は，$\partial\boldsymbol{D}/\partial t\,(\mathrm{A\,m^{-2}})$ によって表される．

3.5 電気感受率と分極率

分極 $\boldsymbol{P}\,(\mathrm{C\,m^{-2}})$ と式 (3.2) の誘電体内の巨視的な全電界 $\boldsymbol{E}\,(\mathrm{V\,m^{-1}})$ との間の比例係数として，電気感受率 (electric susceptibility) $\chi\,(\mathrm{F\,m^{-1}})$ が，次式によって定義されている．

$$\boldsymbol{P} \equiv \chi \boldsymbol{E} = \chi\,(\boldsymbol{E}_0 + \boldsymbol{E}_1) \tag{3.7}$$

微視的な (microscopic) 観点から，電気双極子モーメント $\boldsymbol{p}_n\,(\mathrm{C\,m})$ と誘電体内の局所電界 $\boldsymbol{E}_{\mathrm{local}}\,(\mathrm{V\,m^{-1}})$ を用いて，次式によって分極率 (polarizability) $\alpha\,(\mathrm{F\,m^2})$ が定義されている．

$$\boldsymbol{p}_n \equiv \alpha \boldsymbol{E}_{\mathrm{local}} \tag{3.8}$$

3.6 静電界と電束密度の境界条件

空気と誘電体の境界面，あるいは 2 種類の誘電体が接しているときの境界面を考える．これらの境界面に真電荷が存在しないとき，静電界 $\boldsymbol{E}\,(\mathrm{V\,m^{-1}})$ と電束密度 $\boldsymbol{D}\,(\mathrm{C\,m^{-2}})$ に対して，次の境界条件が成り立つ．

- $\boldsymbol{E}$：境界面に対する**接線成分** (tangential component) が等しい
- $\boldsymbol{D}$：境界面に対する**法線成分** (normal component) が等しい

問題 3.1 点電荷に働く力

誘電率 $\varepsilon\,(\mathrm{F\,m^{-1}})$ をもつ油の中に，接地された平面導体が沈められている．油の中で平面導体から距離 $a\,(\mathrm{m})$ だけ離れた場所に置かれた点電荷 $q\,(\mathrm{C})$ に働く力を求めよ．

意　義

誘電体中における電荷と静電界の関係を理解する．

ヒント

- 問題 1.10 で説明した**鏡像法**を用いる．

解　答

図 3.2(a) のように，平面導体に対して垂直に z 軸を選び，平面導体の z 座標を 0，点電荷 $q\,(\mathrm{C})$ の z 座標を a とする．図 3.2(b) のように，平面導体に対して点電荷 $q\,(\mathrm{C})$ と対称な位置 $z=-a$ に仮想点電荷 $-q\,(\mathrm{C})$ を置いてから，平面導体を取り除くと，仮想点電荷 $-q\,(\mathrm{C})$ を置く前と同じ電位分布が得られ，境界条件が一致する．したがって，点電荷 $q\,(\mathrm{C})$ に働く力は，図 3.2(a)，(b) において等しい．図 3.2(b) からわかるように，点電荷 $q\,(\mathrm{C})$ には平面導体に引きつけられるような力が働き，その大きさ $F\,(\mathrm{N})$ は次のようになる．

$$F = \frac{q^2}{4\pi\varepsilon \times (2a)^2} = \frac{q^2}{16\pi\varepsilon a^2} \tag{3.9}$$

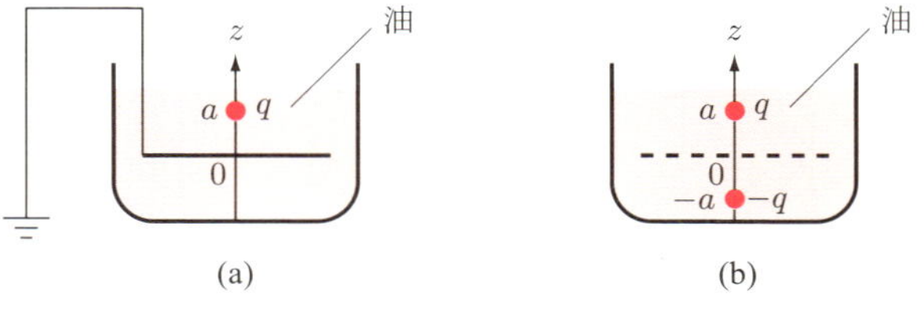

図 3.2 油の中に沈めた平面導体

問題 3.2　誘電体球の分極

電気感受率 $\chi\,(\mathrm{F\,m^{-1}})$ をもつ誘電体球が，一様な外部電界 $E_0\,(\mathrm{V\,m^{-1}})$ の中に置かれている．このとき，次の問いに答えよ．

(a) 誘電体球の中の電界 $E_{\mathrm{in}}\,(\mathrm{V\,m^{-1}})$ を計算せよ．

(b) 誘電体球の中の分極 $P\,(\mathrm{C\,m^{-2}})$ を求めよ．

意　義

分極によって物質内に生じる反分極電界を理解する基礎となる．

ヒント

- 重ね合せの原理を用いる．

解　答

図 3.3(a) のように，誘電体球に x 軸の正の方向の電界 $\boldsymbol{E}_0\,(\mathrm{V\,m^{-1}})$ が外部から印加され，誘電体球が一様な分極 $\boldsymbol{P}\,(\mathrm{C\,m^{-2}})$ をもつとする．この様子は，図 3.3(b) のように，一様な正の電荷密度 $\rho\,(\mathrm{C\,m^{-3}})$ をもつ誘電体球と，一様な負の電荷密度 $-\rho\,(\mathrm{C\,m^{-3}})$ をもつ誘電体球が，x 軸の正の方向に $\boldsymbol{x}_0\,(\mathrm{m})$ だけ平行移動して重ね合わされたと考えられる．このとき，分極 $\boldsymbol{P}\,(\mathrm{C\,m^{-2}})$ は，次のようになる．

$$\boldsymbol{P} = \rho \boldsymbol{x}_0 \tag{3.10}$$

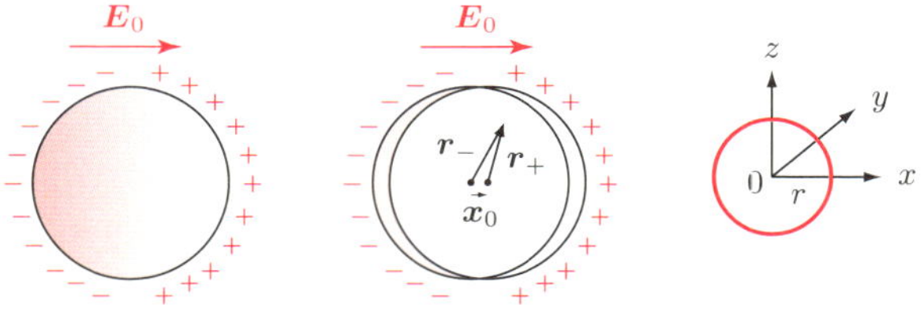

(a) 誘電体球の分極　(b) 計算モデル　(c) 閉曲面

図 3.3　誘電体球における分極

図 3.3(c) のように，誘電体球よりも小さな半径をもつ球を閉曲面とする．そして，対称性を考慮してガウスの法則を用い，誘電体球内の電界を求める．一様な正の電荷密度 $\rho\,(\mathrm{C\,m^{-3}})$ をもつ誘電体球の中心から，電界を求めるべき点に引いた位置ベクトルを $\boldsymbol{r}_+\,(\mathrm{m})$ とする．ガウスの法則から，一様な正の電荷密度 $\rho\,(\mathrm{C\,m^{-3}})$ による誘電体球内の電界 $\boldsymbol{E}_+\,(\mathrm{V\,m^{-1}})$ は，$r_+ = |\boldsymbol{r}_+|\,(\mathrm{m})$ として，次のように表される．

$$4\pi {r_+}^2 \boldsymbol{E}_+ = \frac{4\pi {r_+}^3}{3}\frac{\rho}{\varepsilon_0}\frac{\boldsymbol{r}_+}{r_+} \tag{3.11}$$

したがって，電界 $\boldsymbol{E}_+\,(\mathrm{V\,m^{-1}})$ は，次のようになる．

$$\boldsymbol{E}_+ = \frac{\rho}{3\varepsilon_0}\boldsymbol{r}_+ \tag{3.12}$$

一様な負の電荷密度 $-\rho\,(\mathrm{C\,m^{-3}})$ をもつ誘電体球の中心から，電界を求めるべき点に引いた位置ベクトルを $\boldsymbol{r}_-\,(\mathrm{m})$ とすると，一様な負の電荷密度 $-\rho\,(\mathrm{C\,m^{-3}})$ による誘電体球内の電界 $\boldsymbol{E}_-\,(\mathrm{V\,m^{-1}})$ は，同様な計算から，次のように求められる．

$$\boldsymbol{E}_- = -\frac{\rho}{3\varepsilon_0}\boldsymbol{r}_- \tag{3.13}$$

誘電体球内において分極 $\boldsymbol{P}\,(\mathrm{C\,m^{-2}})$ によって生じた反分極電界 $\boldsymbol{E}_1\,(\mathrm{V\,m^{-1}})$ は，$\boldsymbol{E}_+\,(\mathrm{V\,m^{-1}})$ と $\boldsymbol{E}_-\,(\mathrm{V\,m^{-1}})$ の合成電界であり，式 (3.12)，(3.13) から，次のように表される．

$$\boldsymbol{E}_1 = \boldsymbol{E}_+ + \boldsymbol{E}_- = \frac{\rho}{3\varepsilon_0}(\boldsymbol{r}_+ - \boldsymbol{r}_-) \tag{3.14}$$

ここで，図 3.3(b) から

$$\boldsymbol{r}_- = \boldsymbol{r}_+ + \boldsymbol{x}_0 \tag{3.15}$$

という関係があることに着目すると，反分極電界 $\boldsymbol{E}_1\,(\mathrm{V\,m^{-1}})$ は，次のように表される．

$$\boldsymbol{E}_1 = -\frac{\rho}{3\varepsilon_0}\boldsymbol{x}_0 = -\frac{\boldsymbol{P}}{3\varepsilon_0} \tag{3.16}$$

ただし，最後の等号において，式 (3.10) を用いた．反分極電界 $\boldsymbol{E}_1\,(\mathrm{V\,m^{-1}})$，分極 $\boldsymbol{P}\,(\mathrm{C\,m^{-2}})$ のどちらも x 成分だけをもつので，式 (3.3) と式 (3.16) の比較

から，次の結果が得られる．

$$N_x = \frac{1}{3} \tag{3.17}$$

誘電体球の内部の電界を $E_{\text{in}}\,(\mathrm{V\,m^{-1}})$ とし，式 (3.16) と $P = \chi E_{\text{in}}$ を用いると，次のようになる．

$$E_{\text{in}} = |\boldsymbol{E}_0 + \boldsymbol{E}_1| = E_0 - \frac{P}{3\varepsilon_0} = E_0 - \frac{\chi E_{\text{in}}}{3\varepsilon_0} \tag{3.18}$$

したがって，次の結果が得られる．

$$E_{\text{in}} = \left(1 + \frac{\chi}{3\varepsilon_0}\right)^{-1} E_0 \tag{3.19}$$

(b) 式 (3.19) から，分極 $P\,(\mathrm{C\,m^{-2}})$ は次のようになる．

$$P = \chi E_{\text{in}} = \chi \left(1 + \frac{\chi}{3\varepsilon_0}\right)^{-1} E_0 \tag{3.20}$$

復　習

外部電界 $\boldsymbol{E}_0$ によって，分極 $\boldsymbol{P}$ が生ずる．

誘電体では，分極 $\boldsymbol{P}$ によって，

外部電界 $\boldsymbol{E}_0$ を打ち消すような反分極電界 $\boldsymbol{E}_1$ が生ずる．

$$|\boldsymbol{E}| = |\boldsymbol{E}_0 + \boldsymbol{E}_1| < |\boldsymbol{E}_0|$$

問題 3.3　電気双極子の周囲の静電界

電気双極子の周囲の電位をまず求めてから，電気双極子の周囲の静電界を計算せよ．

意　義

電気双極子は，分極のメカニズムを考えるときや，電磁波の放射や吸収を説明するうえで，とても大切である．

ヒント

- 重ね合せの原理を用いる．

解　答

図 3.4 のように，xyz-座標系を用い，正の点電荷 $q_1 = q$ と負の点電荷 $q_2 = -q$ の位置をそれぞれ $(0, 0, a/2)$，$(0, 0, -a/2)$，点 P の位置を $\boldsymbol{r} = (x, y, z)$ とする．なお，正の点電荷を始点として点 P を終点とするベクトルを $\boldsymbol{r}_1$，負の点電荷を始点として点 P を終点とするベクトルを $\boldsymbol{r}_2$ とする．

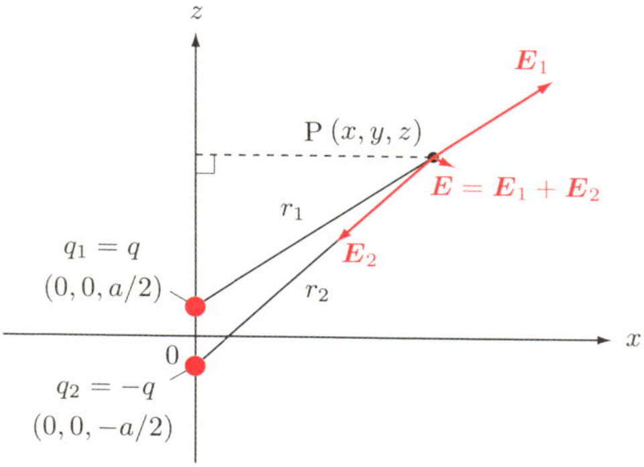

図 3.4　電気双極子

閉曲面として，正の点電荷 $q_1 = q$ の位置に中心をもつ半径 $|\boldsymbol{r}_1| = r_1$ の球を考え，ガウスの法則を適用すると，式 (3.4) から

$$\iint \boldsymbol{E}\cdot\boldsymbol{n}\,\mathrm{d}S = E_1 \times 4\pi {r_1}^2 = \frac{1}{\varepsilon}q = \frac{1}{\varepsilon_{\mathrm{s}}\varepsilon_0}q \tag{3.21}$$

となる．ここで，ε は誘電体の誘電率，ε_{s} は誘電体の比誘電率，ε_0 は真空の誘電率である．式 (3.21) から，正の点電荷 $q_1 = q$ によって点 P に発生する静電界 $\boldsymbol{E}_1$ の大きさ E_1 は，次のようになる．

$$E_1 = \frac{q}{4\pi\varepsilon}\frac{1}{{r_1}^2} = \frac{q}{4\pi\varepsilon_{\mathrm{s}}\varepsilon_0}\frac{1}{{r_1}^2} \tag{3.22}$$

閉曲面として，負の点電荷 $q_2 = -q$ の位置に中心をもつ半径 $|\boldsymbol{r}_2| = r_2$ の球を考え，ガウスの法則を適用する．ここで，$\boldsymbol{E}_2$ と $\boldsymbol{n}$ が反平行であることに注意して，式 (3.4) を用いると，

$$\iint \boldsymbol{E}\cdot\boldsymbol{n}\,\mathrm{d}S = -E_2 \times 4\pi {r_2}^2 = \frac{1}{\varepsilon}(-q) = \frac{1}{\varepsilon_{\mathrm{s}}\varepsilon_0}(-q) \tag{3.23}$$

となる．式 (3.23) から，負の点電荷 $q_2 = -q$ によって点 P に発生する静電界 $\boldsymbol{E}_2$ の大きさ E_2 は，次のようになる．

$$E_2 = \frac{q}{4\pi\varepsilon}\frac{1}{{r_2}^2} = \frac{q}{4\pi\varepsilon_{\mathrm{s}}\varepsilon_0}\frac{1}{{r_2}^2} \tag{3.24}$$

点 P における電位 ϕ は，電位の基準点 $\boldsymbol{r}_0$ を無限遠の点に選ぶと，式 (3.22), (3.24) から，次のように求められる．

$$\phi = -\int_{\boldsymbol{r}_0}^{\boldsymbol{r}_1}\boldsymbol{E}_1\cdot\mathrm{d}\boldsymbol{r}_1 - \int_{\boldsymbol{r}_0}^{\boldsymbol{r}_2}\boldsymbol{E}_2\cdot\mathrm{d}\boldsymbol{r}_2 = \frac{q}{4\pi\varepsilon}\frac{1}{r_1} - \frac{q}{4\pi\varepsilon}\frac{1}{r_2} \tag{3.25}$$

さて，三平方の定理から，次式が成り立つ．

$$|\boldsymbol{r}_1| = r_1 = \left[x^2 + y^2 + \left(z - \frac{a}{2}\right)^2\right]^{1/2} \tag{3.26}$$

$$|\boldsymbol{r}_2| = r_2 = \left[x^2 + y^2 + \left(z + \frac{a}{2}\right)^2\right]^{1/2} \tag{3.27}$$

$$|\boldsymbol{r}| = r = \left(x^2 + y^2 + z^2\right)^{1/2} \tag{3.28}$$

ここで，$r \gg a$ の場合を考え，r_1 と r_2 を a についてマクローリン展開すると，電気双極子の周囲の電位 ϕ は，次のように求められる．

$$\phi = \frac{p}{4\pi\varepsilon}\frac{z}{r^3} \tag{3.29}$$

ただし，電気双極子モーメント $\boldsymbol{p} = q\boldsymbol{a}$ の大きさ $p = qa$ を用いた．

式 (3.29) から，静電界の各成分 E_x, E_y, E_z は，次のように求められる．

$$E_x = -\frac{\partial \phi}{\partial x} = \frac{p}{4\pi\varepsilon}\frac{3zx}{r^5} \tag{3.30}$$

$$E_y = -\frac{\partial \phi}{\partial y} = \frac{p}{4\pi\varepsilon}\frac{3yz}{r^5} \tag{3.31}$$

$$E_z = -\frac{\partial \phi}{\partial z} = \frac{p}{4\pi\varepsilon}\frac{2z^2 - x^2 - y^2}{r^5} \tag{3.32}$$

図 3.5 に，z 軸方向を向いた電気双極子モーメント $\boldsymbol{p}$ と，その周囲の静電界 $\boldsymbol{E}$ を示す．

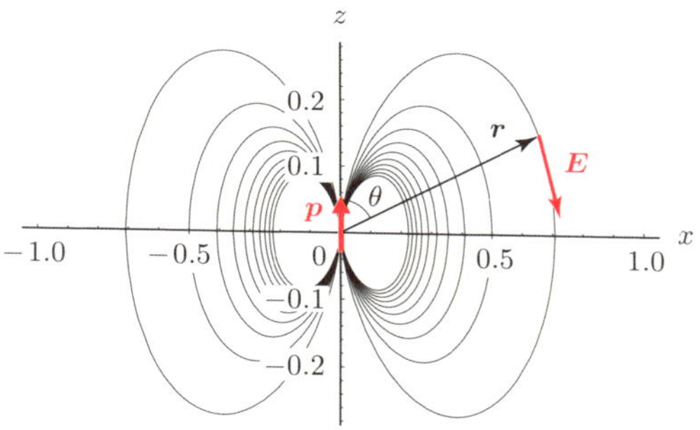

図 3.5　電気双極子による静電界 $\boldsymbol{E}$

問題 3.4　静電界の境界条件

図 3.6 のように，境界面をはさんで誘電率がそれぞれ ε_1，ε_2 であるとし，それぞれの領域の静電界を $\boldsymbol{E}_1$，$\boldsymbol{E}_2$ とする．また，境界面の法線と静電界との間の角をそれぞれ θ_1，θ_2 とする．このとき，静電界 $\boldsymbol{E}_1, \boldsymbol{E}_2$ に対して，ガウスの法則を適用するとどうなるか．ただし，境界面に真電荷は存在しないとする．

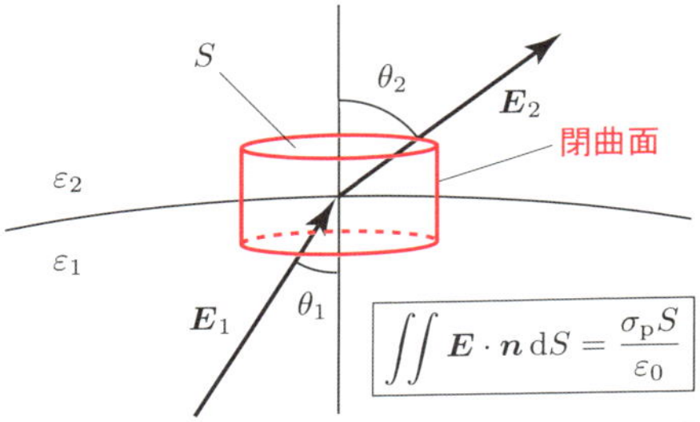

図 3.6　境界面における静電界と分極電荷

意　義

境界条件を決定するときに，ガウスの法則とストークスの定理を使い分ける．この理由を理解しよう．

ヒント

- 境界面における分極電荷を考慮する．

解　答

図 3.6 のように，微小厚さの閉曲面を選び，閉曲面の上面と底面が，境界面に平行であるとする．そして，閉曲面の上面と底面の面積は等しく，$S\,(\mathrm{m}^2)$ とおく．また，閉曲面の側面を貫く静電界が存在しないように閉曲面を選ぶ．

境界面に分極電荷が存在する場合を考え，静電界に対してガウスの法則を適用すると，次のようになる．

$$\iint \boldsymbol{E}\cdot\boldsymbol{n}\,\mathrm{d}S = \boldsymbol{E}_1\cdot\boldsymbol{n}S + \boldsymbol{E}_2\cdot\boldsymbol{n}S = (-E_1\cos\theta_1 + E_2\cos\theta_2)\,S = \frac{\sigma_\mathrm{p} S}{\varepsilon_0} \quad (3.33)$$

ただし，境界面における分極電荷の面密度を $\sigma_\mathrm{p}\,(\mathrm{C\,m^{-2}})$ とした．

式 (3.33) から，

$$E_2\cos\theta_2 = E_1\cos\theta_1 + \frac{\sigma_\mathrm{p}}{\varepsilon_0} \quad (3.34)$$

となる．境界面の静電界に対して，ガウスの法則を適用すると，式 (3.34) のように，静電界の境界条件に分極電荷が現れる．

一方，境界面の静電界に対して，ストークスの定理を適用すると，静電界の境界条件に分極電荷は現れず，静電界の接線成分が等しくなる．つまり境界面において静電界の接線成分が連続であるという結論が得られる．

復　習

境界面に真電荷が存在しない場合の境界条件

- 静電界 $\boldsymbol{E}$ ：境界面に対する**接線成分**が等しい
- 電束密度 $\boldsymbol{D}$ ：境界面に対する**法線成分**が等しい

問題 3.5　強誘電性の条件

分極率 $\alpha\,(\mathrm{F\,m^2})$ をもつ 2 個の中性原子が，距離 $a\,(\mathrm{m})$ だけ離れて真空中に置かれている．この原子系が強誘電性を示すための条件を求めよ．

意　義

強誘電体における電荷と静電界の関係を理解しよう．

ヒント

- 強誘電体では，内部電界によって電気双極子モーメントが誘起される．
- 誘起された電気双極子モーメントによって，さらに内部電界が発生する．

解　答

図 3.7 のように，それぞれの原子の電気双極子モーメントの向きが，2 個の中性原子を結ぶ線と一致しているとする．また，これらの電気双極子モーメントが，z 軸の正の方向を向いているとする．

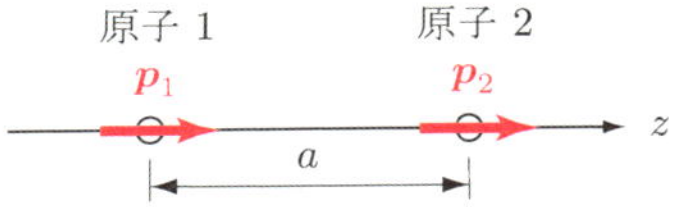

図 3.7　2 個の中性原子

原子 1 の電気双極子モーメントを $\boldsymbol{p}_1$ とすると，式 (3.32) において，$p = p_1$，$\varepsilon = \varepsilon_0$，$x = y = 0$，$r = z = a$ として，原子 2 の位置に生ずる静電界 E_z は次のようになる．

$$E_z = \frac{p_1}{2\pi\varepsilon_0 a^3} \tag{3.35}$$

この静電界 E_z によって，原子 2 の位置に電気双極子モーメント $\boldsymbol{p}_2$ が生じ，

$$p_2 = \alpha E_z = \alpha\,\frac{p_1}{2\pi\varepsilon_0 a^3} \tag{3.36}$$

となる．$p_1 = p_2$ となるためには，次の条件を満たす必要がある．

$$\alpha = 2\pi\varepsilon_0 a^3 \tag{3.37}$$

問題 3.6 キャパシタの電気容量

厚さ t (m) のポリエチレン・テレフタレートフィルム 120 枚と，面積 S (m^2) の錫箔 121 枚を交互に重ね，錫箔を 1 枚おきに接続した．61 枚の錫箔と，60 枚の錫箔をそれぞれ陽極，陰極とするキャパシタの電気容量を求めよ．ただし，ポリエチレン・テレフタレートフィルムの誘電率を ε ($\mathrm{F\,m^{-1}}$) とする．

意　義

キャパシタは，電気回路や電子回路を構成する主要な回路部品の一つである．

ヒント

- 陽極と陰極の電位から，キャパシタの接続を考える．

解　答

キャパシタの模式図を図 3.8 に示す．錫箔の電位に着目すると，面積 S (m^2)，誘電率 ε ($\mathrm{F\,m^{-1}}$) のキャパシタが 120 個並列に接続されていると考えられる．したがって，電気容量 C は次のように表される．

$$C = 120\,\frac{\varepsilon S}{d} \tag{3.38}$$

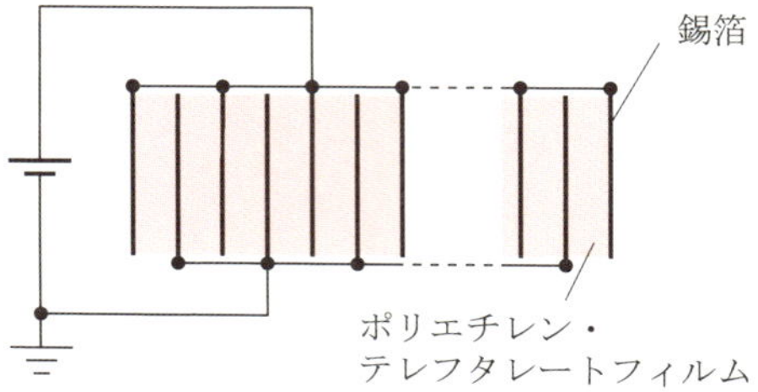

図 3.8 ポリエチレン・テレフタレートフィルムと錫箔によるキャパシタ

問題 3.7　誘電体板を含む平行平板キャパシタ

真空中に置かれた面積 S，間隔 d の平行平板キャパシタの中に，厚さ $2d/3$，面積 $S/2$ の誘電体板が入っている．誘電体の比誘電率を ε_s として，電気容量を求めよ．

意　義

平行平板キャパシタに誘電体を挿入すると，平行平板キャパシタの電気容量を大きくすることができる．

ヒント

- 電荷が蓄積される場所に着目して，キャパシタを考える．
- キャパシタの並列／直列接続に応じて，合成電気容量を計算する．

解　答

図 3.9 のように，平行平板キャパシタを二つの領域 1，2 に分けて考える．それぞれの領域の平板の面積は $S/2$ である．

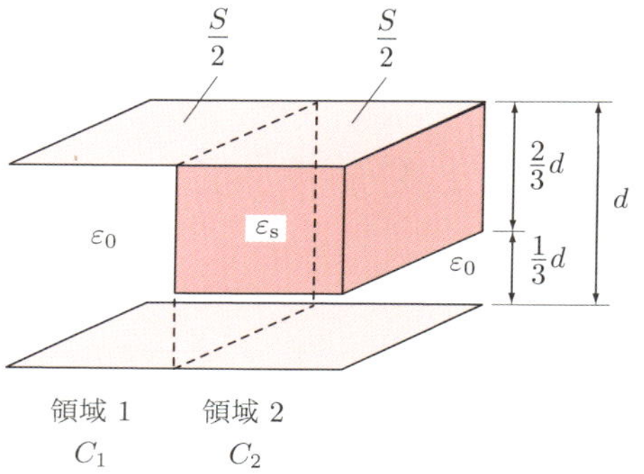

図 3.9　誘電体板を含む平行平板キャパシタ

領域 1 の電気容量 C_1 は，次のようになる．

$$C_1 = \frac{\varepsilon_0 S/2}{d} = \frac{\varepsilon_0 S}{2d} \tag{3.39}$$

領域 2 の電気容量 C_2 は，真空と誘電体が直列になっているから，次のようになる．

$$C_2 = \left[\left(\frac{\varepsilon_0 S/2}{d/3} \right)^{-1} + \left(\frac{\varepsilon_\mathrm{s} \varepsilon_0 S/2}{2d/3} \right)^{-1} \right]^{-1} = \frac{3\varepsilon_\mathrm{s}\varepsilon_0 S}{2\left(\varepsilon_\mathrm{s} + 2\right) d} \tag{3.40}$$

図 3.9 の平行平板キャパシタは，領域 1 のキャパシタと領域 2 のキャパシタが並列接続されていると考えられる．したがって，電気容量 C は，次のように求められる．

$$C = C_1 + C_2 = \frac{\varepsilon_0 S}{2d} + \frac{3\varepsilon_\mathrm{s}\varepsilon_0 S}{2\left(\varepsilon_\mathrm{s} + 2\right) d} = \frac{\left(2\varepsilon_\mathrm{s} + 1\right)\varepsilon_0 S}{\left(\varepsilon_\mathrm{s} + 2\right) d} \tag{3.41}$$

復　習

キャパシタとしての誘電体

- 電荷が蓄えられる領域に導体が存在するとみなす
- 電荷が蓄積された領域で，電荷が自由に動くわけではない

キャパシタの合成電気容量

- 並列接続

$$C_\mathrm{p} = \sum_{i=1}^{n} C_i$$

- 直列接続

$$C_\mathrm{s} = \left(\sum_{i=1}^{n} \frac{1}{C_i} \right)^{-1}$$

問題 3.8　平行平板キャパシタに挿入された誘電体板に働く力

一辺の長さ l の正方形の電極が，真空中で間隔 d を隔てて平行に配置されている．さらに，この平行平板キャパシタの中に，電極と同じ面積をもつ厚さ t，比誘電率 ε_s の誘電体板の一部が，電極と平行に入っている．平行平板キャパシタが起電力 V の電源に接続されているとき，誘電体板に働く力を求めよ．

意　義

電源からの電荷の流入にともなうエネルギーの影響を理解する．

ヒント

- 電源からの電荷の流入にともなうエネルギーを考慮する．
- キャパシタの並列／直列接続に応じて，合成電気容量を計算する．

解　答

図 3.10 のように，平行平板キャパシタを二つの領域 1，2 に分けて考える．領域 1，2 の平板の面積は，それぞれ $l(l-x)$, lx である．

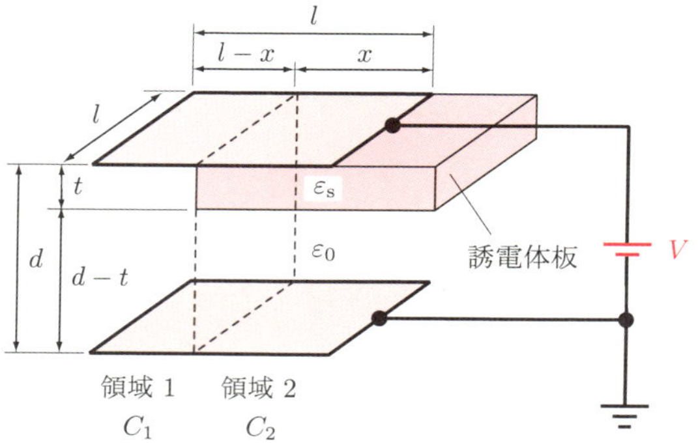

図 3.10　誘電体板の一部が挿入された平行平板キャパシタ

領域 1 の電気容量 C_1 は，次のようになる．

$$C_1 = \frac{\varepsilon_0 l(l-x)}{d} \tag{3.42}$$

領域 2 の電気容量 C_2 は，真空と誘電体が直列になっているから，次のようになる．

$$C_2 = \left[\left(\frac{\varepsilon_0 lx}{d-t}\right)^{-1} + \left(\frac{\varepsilon_\mathrm{s}\varepsilon_0 lx}{t}\right)^{-1}\right]^{-1} = \frac{\varepsilon_\mathrm{s}\varepsilon_0 lx}{\varepsilon_\mathrm{s} d + (1-\varepsilon_\mathrm{s})\,t} \tag{3.43}$$

図 3.10 の平行平板キャパシタは，領域 1 のキャパシタと領域 2 のキャパシタが並列接続されていると考えられる．したがって，電気容量 C は，次のように求められる．

$$\begin{aligned} C = C_1 + C_2 &= \frac{\varepsilon_0 l(l-x)}{d} + \frac{\varepsilon_\mathrm{s}\varepsilon_0 lx}{\varepsilon_\mathrm{s} d + (1-\varepsilon_\mathrm{s})\,t} \\ &= \frac{\varepsilon_0 l^2}{d} - \frac{\varepsilon_0 lx}{d}\frac{(1-\varepsilon_\mathrm{s})\,t}{\varepsilon_\mathrm{s} d + (1-\varepsilon_\mathrm{s})\,t} \end{aligned} \tag{3.44}$$

平行平板キャパシタが起電力 V の電源に接続されていることから，電極における電荷の流入と流出を考える必要がある．誘電体板が平行平板キャパシタ内に引き込まれる力を F，平行平板キャパシタのエネルギー $U = CV^2/2$ の微小変化を $\mathrm{d}U$ とすると，次の関係が成り立つ．

$$F\,\mathrm{d}x + \mathrm{d}U = V\,\mathrm{d}Q = V^2\,\mathrm{d}C \tag{3.45}$$

ここで，$V\,\mathrm{d}Q$ が電荷量の変化によるエネルギー変化を示している．また，$Q = CV$ において V が一定であることを用いた．

式 (3.44)，(3.45) から，誘電体板が平行平板キャパシタ内に引き込まれる力 F は，次のように求められる．

$$F = -\frac{\partial U}{\partial x} + V^2\frac{\partial C}{\partial x} = \frac{1}{2}V^2\frac{\partial C}{\partial x} = -\frac{\varepsilon_0 l V^2}{2d}\frac{(1-\varepsilon_\mathrm{s})\,t}{\varepsilon_\mathrm{s} d + (1-\varepsilon_\mathrm{s})\,t} \tag{3.46}$$

問題 3.9　油の中の平行平板キャパシタ

図 3.11 のように，誘電率 $\varepsilon\,(\mathrm{F\,m^{-1}})$ をもつ油の中に，面積 $S\,(\mathrm{m^2})$，間隔 $d\,(\mathrm{m})$ の平行平板キャパシタが沈められている．陽極と陰極の電位差が $\phi\,(\mathrm{V})$ のとき，陽極と陰極の間に働く力を求めよ．

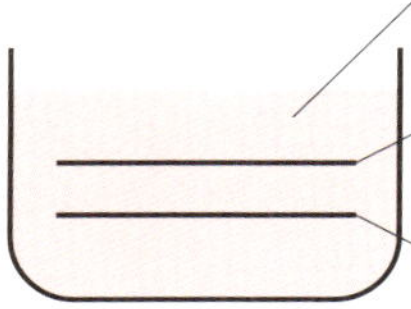

図 3.11　油の中の平行平板キャパシタ

意　義

真電荷と分極電荷について理解を深めよう．

ヒント

- 陽極と陰極の間の空間に存在する油の分極も考える．

解　答

陽極の真電荷の面密度を $\sigma\,(\mathrm{C\,m^{-2}})$，陽極に接する油の分極電荷の面密度を $\sigma_{\mathrm{p}}\,(\mathrm{C\,m^{-2}})$ とする．このとき，陰極の真電荷の面密度は $-\sigma\,(\mathrm{C\,m^{-2}})$，陰極に接する油の分極電荷の面密度は $-\sigma_{\mathrm{p}}\,(\mathrm{C\,m^{-2}})$ と表される．

陽極に働く力は，陰極側における電荷（面密度 $-\sigma-\sigma_{\mathrm{p}}$）が陽極の真電荷（面密度 σ）に及ぼす力である．陰極に平行な上面と底面をもち，陰極を内部に含む閉曲面を用いると，陰極側における電荷（面密度 $-\sigma-\sigma_{\mathrm{p}}$）によって発生する電界 $\boldsymbol{E}_-$ の大きさ $E_-\,(\mathrm{V\,m^{-1}})$ に対して，次式が成り立つ．

$$\iint \boldsymbol{E}_- \cdot \boldsymbol{n}\,\mathrm{d}S = -2E_-S = -\frac{\sigma+\sigma_{\mathrm{p}}}{\varepsilon_0}S = -\frac{\sigma}{\varepsilon}S \tag{3.47}$$

式 (3.47) から，$E_-\,(\mathrm{V\,m^{-1}})$ は次のようになる．

$$E_- = \frac{\sigma + \sigma_\mathrm{p}}{2\varepsilon_0} = \frac{\sigma}{2\varepsilon} \tag{3.48}$$

同様にして，陽極側における電荷（面密度 $\sigma + \sigma_\mathrm{p}$）によって発生する電界 $\boldsymbol{E}_+$ の大きさ $E_+\,(\mathrm{V\,m^{-1}})$ は，次のようになる．

$$E_+ = \frac{\sigma + \sigma_\mathrm{p}}{2\varepsilon_0} = \frac{\sigma}{2\varepsilon} \tag{3.49}$$

電界 $\boldsymbol{E}_+$ と電界 $\boldsymbol{E}_-$ は同じ向きだから，電位の基準点を陰極上の点とすると，電位 $\phi\,(\mathrm{V})$ は次のように表される．

$$\phi = -\int_0^d -(E_+ + E_-)\,\mathrm{d}x = \frac{\sigma + \sigma_\mathrm{p}}{\varepsilon_0}d = \frac{\sigma}{\varepsilon}d \tag{3.50}$$

陽極は陰極に引きつけられるような力を受け，その大きさ $F\,(\mathrm{N})$ は式 (3.48) から次のように表される．

$$F = \sigma S E_- = \frac{\sigma^2 S}{2\varepsilon} = \frac{\varepsilon\phi^2 S}{2d^2} \tag{3.51}$$

なお，最後の等号において，式 (3.50) を用いた．

問題 3.10　油の中に浮いた導体球

図 3.12 のように，誘電率 ε (F m^{-1}) の油の中に半径 a (m) の導体球が浮かんでいる．半径 a (m) の導体球の中心と，油の液面とが一致しているとき，導体球の電気容量を計算せよ．ただし，油のそばには他の導体は存在せず，油は無限に広がっているとする．

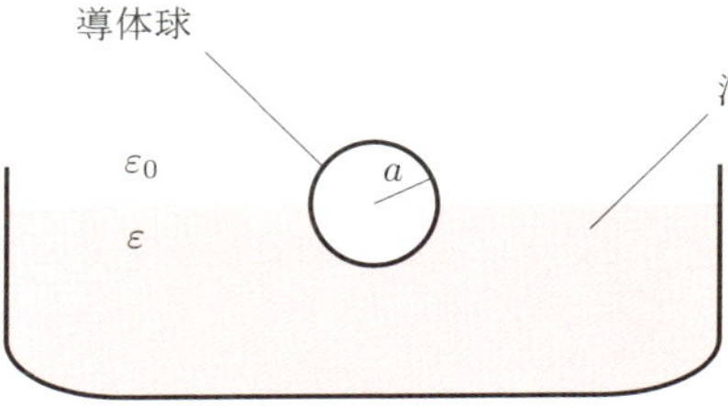

図 3.12　油の中に浮いた導体球

意　義

電荷，静電界，電束密度の関係と境界条件についての理解を深めよう．

ヒント

- ガウスの法則を用いる．

解　答

導体球に正の電荷 Q (C) を与えると，対称性から，電束密度 $\boldsymbol{D}$ (C m^{-2}) は導体球から一様に放射状に広がる．そこで，導体球と同じ中心をもつ半径 r (m) の球を閉曲面とし，$r \geq a$ とする．境界面において静電界の接線成分が等しいから，電束密度 $\boldsymbol{D}$ に対してガウスの法則を適用すると，次のようになる．

$$\iint \boldsymbol{D} \cdot \boldsymbol{n}\, \mathrm{d}S = 2\pi r^2 \left(\varepsilon_0 E + \varepsilon E\right) = 2\pi \left(\varepsilon_0 + \varepsilon\right) r^2 E = Q \qquad (3.52)$$

ここで，E (V m^{-1}) は静電界の大きさである．

式 (3.52) から，静電界の大きさ E(V m^{-1}) は次のようになる．

$$E = \frac{Q}{2\pi\left(\varepsilon_0 + \varepsilon\right) r^2} \tag{3.53}$$

無限遠の点を電位の基準点とすると，導体球の電位 ϕ(V) は，式 (3.53) から次のように求められる．

$$\phi = -\int_{\infty}^{a} E\,\mathrm{d}r = \frac{Q}{2\pi\left(\varepsilon_0 + \varepsilon\right) a} \tag{3.54}$$

式 (3.54) から，電気容量 C (F) は次のように表される．

$$C = \frac{Q}{\phi} = 2\pi\left(\varepsilon_0 + \varepsilon\right) a \tag{3.55}$$

復　習

電束密度 $\boldsymbol{D}$

- 定義

$$\boldsymbol{D} \equiv \varepsilon_0 \boldsymbol{E} + \boldsymbol{P} = \varepsilon_{\mathrm{s}} \varepsilon_0 \boldsymbol{E} = \varepsilon \boldsymbol{E}$$

- マクスウェル方程式

$$\mathrm{div}\,\boldsymbol{D} = \nabla \cdot \boldsymbol{D} = \rho$$

- ガウスの法則

$$\iint \boldsymbol{D} \cdot \boldsymbol{n}\,\mathrm{d}S = (\text{閉曲面内の全電荷})$$

- 境界面に真電荷が存在しないときの境界条件

境界面に対する**法線成分**が等しい

第4章

磁荷と静磁界／磁位

4.1 磁荷
4.2 磁荷の周囲の静磁界
4.3 磁気双極子
4.4 磁位

問題 *4.1* 磁荷のポテンシャルエネルギー
問題 *4.2* 磁気双極子の周囲の静磁界
問題 *4.3* 磁気双極子の周囲の静磁界：スカラー表示とベクトル表示
問題 *4.4* 超伝導体板から磁石に働く力
問題 *4.5* 磁気双極子モーメントと方位磁石 (1)
問題 *4.6* 磁気双極子モーメントと方位磁石 (2)
問題 *4.7* 磁気双極子間の相互作用
問題 *4.8* 磁気双極子の周囲の方位磁石に作用する力
問題 *4.9* 磁石のついた歯車における力のモーメント
問題 *4.10* 複数の磁気双極子による磁界

4.1 磁　　荷

棒磁石は，N 極と S 極という二つの磁極をもっている．この棒磁石をどんどん細かく分割しても，分割後の棒磁石には N 極と S 極が両方とも現れる．これまで，N 極または S 極を単独で取り出すことには，誰も成功していない．つまり，まだ**磁気単極子** (magnetic monopole) は見つかっていない．このことから，N 極と S 極は，必ずペアで存在していると考えられている．

N 極と S 極の間には引力が働き，N 極間，あるいは S 極間には斥力が働く．磁極を定量的に表すために**磁荷** (magnetic charge) を導入し，N 極を正の磁荷 $+q_{\mathrm{m}}$，S 極を負の磁荷 $-q_{\mathrm{m}}$ とすれば，磁荷に対するクーロンの法則が得られる．二つの磁荷の符号が同符号のときは斥力，異符号のときは引力が二つの磁荷間に働くと約束する．

図 4.1 のように，磁荷 q_{m1}，q_{m2} が距離 r だけ離れて真空中に置かれているとき，これらの磁荷間に働く力を，磁荷に対するクーロン力という．$\boldsymbol{E}$–$\boldsymbol{B}$ 対応では，磁荷の単位は A m であり，磁荷に対するクーロン力の絶対値 F は，次式によって与えられる．

$$F = \frac{\mu_0}{4\pi}\frac{|q_{\mathrm{m1}}q_{\mathrm{m2}}|}{r^2} \tag{4.1}$$

ここで，μ_0 は真空の透磁率である．

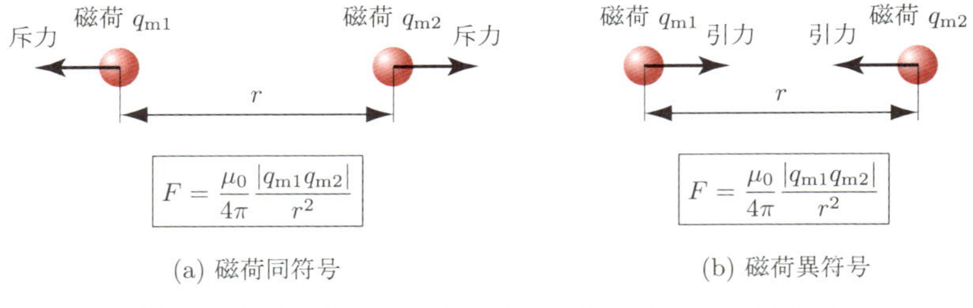

図 4.1　磁荷に対するクーロン力（国際単位系，$\boldsymbol{E}$–$\boldsymbol{B}$ 対応）

4.2　磁荷の周囲の静磁界

時間的に変化しない磁荷，あるいは定常電流の周りには，磁気的な山や谷ができており，この磁気的な山や谷の勾配を**静磁界** (electrostatic magnetic field) という．時間的に変化しない磁荷だけが存在する場合，$\boldsymbol{E}$–$\boldsymbol{B}$ 対応では，磁性体以外の空間に存在している磁荷密度 ρ_{m} (A m^{-2}) と，周りの静磁界 $\boldsymbol{H}$ (A m^{-1}) に対して，

$$\mathrm{div}\,\boldsymbol{H} = \nabla \cdot \boldsymbol{H} = \rho_{\mathrm{m}} \tag{4.2}$$

が成り立つと考える．ガウスの法則を適用するときは，静磁界 $\boldsymbol{H}$ の空間的な対称性をよく考え，正負どちらかの磁荷だけを含む便宜上の閉曲面を用いて計算すればよい．

4.3 磁気双極子

磁荷は必ず正負のペアで存在しているので，磁荷は**磁気双極子** (magnetic dipole) を形成している．図 4.2 において，正の点磁荷 $+q_{\mathrm{m}}$ (A m)，負の点磁荷 $-q_{\mathrm{m}}$ (A m)，負の点磁荷から正の点磁荷に向かうベクトル $\boldsymbol{r}$ (m) を用いると，**磁気双極子モーメント** (magnetic dipole moment) $\boldsymbol{m}$ (A m^2) は，次式によって定義される．

$$\boldsymbol{m} \equiv q_{\mathrm{m}}\boldsymbol{r} \tag{4.3}$$

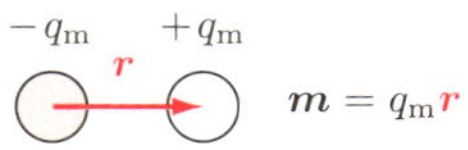

図 4.2 磁気双極子と磁気双極子モーメント

4.4 磁　　位

時間的に変化しない磁荷の周囲には，磁気的な山や谷ができている．この磁気的な山の高さや谷の深さが**磁位** (magnetic potential) ϕ_{m} (A) である．また，磁位 ϕ_{m} の勾配が，静磁界 $\boldsymbol{H}$ (A m^{-1}) である．

時間的に変化しない磁荷だけが存在し，電荷が存在しないという条件のもと

では，電束密度 $\boldsymbol{D}\,(\mathrm{C\,m^{-2}})$ は 0 となる．さらに，定常電流が流れていない場合，電流密度 $\boldsymbol{i}\,(\mathrm{A\,m^{-2}})$ も 0 である．このとき，次式が成り立つ．

$$\mathrm{rot}\,\boldsymbol{H} = \nabla \times \boldsymbol{H} = 0 \tag{4.4}$$

静磁界 $\boldsymbol{H}$ に対してストークスの定理を適用すると，式 (4.4) から

$$\oint \boldsymbol{H} \cdot \mathrm{d}\boldsymbol{l} = \iint \mathrm{rot}\,\boldsymbol{H} \cdot \boldsymbol{n}\,\mathrm{d}S = 0 \tag{4.5}$$

となる．このとき，式 (4.5) から，積分経路によって値が変化しない量として，次式によって，磁位 ϕ_{m} を定義することができる．

$$\phi_{\mathrm{m}} \equiv -\int_{\boldsymbol{r}_0}^{\boldsymbol{r}} \boldsymbol{H} \cdot \mathrm{d}\boldsymbol{r} \tag{4.6}$$

ここで，$\boldsymbol{r}_0$ は磁位の基準（$\phi_{\mathrm{m}} = 0\,\mathrm{A}$）となる点の位置ベクトル，$\boldsymbol{r}$ は磁位 ϕ_{m} を求めるべき点の位置ベクトルである．

式 (4.6) は，磁位 ϕ_{m} と静磁界 $\boldsymbol{H}$ との関係を積分形で表していると解釈することができる．この関係を微分形で表すと，次のようになる．

$$\boldsymbol{H} = -\mathrm{grad}\,\phi_{\mathrm{m}} = -\nabla\phi_{\mathrm{m}} \tag{4.7}$$

問題 4.1　磁荷のポテンシャルエネルギー

磁位 ϕ_m (A) をもつ点に磁荷 q_m (A m) が置かれているとき，磁荷のポテンシャルエネルギーを求めよ．ただし，磁位 ϕ_m は磁荷 q_m によって生じる磁位を含まない．また，電流は流れていないとする．

意　義

磁荷に対するポテンシャルエネルギーの概念を理解する．

ヒント

- 磁荷のポテンシャルエネルギーは，磁荷に対するクーロン力に逆らって磁荷を移動するのに必要なエネルギーである．

解　答

磁荷 q_m (A m) が静磁界 $\boldsymbol{H}$ (A m^{-1}) 中に置かれると，磁荷にクーロン力 $\boldsymbol{F} = \mu_0 q_\mathrm{m} \boldsymbol{H}$ (N) が働く．ここで，μ_0 (H m^{-1}) は真空の透磁率である．このクーロン力に逆らって磁荷を移動しようとすれば，クーロン力と反対方向に力 $-\boldsymbol{F} = -\mu_0 q_\mathrm{m} \boldsymbol{H}$ (N) を及ぼす必要がある．磁荷の変位を $\boldsymbol{r}$ (m) とすると，磁荷の移動に必要なエネルギー U (J) は，次のように表される．

$$U = \int_0^r -\boldsymbol{F} \cdot \mathrm{d}\boldsymbol{r} = \mu_0 q_\mathrm{m} \left(-\int_0^r \boldsymbol{H} \cdot \mathrm{d}\boldsymbol{r} \right) = \mu_0 q_\mathrm{m} \phi_\mathrm{m} \tag{4.8}$$

電流が流れていないとき，つまり電流密度 $\boldsymbol{i} = 0$ の場合には，$\mathrm{rot}\, \boldsymbol{H} = 0$ となるので，式 (4.8) で与えられる U は，積分経路によって値が変わらない．このとき，式 (4.8) のエネルギー U は，ポテンシャルエネルギーを示す．

問題 4.2　磁気双極子の周囲の静磁界

磁気双極子の周囲の磁位をまず求めてから，磁気双極子の周囲の静磁界を計算せよ．

意　義

磁気双極子の周囲の磁位と磁界の関係を理解する．

ヒント

- 正負どちらかの磁荷だけを含む便宜上の閉曲面を用いる．
- 重ね合せの原理を用いる．

解　答

空間的な対称性に着目し，便宜上の閉曲面を用いて，正の点磁荷 $q_{\mathrm{m1}} = q_{\mathrm{m}}$ の周囲の静磁界 $\boldsymbol{H}_1$ と負の点磁荷 $q_{\mathrm{m2}} = -q_{\mathrm{m}}$ の周囲の静磁界 $\boldsymbol{H}_2$ をそれぞれ計算してから，$\boldsymbol{H}_1$ と $\boldsymbol{H}_2$ を重ね合わせ，$\boldsymbol{H} = \boldsymbol{H}_1 + \boldsymbol{H}_2$ とする．ここでは，図 4.3 のように，xyz-座標系を用い，正の点磁荷 $q_{\mathrm{m1}} = q$ と負の点磁荷 $q_{\mathrm{m2}} = -q$ の位置をそれぞれ $(0, 0, a/2)$，$(0, 0, -a/2)$，点 P の位置を $\boldsymbol{r} = (x, y, z)$ とする．また，正の磁荷を始点として点 P を終点とするベクトルを $\boldsymbol{r}_1$，負の磁荷を始点として点 P を終点とするベクトルを $\boldsymbol{r}_2$ とする．

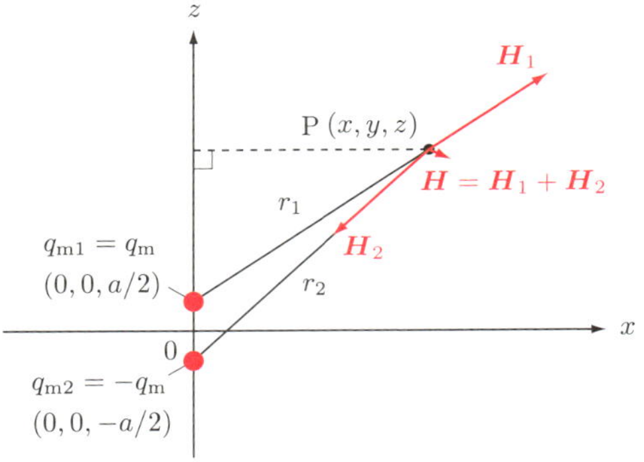

図 4.3　磁気双極子

便宜上の閉曲面として，正の点磁荷 $q_{\mathrm{m1}} = q$ の位置に中心をもつ半径 $|\boldsymbol{r}_1| = r_1$ の球を考え，ガウスの法則を適用すると，

$$\iint \boldsymbol{H} \cdot \boldsymbol{n} \, \mathrm{d}S = H_1 \times 4\pi {r_1}^2 = q_{\mathrm{m}} \tag{4.9}$$

となる．式 (4.9) から，正の点磁荷 $q_{\mathrm{m1}} = q_{\mathrm{m}}$ の周囲の静磁界 $\boldsymbol{H}_1$ の大きさ H_1 は，次のようになる．

$$H_1 = \frac{q_{\mathrm{m}}}{4\pi} \frac{1}{{r_1}^2} \tag{4.10}$$

便宜上の閉曲面として，負の点磁荷 $q_{\mathrm{m2}} = -q_{\mathrm{m}}$ の位置に中心をもつ半径 $|\boldsymbol{r}_2| = r_2$ の球を考える．ここで，$\boldsymbol{H}_2$ と $\boldsymbol{n}$ が反平行であることに注意してガウスの法則を適用すると，

$$\iint \boldsymbol{H} \cdot \boldsymbol{n} \, \mathrm{d}S = -H_2 \times 4\pi {r_2}^2 = -q_{\mathrm{m}} \tag{4.11}$$

となる．式 (4.11) から，負の点磁荷 $q_{\mathrm{m2}} = -q_{\mathrm{m}}$ の周囲の静磁界 $\boldsymbol{H}_2$ の大きさ H_2 は，次のようになる．

$$H_2 = \frac{q_{\mathrm{m}}}{4\pi} \frac{1}{{r_2}^2} \tag{4.12}$$

点 P における磁位 ϕ_{m} は，磁位の基準点 $\boldsymbol{r}_0$ を無限遠の点に選ぶと，式 (4.10), (4.12) から，次のように求められる．

$$\phi_{\mathrm{m}} = -\int_{\boldsymbol{r}_0}^{\boldsymbol{r}_1} \boldsymbol{H}_1 \cdot \mathrm{d}\boldsymbol{r}_1 - \int_{\boldsymbol{r}_0}^{\boldsymbol{r}_2} \boldsymbol{H}_2 \cdot \mathrm{d}\boldsymbol{r}_2 = \frac{q_{\mathrm{m}}}{4\pi} \frac{1}{r_1} - \frac{q_{\mathrm{m}}}{4\pi} \frac{1}{r_2} \tag{4.13}$$

さて，三平方の定理から，次式が成り立つ．

$$|\boldsymbol{r}_1| = r_1 = \left[x^2 + y^2 + \left(z - \frac{a}{2} \right)^2 \right]^{1/2} \tag{4.14}$$

$$|\boldsymbol{r}_2| = r_2 = \left[x^2 + y^2 + \left(z + \frac{a}{2} \right)^2 \right]^{1/2} \tag{4.15}$$

$$|\boldsymbol{r}| = r = \left(x^2 + y^2 + z^2 \right)^{1/2} \tag{4.16}$$

ここで，$r \gg a$ の場合を考え，r_1 と r_2 を a についてマクローリン展開すると，磁気双極子の周囲の磁位 ϕ_{m} は，次のように求められる．

$$\phi_{\mathrm{m}} = \frac{m}{4\pi} \frac{z}{r^3} \tag{4.17}$$

ただし，磁気双極子モーメント $\boldsymbol{m} = q_{\mathrm{m}}\boldsymbol{a}$ の大きさ $m = q_{\mathrm{m}}a$ を用いた．

式 (4.17) から，静磁界の各成分 H_x, H_y, H_z は，次のように求められる．

$$H_x = -\frac{\partial \phi_{\mathrm{m}}}{\partial x} = \frac{m}{4\pi}\frac{3zx}{r^5} \tag{4.18}$$

$$H_y = -\frac{\partial \phi_{\mathrm{m}}}{\partial y} = \frac{m}{4\pi}\frac{3yz}{r^5} \tag{4.19}$$

$$H_z = -\frac{\partial \phi_{\mathrm{m}}}{\partial z} = \frac{m}{4\pi}\frac{2z^2 - x^2 - y^2}{r^5} \tag{4.20}$$

式 (4.18)–(4.20) をまとめて，次のように書くこともできる．

$$\boldsymbol{H} = \frac{3(\boldsymbol{m}\cdot\boldsymbol{r})\boldsymbol{r} - r^2\boldsymbol{m}}{4\pi r^5} \tag{4.21}$$

図 4.4 に，z 軸方向を向いた磁気双極子モーメント $\boldsymbol{m}$ と，その周囲の静磁界 $\boldsymbol{H}$ を示す．

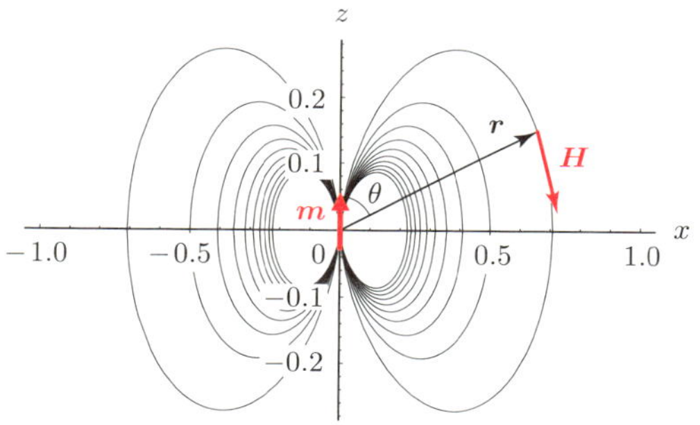

図 4.4 磁気双極子による静磁界 $\boldsymbol{H}$

問題 4.3　磁気双極子の周囲の静磁界：スカラー表示とベクトル表示

問題 4.2 における式 (4.18)–(4.20) と式 (4.21) が等しいことを確かめよ．

意　義

ベクトルを用いた表示に慣れる．

ヒント

- 式 (4.21) に座標を代入する．

解　答

磁気双極子モーメント $\boldsymbol{m}$ は，z 軸の正の方向を向いているから，$\boldsymbol{m} = (0, 0, m)$ と表すことができる．点 P の位置は $\boldsymbol{r} = (x, y, z)$ だから，

$$\boldsymbol{m} \cdot \boldsymbol{r} = mz \tag{4.22}$$

となる．式 (4.22)，(4.16) から，次の結果が得られる．

$$\begin{aligned} 3(\boldsymbol{m} \cdot \boldsymbol{r})\boldsymbol{r} - r^2\boldsymbol{m} &= 3mz(x, y, z) - r^2(0, 0, m) \\ &= m\left(3zx, 3yz, 3z^2 - r^2\right) \\ &= m\left(3zx, 3yz, 2z^2 - x^2 - y^2\right) \end{aligned} \tag{4.23}$$

式 (4.23) を式 (4.21) の分子に代入し，各成分に分けると，式 (4.18)–(4.20) が得られる．

問題 4.4　超伝導体板から磁石に働く力

無限に広い第1種超伝導体板の上方に，無限に長い棒磁石が置かれており，その磁極を結ぶ線と第1種超伝導体板の法線が平行であるとする．棒磁石の二つの磁極のうち，N極が第1種超伝導体板に近い方にあり，N極の磁荷を $q_{\mathrm{m}}\,(\mathrm{A\,m})$，N極と第1種超伝導体板との距離を $d\,(\mathrm{m})$ とする．このとき，棒磁石が受ける力を求めよ．ただし，棒磁石による磁界は，第1種超伝導体の臨界磁界よりも小さい．また，第1種超伝導体板の厚さは，N極と第1種超伝導体板との距離に比べて十分小さい．

意　義

磁界分布をイメージするトレーニングである．

ヒント

- 臨界磁界未満の磁界は，第1種超伝導体板の内部に入り込まない．
- 問題1.10で説明した鏡像法の考え方を用いて，磁界分布を再現する．

解　答

磁荷 $q_{\mathrm{m}}\,(\mathrm{A\,m})$ から出た磁界 $\boldsymbol{H}\,(\mathrm{A\,m^{-1}})$ は，第1種超伝導体板の中に入り込むことはできない．したがって，第1種超伝導体板の表面付近では，磁界 $\boldsymbol{H}$ は図4.5のように第1種超伝導体板に平行になる．

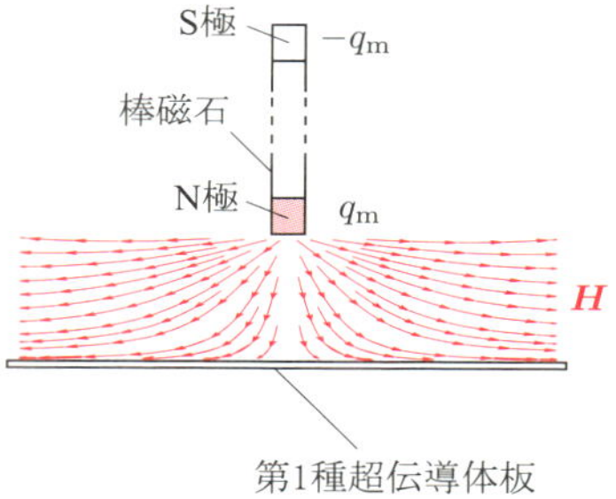

図 4.5　第1種超伝導体板の上方に置かれた棒磁石の周囲の磁界

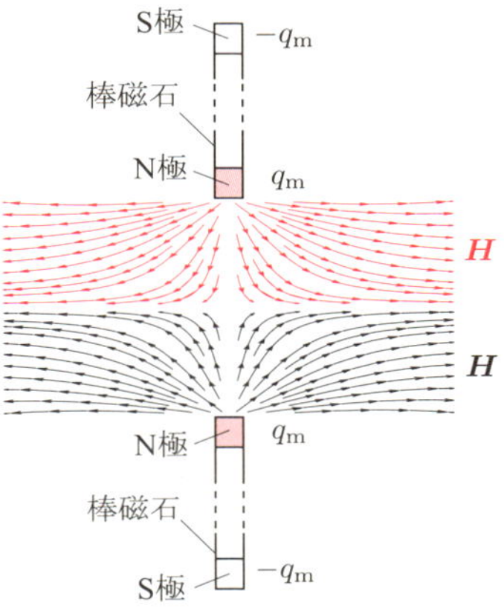

図 4.6　第 1 種超伝導体板の上方の磁界を再現する棒磁石の配置

第 1 種超伝導体板の上方の磁界は，図 4.6 のように第 1 種超伝導体板に対して面対称となるように磁荷 q_m (A m) を置き，第 1 種超伝導体板を取り除くことによっても再現できる．

図 4.6 からわかるように，棒磁石は第 1 種超伝導体板から遠ざけられるような力 $\boldsymbol{F}$ (N) を受け，その大きさ F (N) は次のようになる．

$$F = \frac{\mu_0 {q_m}^2}{4\pi \times (2d)^2} = \frac{\mu_0 {q_m}^2}{16\pi d^2} \tag{4.24}$$

問題 4.5　磁気双極子モーメントと方位磁石 (1)

磁気双極子モーメント $\boldsymbol{m}\,(\mathrm{A\,m^2})$ をもつ磁気双極子が，方位磁石の西側に置かれている．磁気双極子と方位磁石との距離は $r\,(\mathrm{m})$ であり，図 4.7 のように，磁気双極子の向きが西から北に角度 $\theta_0\,(\mathrm{rad})$ だけ傾いているとき，方位磁石の磁針が東方向を指したとする．このとき，r と θ_0 の関係を求めよ．ただし，水平磁力（地球の磁界の水平成分）の大きさを $H_0\,(\mathrm{A\,m^{-1}})$ とする．

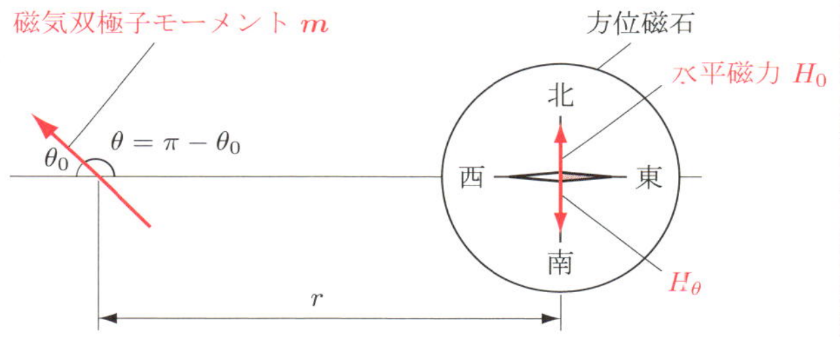

図 4.7　磁気双極子モーメントと方位磁石

意　　義

磁気双極子によって発生する磁界の向きを理解する．

ヒント

- 磁気双極子によって発生する磁界を極座標を用いて表す．
- 磁界の θ 成分を考える．

解　　答

図 4.4 のように座標を選ぶと，$z = r\cos\theta\,(\mathrm{m})$ と表される．これを式 (4.17) に代入すると，磁位 $\phi_\mathrm{m}\,(\mathrm{A})$ は次のように表される．

$$\phi_\mathrm{m} = \frac{m}{4\pi}\frac{\cos\theta}{r^2} \tag{4.25}$$

式 (4.25) から，磁気双極子モーメント $\boldsymbol{m}\,(\mathrm{A\,m^2})$ による磁界 $\boldsymbol{H}\,(\mathrm{A\,m^{-1}})$ の

θ 成分 $H_\theta\,(\mathrm{A\,m^{-1}})$ は，次のように求められる．

$$H_\theta = -\frac{1}{r}\frac{\partial\phi_\mathrm{m}}{\partial\theta} = \frac{m}{4\pi}\frac{\sin\theta}{r^3} = \frac{m}{4\pi}\frac{\sin(\pi-\theta_0)}{r^3} = \frac{m}{4\pi}\frac{\sin\theta_0}{r^3} \tag{4.26}$$

ここで，図 4.7 から，$\theta = \pi - \theta_0$ であることを用いた．

方位磁石の磁針が東方向を指したということは，**$H_\theta\,(\mathrm{A\,m^{-1}})$ が水平磁力を打ち消した**ということである．したがって，次式が成り立つ．

$$H_0 = H_\theta = \frac{m}{4\pi}\frac{\sin\theta_0}{r^3} \tag{4.27}$$

式 (4.27) から，次の関係が導かれる．

$$\frac{4\pi H_0}{m}r^3 = \sin\theta_0 \tag{4.28}$$

復　習

静磁界 $\boldsymbol{H}$：時間的に変化しない磁荷によって生じる磁界

- 定常電流が流れていない場合

$$\mathrm{rot}\,\boldsymbol{H} = \nabla\times\boldsymbol{H} = 0$$

- 静磁界 $\boldsymbol{H}\,(\mathrm{A\,m^{-1}})$ と磁位 $\phi_\mathrm{m}\,(\mathrm{A})$ との関係

$$\phi_\mathrm{m} = -\int_{\boldsymbol{r}_0}^{\boldsymbol{r}}\boldsymbol{H}\cdot\mathrm{d}\boldsymbol{r}, \quad \boldsymbol{H} = -\mathrm{grad}\,\phi_\mathrm{m} = -\nabla\phi_\mathrm{m}$$

問題 4.6　磁気双極子モーメントと方位磁石 (2)

磁気双極子モーメント $\boldsymbol{m}\,(\mathrm{A\,m^2})$ をもつ磁気双極子が，方位磁石の西側に置かれ，磁気双極子が東に向いている．図 4.8(a) のように，磁気双極子と方位磁石との距離が $r_1\,(\mathrm{m})$ のとき，方位磁石の磁針が北から東に $\pi/6\,(\mathrm{rad})$ 傾いた．図 4.8(b) のように，磁気双極子と方位磁石との距離が $r_2\,(\mathrm{m})$ のとき，方位磁石の磁針が北から東に $\pi/3\,(\mathrm{rad})$ 傾いた．このとき，r_1 と r_2 の関係を求めよ．ただし，水平磁力（地球の磁界の水平成分）の大きさを $H_0\,(\mathrm{A\,m^{-1}})$ とする．

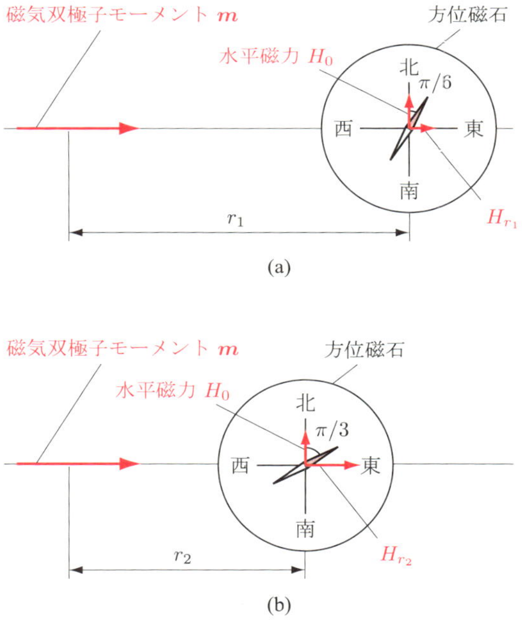

図 4.8　東に向いている磁気双極子モーメントと方位磁石

意　　義

磁気双極子によって発生する磁界の向きを理解する．

✱✱✱ ヒント

- 磁気双極子によって発生する磁界を極座標を用いて表す.
- 磁界の r 成分と θ 成分を考える.

解　答

式 (4.25) において $\theta = 0$ として，磁気双極子モーメント $\boldsymbol{m}\,(\mathrm{A\,m^2})$ によって方位磁石の磁針の位置に発生する磁界 $\boldsymbol{H}\,(\mathrm{A\,m^{-1}})$ の r 成分 $H_r\,(\mathrm{A\,m^{-1}})$ と θ 成分 $H_\theta\,(\mathrm{A\,m^{-1}})$ は，それぞれ次のように求められる.

$$H_r = -\frac{\partial \phi_\mathrm{m}}{\partial r} = \frac{m}{2\pi}\frac{1}{r^3} \tag{4.29}$$

$$H_\theta = -\frac{1}{r}\frac{\partial \phi_\mathrm{m}}{\partial \theta} = 0 \tag{4.30}$$

方位磁石の磁針は，水平磁力と磁気双極子モーメントによって方位磁石の磁針の位置に発生する磁界の合成磁界の方向を向く．したがって，式 (4.29) を用いると，$r = r_1$ と $r = r_2$ に対して，それぞれ次の関係が得られる.

$$H_{r_1} = \frac{m}{2\pi}\frac{1}{{r_1}^3} = H_0 \tan\left(\frac{\pi}{6}\right) = \frac{\sqrt{3}}{3}H_0 \tag{4.31}$$

$$H_{r_2} = \frac{m}{2\pi}\frac{1}{{r_2}^3} = H_0 \tan\left(\frac{\pi}{3}\right) = \sqrt{3}H_0 \tag{4.32}$$

式 (4.31)，(4.32) から H_0 を消去すると，r_1 と r_2 の関係は次のようになる.

$$r_2 = \frac{1}{3^{1/3}}r_1 = 0.693\,r_1 \tag{4.33}$$

問題 4.7　磁気双極子間の相互作用

同一の磁気双極子モーメントをもつ二つの磁気双極子を，その磁気双極子モーメントが同一平面上に存在するように配置する．図 4.9 のように，この二つの磁気双極子を結ぶ線に対して，一方の磁気双極子モーメントが角度 θ_A (rad) だけ傾き，他方の磁気双極子モーメントが角度 θ_B (rad) だけ傾いている．また，二つの磁気双極子の間の距離は r (m) である．このとき，θ_A と θ_B の関係を求めよ．ただし，角度は二つの磁気双極子を結ぶ線から反時計回りを正とし，地球の磁界は無視せよ．

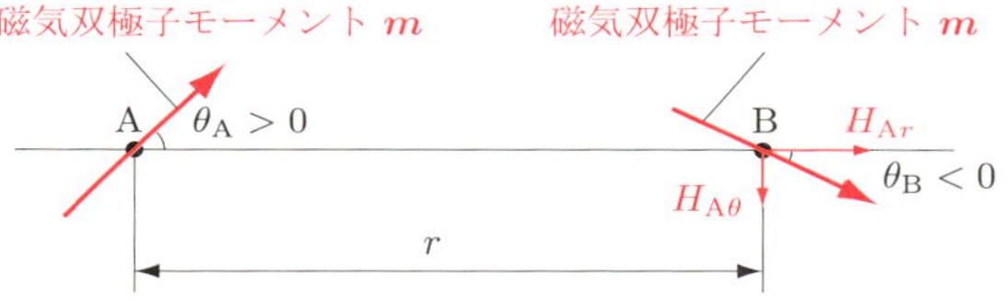

図 4.9　傾いている二つの磁気双極子

意　義

磁性体における磁気双極子間の相互作用を考える基礎となる．

ヒント

- 磁気双極子によって発生する磁界を極座標を用いて表す．

解　答

図 4.9 において，点 A に存在する磁気双極子によって点 B に発生する磁界 $\boldsymbol{H}_\mathrm{A}$ ($\mathrm{A\,m^{-1}}$) の r 成分 $H_{\mathrm{A}r}$ ($\mathrm{A\,m^{-1}}$) と θ 成分 $H_{\mathrm{A}\theta}$ ($\mathrm{A\,m^{-1}}$) は，式 (4.25) で $\theta = \theta_\mathrm{A}$ とおいて，それぞれ次のように表される．

$$H_{\mathrm{A}r} = \left[-\frac{\partial \phi_{\mathrm{mA}}}{\partial r}\right]_{\theta=\theta_\mathrm{A}} = \frac{m}{4\pi}\frac{2\cos\theta_\mathrm{A}}{r^3} \tag{4.34}$$

$$H_{\mathrm{A}\theta} = \left[-\frac{1}{r}\frac{\partial \phi_{\mathrm{mA}}}{\partial \theta}\right]_{\theta=\theta_\mathrm{A}} = \frac{m}{4\pi}\frac{\sin\theta_\mathrm{A}}{r^3} \tag{4.35}$$

ここで，ϕ_{mA} (A) は点 A に存在する磁気双極子によって点 B に発生する磁位である．

式 (4.34)，(4.35) から，θ_{A} (rad) と θ_{B} (rad) の関係は次のようになる．

$$\tan(-\theta_{\mathrm{B}}) = -\tan\theta_{\mathrm{B}} = \frac{H_{\mathrm{A}\theta}}{H_{\mathrm{A}r}} = \frac{\sin\theta_{\mathrm{A}}}{2\cos\theta_{\mathrm{A}}} = \frac{1}{2}\tan\theta_{\mathrm{A}} \tag{4.36}$$

補　足

クーロンの法則（国際単位系）

- ***E*–*B*** **対応**

$$F = \frac{\mu_0}{4\pi}\frac{|q_{\mathrm{m1}}q_{\mathrm{m2}}|}{r^2}$$

- ***E*–*H*** **対応**

$$F = \frac{1}{4\pi\mu_0}\frac{|q_{\mathrm{m1}}q_{\mathrm{m2}}|}{r^2}$$

物理量を表す記号と単位は，次のとおりである．

物理量	記号	単位
クーロン力の絶対値	F	N
磁荷（***E*–*B*** 対応）	q_{m1}，q_{m2}	A m
磁荷（***E*–*H*** 対応）	q_{m1}，q_{m2}	Wb
磁荷間の距離	r	m

問題 4.8　磁気双極子の周囲の方位磁石に作用する力

磁気双極子モーメント $\boldsymbol{m}_0\,(\mathrm{A\,m^2})$ をもつ磁気双極子と磁気双極子モーメント $\boldsymbol{m}\,(\mathrm{A\,m^2})$ をもつ方位磁石が，それらの磁気双極子モーメントが同一平面上で水平になるように置かれている．方位磁石を磁気双極子の周りで円運動させるとき，方位磁石に作用する力を求めよ．ただし，円運動の半径を $r\,(\mathrm{m})$ とし，地球の磁界を無視せよ．

意　義

磁気双極子モーメント間に働く力を理解する．

ヒント

- 磁気双極子によって発生する磁界を極座標を用いて表す．

解　答

点 O を中心とする半径 $r\,(\mathrm{m})$ の円周上に点 P をとり，点 O に置かれた磁気双極子によって点 P に生じる磁界を $\boldsymbol{H}\,(\mathrm{A\,m^{-1}})$ とする．図 4.10 のように角度 $\theta\,(\mathrm{rad})$ を決めると，$\boldsymbol{H}\,(\mathrm{A\,m^{-1}})$ の r 成分 $H_r\,(\mathrm{A\,m^{-1}})$ と θ 成分 $H_\theta\,(\mathrm{A\,m^{-1}})$ は，それぞれ次のように表される．

$$H_r = -\frac{\partial \phi_\mathrm{m}}{\partial r} = \frac{m_0}{4\pi}\frac{2\cos\theta}{r^3} \tag{4.37}$$

$$H_\theta = -\frac{1}{r}\frac{\partial \phi_\mathrm{m}}{\partial \theta} = \frac{m_0}{4\pi}\frac{\sin\theta}{r^3} \tag{4.38}$$

ここで，$\phi_\mathrm{m}\,(\mathrm{A})$ は点 O に存在する磁気双極子によって点 P に発生する磁位であり，$m_0 = |\boldsymbol{m}_0|\,(\mathrm{A\,m^2})$ とおいた．

地球の磁界を無視すると，点 P に置かれた方位磁石の磁針は $\boldsymbol{H}\,(\mathrm{A\,m^{-1}})$ の方向を向く．したがって，方位磁石の磁針の磁気モーメント $\boldsymbol{m}\,(\mathrm{A\,m^2})$ の r 成分を $m_r\,(\mathrm{A\,m^2})$，θ 成分を $m_\theta\,(\mathrm{A\,m^2})$ とすると，式 (4.37)，(4.38) から次の関係が成り立つ．

$$m_r : m_\theta = H_r : H_\theta = 2\cos\theta : \sin\theta \tag{4.39}$$

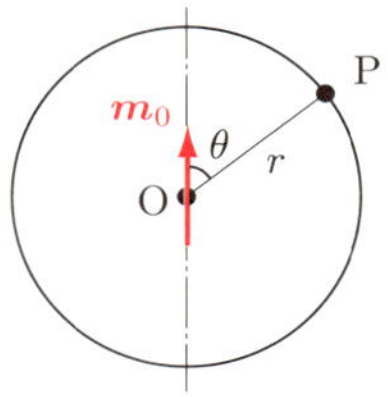

図 4.10 磁気双極子の周りの円運動

式 (4.39) から，$m_r\,(\mathrm{A\,m^2})$ と $m_\theta\,(\mathrm{A\,m^2})$ は，それぞれ次のように表される．

$$m_r = \frac{2\cos\theta}{\sqrt{(2\cos\theta)^2+\sin^2\theta}}\,m = \frac{2\cos\theta}{\sqrt{3\cos^2\theta+1}}\,m \tag{4.40}$$

$$m_\theta = \frac{\sin\theta}{\sqrt{(2\cos\theta)^2+\sin^2\theta}}\,m = \frac{\sin\theta}{\sqrt{3\cos^2\theta+1}}\,m \tag{4.41}$$

式 (4.37)，(4.38)，(4.40)，(4.41) から，方位磁石の磁針のポテンシャルエネルギー $U\,(\mathrm{J})$ は次のように求められる．

$$\begin{aligned} U &= -\boldsymbol{m}\cdot\boldsymbol{B} = -\left(m_r B_r + m_\theta B_\theta\right) \\ &= -\mu_0\left(m_r H_r + m_\theta H_\theta\right) = -\frac{\mu_0 m_0 m}{4\pi r^3}\sqrt{3\cos^2\theta+1} \end{aligned} \tag{4.42}$$

ここで，$\mu_0\,(\mathrm{H\,m^{-1}})$ は真空の透磁率であり，$m = |\boldsymbol{m}|\,(\mathrm{A\,m^2})$ とおいた．

式 (4.42) から，点 P における方位磁石の磁針に働く力 $\boldsymbol{F}\,(\mathrm{N})$ の r 成分 $F_r\,(\mathrm{N})$ と θ 成分 $F_\theta\,(\mathrm{N})$ は，それぞれ次のようになる．

$$F_r = -\frac{\partial U}{\partial r} = -\frac{3\mu_0 m_0 m}{4\pi r^4}\sqrt{3\cos^2\theta+1} \tag{4.43}$$

$$F_\theta = -\frac{1}{r}\frac{\partial U}{\partial \theta} = -\frac{3\mu_0 m_0 m}{4\pi r^4}\frac{\cos\theta\sin\theta}{\sqrt{3\cos^2\theta+1}} \tag{4.44}$$

問題 4.9　磁石のついた歯車における力のモーメント

図 4.11 のように，歯数の比が 2 : 1 の 2 個の歯車が組み合わされている．それぞれの歯車の中心に磁石が取りつけてあるとき，これらの歯車を回転させるために必要な力のモーメントを求めよ．ただし，磁石の磁気双極子モーメントの大きさを $m\,(\mathrm{A\,m^2})$，歯車の中心間の距離を $r\,(\mathrm{m})$ とし，初めに磁石の向きは歯車の中心間を結ぶ線に平行であるとする．なお，地球の磁界は無視せよ．

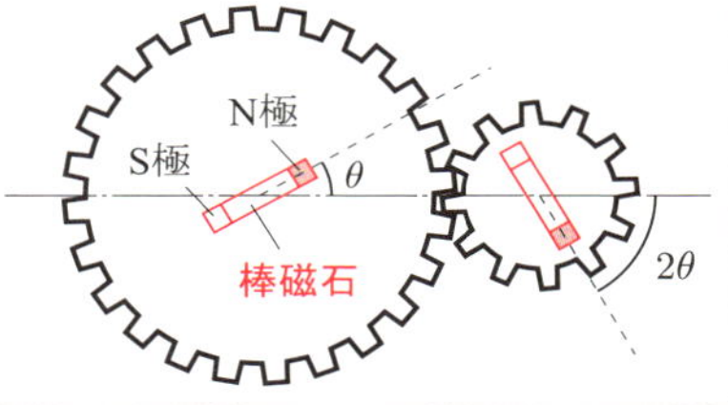

図 4.11　磁石のついた歯車

意　義

磁界による力のモーメントについて理解を深める．

ヒント

- ポテンシャルエネルギーから力のモーメントを求める．

解　答

2 個の歯車の中心をそれぞれ点 A, B とし，磁石の磁気双極子モーメント $\boldsymbol{m}\,(\mathrm{A\,m^2})$ を示すと，図 4.12 のようになる．

点 A に置かれた磁気双極子によって，点 B に生じる磁界を $\boldsymbol{H}\,(\mathrm{A\,m^{-1}})$ とすると，r 成分 $H_r\,(\mathrm{A\,m^{-1}})$ と θ 成分 $H_\theta\,(\mathrm{A\,m^{-1}})$ は，それぞれ次のように表される．

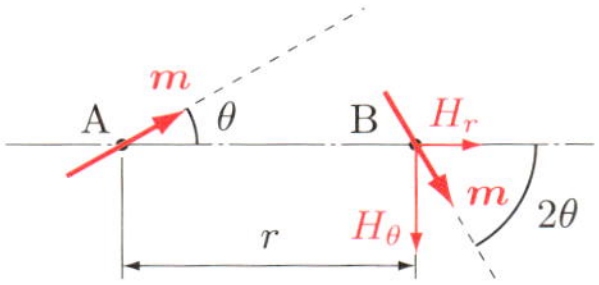

図 4.12 磁石のついた歯車における磁気モーメント

$$H_r = -\frac{\partial \phi_{\mathrm{m}}}{\partial r} = \frac{m}{4\pi}\frac{2\cos\theta}{r^3} \tag{4.45}$$

$$H_\theta = -\frac{1}{r}\frac{\partial \phi_{\mathrm{m}}}{\partial \theta} = \frac{m}{4\pi}\frac{\sin\theta}{r^3} \tag{4.46}$$

ここで，ϕ_{m} (A) は点 A に存在する磁気双極子によって点 B に発生する磁位である．

点 B に置かれた磁気双極子の磁気モーメント $\boldsymbol{m}$ (A m^2) の r 成分 m_r (A m^2) と θ 成分 m_θ (A m^2) は，それぞれ次のように表される．

$$m_r = m\cos(2\theta) \tag{4.47}$$

$$m_\theta = m\sin(2\theta) \tag{4.48}$$

式 (4.45)–(4.48) から，点 B における磁気双極子のポテンシャルエネルギー U (J) は次のように求められる．

$$\begin{aligned} U &= -\boldsymbol{m}\cdot\boldsymbol{B} = -(m_r B_r + m_\theta B_\theta) \\ &= -\mu_0 (m_r H_r + m_\theta H_\theta) = -\frac{\mu_0 m^2}{2\pi r^3}\cos^3\theta \end{aligned} \tag{4.49}$$

ここで，μ_0 (H m^{-1}) は真空の透磁率である．

式 (4.49) から，力のモーメント N_θ (N m) は次のように表される．

$$N_\theta = -\frac{\partial U}{\partial \theta} = -\frac{3\mu_0 m^2}{2\pi r^3}\cos^2\theta\sin\theta \tag{4.50}$$

この力のモーメントに逆らって歯車を回転させるには，次の $-N_\theta$ (N m) の力のモーメントが必要である．

$$-N_\theta = \frac{3\mu_0 m^2}{2\pi r^3}\cos^2\theta\sin\theta \tag{4.51}$$

問題 4.10　複数の磁気双極子による磁界

1 辺の長さ l の正方形 ABCD の各頂点に，磁気双極子が置かれている．磁気双極子モーメントの大きさを m とし，図 4.13 のように，磁気双極子モーメントの向きが (a) $\overrightarrow{AB}$，(b) $\overrightarrow{AC}$ それぞれの場合について，正方形 ABCD の中心 O における磁界を求めよ．

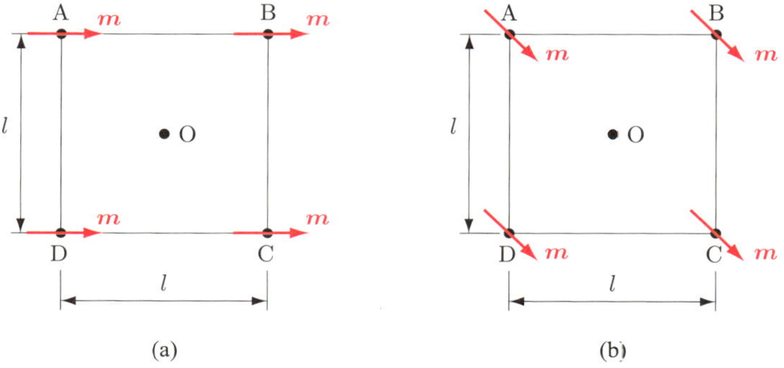

図 4.13　正方形の各頂点に置かれた磁気双極子

意　　義

磁性体内部で磁気双極子によって発生する磁界を解析する基礎となる．

ヒント

- 磁気双極子によって発生する磁界を極座標を用いて表す．
- 重ね合せの原理を用いる．

解　　答

点 A, B, C, D に存在する磁気双極子によって点 O に生じる各磁界の r 成分と θ 成分を考え，重ね合せの原理を用いて，合成磁界を求める．

磁気双極子によって生じる磁界の r 成分 H_r と θ 成分 H_θ は，式 (4.25) からそれぞれ次のように表される．

$$H_r = -\frac{\partial \phi_\mathrm{m}}{\partial r} = \frac{m}{4\pi}\frac{2\cos\theta}{r^3} \tag{4.52}$$

$$H_\theta = -\frac{1}{r}\frac{\partial \phi_\mathrm{m}}{\partial \theta} = \frac{m}{4\pi}\frac{\sin\theta}{r^3} \tag{4.53}$$

ここで，r は正方形の頂点と中心との距離，ϕ_m は磁気双極子によって生じる磁位，θ は正方形の頂点と中心 O を結ぶ線と磁気双極子モーメントとの間の角度である．

(a) 磁気双極子モーメントの向きが $\overrightarrow{\mathrm{AB}}$ の場合

図 4.14 からわかるように，各磁界の r 成分は打ち消し合い，θ 成分のうち $\overrightarrow{\mathrm{BA}}$ を向いた成分だけが強めあって残る．

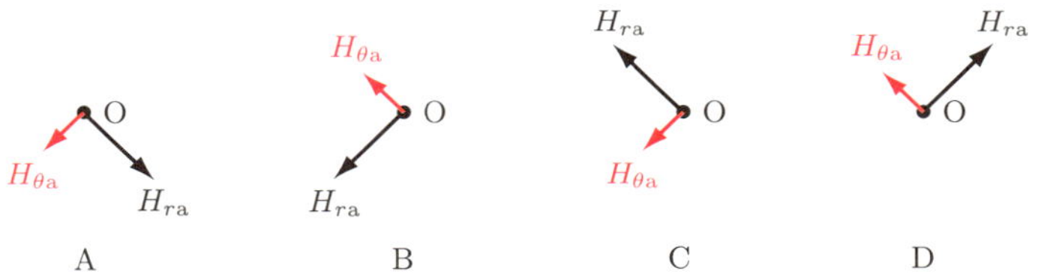

図 4.14 正方形の頂点に置かれた各磁気双極子による磁界 (a)

図 4.13(a) から $r = \sqrt{2}l/2$，$\theta = \pi/4$ または $3\pi/4$ である．これらを式 (4.53) に代入し，このときの磁界の θ 成分を $H_{\theta\mathrm{a}}$ と表すと，次のようになる．

$$H_{\theta\mathrm{a}} = \frac{m}{4\pi}\frac{\sqrt{2}/2}{\left(\sqrt{2}l/2\right)^3} = \frac{m}{2\pi}\frac{1}{l^3} \tag{4.54}$$

磁界の θ 成分のうち $\overrightarrow{\mathrm{BA}}$ を向いた成分は $H_{\theta\mathrm{a}}\cos(\pi/4) = \sqrt{2}H_{\theta\mathrm{a}}/2$ である．したがって，点 A, B, C, D に存在する磁気双極子によって生じる磁界の大きさ H_a は次のようになる

$$H_a = 4 \times \frac{\sqrt{2}H_{\theta\mathrm{a}}}{2} = \frac{\sqrt{2}\,m}{\pi}\frac{1}{l^3} \tag{4.55}$$

(b) 磁気双極子モーメントの向きが $\overrightarrow{\mathrm{AC}}$ の場合

図 4.15 からわかるように，点 A, C に存在する磁気双極子による磁界の r 成分は強め合い，点 B，D に存在する磁気双極子による磁界の θ 成分も強め合う．

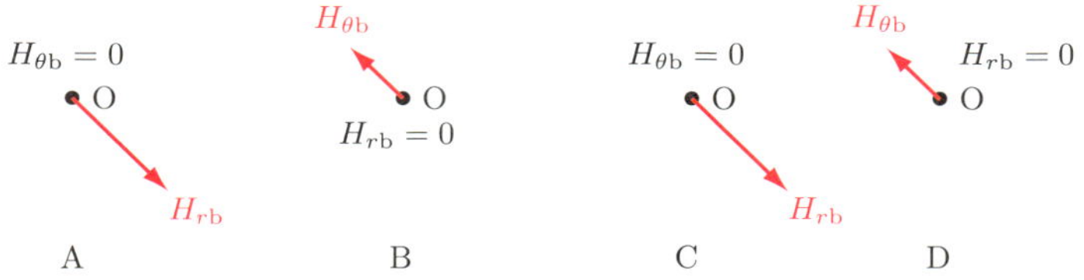

図 4.15　正方形の頂点に置かれた各磁気双極子による磁界 (b)

図 4.13(b) に示すように，点 A, C に存在する磁気双極子による磁界は r 成分だけをもち，$r = \sqrt{2}l/2$，$\theta = 0$ または π である．これらを式 (4.52) に代入し，このときの磁界の r 成分の大きさを $H_{r\mathrm{b}}$ と表すと，次のようになる．

$$H_{r\mathrm{b}} = \frac{m}{4\pi}\frac{2}{\left(\sqrt{2}l/2\right)^3} = \frac{\sqrt{2}\,m}{\pi}\frac{1}{l^3} \tag{4.56}$$

図 4.13(b) に示すように，点 B，D に存在する磁気双極子による磁界は θ 成分だけをもち，$r = \sqrt{2}l/2$，$\theta = \pi/2$ である．これらを式 (4.53) に代入し，このときの磁界の θ 成分を $H_{\theta\mathrm{b}}$ と表すと，次のようになる．

$$H_{\theta\mathrm{b}} = \frac{m}{4\pi}\frac{1}{\left(\sqrt{2}l/2\right)^3} = \frac{m}{\sqrt{2}\pi}\frac{1}{l^3} \tag{4.57}$$

磁界の r 成分は $\overrightarrow{\mathrm{AC}}$ を向いており，θ 成分は $\overrightarrow{\mathrm{CA}}$ を向いている．磁界の r 成分のほうが θ 成分よりも大きいので，点 A, B, C, D に存在する磁気双極子によって生じる磁界は $\overrightarrow{\mathrm{AC}}$ を向き，その大きさ H_b は次のようになる

$$H_b = 2\left(H_{r\mathrm{b}} - H_{\theta\mathrm{b}}\right) = \frac{\sqrt{2}\,m}{\pi}\frac{1}{l^3} \tag{4.58}$$

第 5 章

磁 性 体

5.1　磁性体と磁化
5.2　反磁化因子
5.3　磁束密度とベクトルポテンシャル
5.4　磁化率
5.5　静磁界と磁束密度の境界条件

問題 5.1　常磁性体球の磁化
問題 5.2　常磁性体板の磁化
問題 5.3　常磁性体円柱の磁化
問題 5.4　磁化した常磁性体円柱外部の磁界
問題 5.5　ラーモアの歳差運動
問題 5.6　磁束密度の境界条件
問題 5.7　静磁界の境界条件
問題 5.8　磁性体中の孔における磁界
問題 5.9　円環磁石の空隙内の磁界の大きさ
問題 5.10　円環状薄膜磁石による磁界

5.1 磁性体と磁化

磁性体に外部から磁界を印加すると，磁性体内部の磁荷分布が変化する．磁性体において，磁荷分布の変化にともなって磁気双極子モーメントが変わる現象を**磁化** (magnetization) という．磁化 $\boldsymbol{M}\,(\mathrm{A\,m^{-1}})$ は，単位体積あたりの磁気双極子モーメントとして定義される．

5.2 反磁化因子

図 5.1 のように，外部から磁界 $\boldsymbol{H}_0\,(\mathrm{A\,m^{-1}})$ を印加すると，磁気双極子モーメント $\boldsymbol{m}\,(\mathrm{A\,m^2})$ が磁界 $\boldsymbol{H}_0\,(\mathrm{A\,m^{-1}})$ と同じ向きになる物質を**常磁性体** (paramagnet) という．常磁性体には，外部磁界 $\boldsymbol{H}_0\,(\mathrm{A\,m^{-1}})$ と平行な磁化 $\boldsymbol{M}\,(\mathrm{A\,m^{-1}})$ が生ずる．この磁化により，外部磁界 $\boldsymbol{H}_0\,(\mathrm{A\,m^{-1}})$ を打ち消すような**反磁化磁界** (demagnetization magnetic field) $\boldsymbol{H}_1\,(\mathrm{A\,m^{-1}})$ が発生する．この結果，常磁性体内の巨視的な全磁界 $\boldsymbol{H}\,(\mathrm{A\,m^{-1}})$ は，次のようになる．

$$\boldsymbol{H} = \boldsymbol{H}_0 + \boldsymbol{H}_1 \tag{5.1}$$

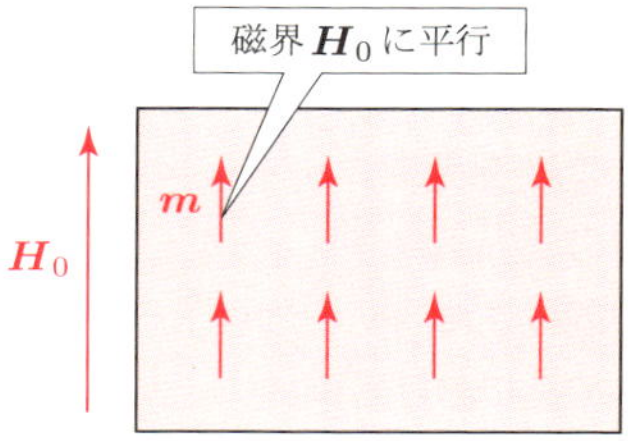

図 5.1 常磁性体

常磁性体において，$\boldsymbol{H}_1\,(\mathrm{A\,m^{-1}})$ の各成分は，次のように表される．

$$H_{1x} = -N_x M_x,\ H_{1y} = -N_y M_y,\ H_{1z} = -N_z M_z \tag{5.2}$$

ここで，負の符号 $-$ は，反磁化磁界 $\boldsymbol{H}_1\,(\mathrm{A\,m^{-1}})$ が外部磁界 $\boldsymbol{H}_0\,(\mathrm{A\,m^{-1}})$ と反対方向を向いていることを示している．また，N_x，N_y，N_z は，**反磁化因子** (demagnetization factor) である．

5.3 磁束密度とベクトルポテンシャル

磁化 $\boldsymbol{M}$ $(\mathrm{A\,m^{-1}})$ と磁性体内の巨視的な全磁界 $\boldsymbol{H}$ $(\mathrm{A\,m^{-1}})$ を用いて，磁束密度 (magnetic flux density) $\boldsymbol{B}$ (T) が，次式によって定義されている．

$$\boldsymbol{B} \equiv \mu_0(\boldsymbol{H} + \boldsymbol{M}) = \mu_s\mu_0\boldsymbol{H} = \mu\boldsymbol{H} \tag{5.3}$$

ここで，μ_0 $(\mathrm{H\,m^{-1}})$ は真空の透磁率，μ_s は磁性体の比透磁率，μ $(\mathrm{H\,m^{-1}})$ は磁性体の透磁率である．なお，$\mu_0\boldsymbol{M}$ (T) は，**磁気分極** (magnetic polarization) とよばれている．

磁荷は常に正負ペアで存在し，どのような閉曲面を選んでも，閉曲面内の磁荷の総和は 0 となる．したがって，次式が得られる．

$$\mathrm{div}\,\boldsymbol{B} = \nabla\cdot\boldsymbol{B} = 0 \tag{5.4}$$

式 (5.4) から，磁束密度 $\boldsymbol{B}$ (T) は次のように表すことができる．

$$\boldsymbol{B} = \mathrm{rot}\,\boldsymbol{A} = \nabla\times\boldsymbol{A} \tag{5.5}$$

ここで導入した $\boldsymbol{A}$ (T m) をベクトルポテンシャル (vector potential) という．

5.4 磁 化 率

磁化 $\boldsymbol{M}$ $(\mathrm{A\,m^{-1}})$ と全磁界 $\boldsymbol{H}$ $(\mathrm{A\,m^{-1}})$ との関係から，次のように磁化率 (magnetic susceptibility) χ_m を定義する．

$$\boldsymbol{M} \equiv \chi_m\boldsymbol{H} = \chi_m(\boldsymbol{H}_0 + \boldsymbol{H}_1) \tag{5.6}$$

ここで，$\boldsymbol{H}_0$ $(\mathrm{A\,m^{-1}})$ は外部磁界，$\boldsymbol{H}_1$ $(\mathrm{A\,m^{-1}})$ は反磁化磁界である．

磁化率 χ_m の値に応じて，磁化率 $\chi_m = 10^{-3} \sim 10^{-5} > 0$ の物質を常磁性体，磁化率 $\chi_m = -10^{-5} \sim -10^{-6} < 0$ の物質を**反磁性体** (diamagnet) とよんでいる．

反磁性体では，外部から磁界 $\boldsymbol{H}_0$ $(\mathrm{A\,m^{-1}})$ を印加すると，図 5.2 のように，磁気双極子モーメント $\boldsymbol{m}$ $(\mathrm{A\,m^2})$ が磁界 $\boldsymbol{H}_0$ $(\mathrm{A\,m^{-1}})$ と反平行になる．この結果，反磁性体には外部磁界 $\boldsymbol{H}_0$ $(\mathrm{A\,m^{-1}})$ と反平行な磁化 $\boldsymbol{M}$ $(\mathrm{A\,m^{-1}})$ が生ずる．

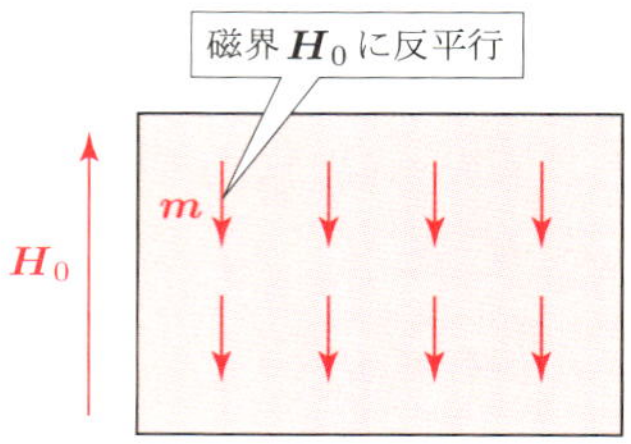

図 5.2　反磁性体

5.5　静磁界と磁束密度の境界条件

空気と磁性体の境界面，あるいは 2 種類の磁性体が接しているときの境界面を考える．これらの境界面に電流が流れていないとき，静磁界 $\boldsymbol{H}$ (A m^{-1}) と磁束密度 $\boldsymbol{B}$ (T) に対して，次の境界条件が成り立つ．

- $\boldsymbol{H}$：境界面に対する**接線成分** (tangential component) が等しい
- $\boldsymbol{B}$：境界面に対する**法線成分** (normal component) が等しい

問題 5.1　常磁性体球の磁化

磁化率 χ_{m} をもつ常磁性体球が，一様な外部磁界 $H_0\,(\mathrm{A\,m^{-1}})$ の中に置かれている．このとき，次の問いに答えよ．

(a) 常磁性体球の中の磁界 $H_{\mathrm{in}}\,(\mathrm{A\,m^{-1}})$ を計算せよ．

(b) 常磁性体球の中の磁化 $M\,(\mathrm{A\,m^{-1}})$ を求めよ．

意　義

磁化によって物質内に生じる反磁化磁界を理解する基礎となる．

ヒント

- 便宜上の閉曲面を用いて，ガウスの定理を適用する．
- 重ね合せの原理を用いる．

解　答

(a) 図 5.3(a) のように，常磁性体球に x 軸の正の方向の磁界 $\boldsymbol{H}_0\,(\mathrm{A\,m^{-1}})$ が外部から印加され，常磁性体球が一様な磁化 $\boldsymbol{M}\,(\mathrm{A\,m^{-1}})$ をもつとする．この様子は，図 5.3(b) のように，一様な正の磁荷密度 $\rho_{\mathrm{m}}\,(\mathrm{A\,m^{-2}})$ をもつ常磁性体球と，一様な負の磁荷密度 $-\rho_{\mathrm{m}}\,(\mathrm{A\,m^{-2}})$ をもつ常磁性体球が，x 軸の正の方向に $\boldsymbol{x}_0\,(\mathrm{m})$ だけ平行移動して重ね合わされたと考えられる．このとき，磁化 $\boldsymbol{M}\,(\mathrm{A\,m^{-1}})$ は次のようになる．

$$\boldsymbol{M} = \rho_{\mathrm{m}}\boldsymbol{x}_0 \tag{5.7}$$

図 5.3(c) のような，常磁性体球よりも小さな半径 $r\,(\mathrm{m})$ をもつ球を便宜上の閉曲面とする．一様な正の磁荷密度 $\rho_{\mathrm{m}}\,(\mathrm{A\,m^{-2}})$ をもつ常磁性体球の中心から磁界を求めるべき点に引いた位置ベクトルを $\boldsymbol{r}_+\,(\mathrm{m})$ とする．一様な正の磁荷密度 $\rho_{\mathrm{m}}\,(\mathrm{A\,m^{-2}})$ による常磁性体球内の磁界 $\boldsymbol{H}_+\,(\mathrm{A\,m^{-1}})$ は，$r_+ = |\boldsymbol{r}_+|\,(\mathrm{m})$ として，ガウスの法則から次のように表される．

$$4\pi {r_+}^2 \boldsymbol{H}_+ = \frac{4\pi {r_+}^3}{3}\rho_{\mathrm{m}}\frac{\boldsymbol{r}_+}{r_+} \tag{5.8}$$

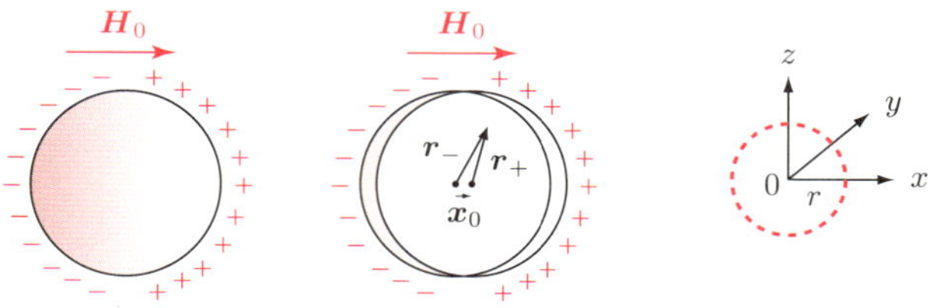

(a) 常磁性体球の磁化　　(b) 計算モデル　　(c) 便宜上の閉曲面

図 5.3　常磁性体球における磁化

したがって，磁界 $\boldsymbol{H}_+$ $(\mathrm{A\,m^{-1}})$ は，次のようになる．

$$\boldsymbol{H}_+ = \frac{\rho_{\mathrm{m}}}{3}\boldsymbol{r}_+ \tag{5.9}$$

一様な負の磁荷密度 $-\rho_{\mathrm{m}}$ $(\mathrm{A\,m^{-2}})$ をもつ常磁性体球の中心から磁界を求めるべき点に引いた位置ベクトルを $\boldsymbol{r}_-$ (m) とすると，一様な負の磁荷密度 $-\rho_{\mathrm{m}}$ $(\mathrm{A\,m^{-2}})$ による常磁性体球内の磁界 $\boldsymbol{H}_-$ $(\mathrm{A\,m^{-1}})$ は，同様な計算から次のように求められる．

$$\boldsymbol{H}_- = -\frac{\rho_{\mathrm{m}}}{3}\boldsymbol{r}_- \tag{5.10}$$

常磁性体球内で，磁化 $\boldsymbol{M}$ $(\mathrm{A\,m^{-1}})$ によって生じた反磁化磁界 $\boldsymbol{H}_1$ $(\mathrm{A\,m^{-1}})$ は，$\boldsymbol{H}_+$ $(\mathrm{A\,m^{-1}})$ と $\boldsymbol{H}_-$ $(\mathrm{A\,m^{-1}})$ の合成磁界であり，式 (5.9)，(5.10) から次のように表される．

$$\boldsymbol{H}_1 = \boldsymbol{H}_+ + \boldsymbol{H}_- = \frac{\rho_{\mathrm{m}}}{3}(\boldsymbol{r}_+ - \boldsymbol{r}_-) \tag{5.11}$$

ここで，図 5.3(b) から

$$\boldsymbol{r}_- = \boldsymbol{r}_+ + \boldsymbol{x}_0 \tag{5.12}$$

という関係があることに着目すると，反磁化磁界 $\boldsymbol{H}_1$ $(\mathrm{A\,m^{-1}})$ は，次のように表される．

$$\boldsymbol{H}_1 = -\frac{\rho_{\mathrm{m}}}{3}\boldsymbol{x}_0 = -\frac{\boldsymbol{M}}{3} \tag{5.13}$$

ただし，最後の等号において，式 (5.7) を用いた．反磁化磁界 $\boldsymbol{H}_1$ $(\mathrm{A\,m^{-1}})$，磁化 $\boldsymbol{M}$ $(\mathrm{A\,m^{-1}})$ のどちらも x 成分だけをもち，式 (5.2) と式 (5.13) を比較する

と，次の結果が得られる．

$$N_x = \frac{1}{3} \tag{5.14}$$

常磁性体球の内部の磁界を $H_{\mathrm{in}}\,(\mathrm{A\,m^{-1}})$ とし，式 (5.13) と $M = \chi_{\mathrm{m}} H_{\mathrm{in}}$ を用いると，次のようになる．

$$H_{\mathrm{in}} = H_0 - \frac{M}{3} = H_0 - \frac{\chi_{\mathrm{m}} H_{\mathrm{in}}}{3} \tag{5.15}$$

したがって，次の結果が得られる．

$$H_{\mathrm{in}} = \left(1 + \frac{\chi_{\mathrm{m}}}{3}\right)^{-1} H_0 \tag{5.16}$$

(b) 式 (5.16) から，磁化 $M\,(\mathrm{A\,m^{-1}})$ は次のようになる．

$$M = \chi_{\mathrm{m}} H_{\mathrm{in}} = \chi_{\mathrm{m}} \left(1 + \frac{\chi_{\mathrm{m}}}{3}\right)^{-1} H_0 \tag{5.17}$$

復　習

外部磁界 $\boldsymbol{H}_0$ によって，磁化 $\boldsymbol{M}$ が生ずる．

常磁性体では，磁化 $\boldsymbol{M}$ によって，

外部磁界 $\boldsymbol{H}_0$ を打ち消すような反磁化磁界 $\boldsymbol{H}_1$ が生ずる．

$$|\boldsymbol{H}| = |\boldsymbol{H}_0 + \boldsymbol{H}_1| < |\boldsymbol{H}_0|$$

問題 5.2 常磁性体板の磁化

外部磁界 $\boldsymbol{H}_0 = H_0\hat{\boldsymbol{x}}\,(\mathrm{A\,m^{-1}})$ を yz 面に広がった常磁性体板に印加したとき，反磁化因子 N_x を求めよ．

意　義

磁化によって物質内に生じる反磁化磁界を理解する基礎となる．

ヒント

- 便宜上の閉曲面を用いて，ガウスの定理を適用する．
- 重ね合せの原理を用いる．

解　答

図 5.4(a) のように，常磁性体板に x 軸の正の方向の磁界 $\boldsymbol{H}_0\,(\mathrm{A\,m^{-1}})$ が外部から印加され，常磁性体板が一様な磁化 $\boldsymbol{M}\,(\mathrm{A\,m^{-1}})$ をもつとする．この様子は，図 5.4(b) のように，一様な正の磁荷密度 $\rho_\mathrm{m}\,(\mathrm{A\,m^{-2}})$ をもつ常磁性体板と，一様な負の磁荷密度 $-\rho_\mathrm{m}\,(\mathrm{A\,m^{-2}})$ をもつ常磁性体板が，x 軸の正の方向に $\boldsymbol{x}_0\,(\mathrm{m})$ だけ平行移動して重ね合わされたと考えられる．そして，常磁性体板の x 軸に沿った両端に誘導磁荷が集まった誘導磁荷層が形成される．このとき，磁化 $\boldsymbol{M}\,(\mathrm{A\,m^{-1}})$ は，次のようになる．

$$\boldsymbol{M} = \rho_\mathrm{m}\boldsymbol{x}_0 \tag{5.18}$$

図 5.4(c) のような，誘導磁荷層をはさむような直方体を便宜上の閉曲面とし，一様な正の磁荷密度 $\rho_\mathrm{m}\,(\mathrm{A\,m^{-2}})$ による常磁性体板内の磁界を $\boldsymbol{H}_+\,(\mathrm{A\,m^{-1}})$ とすると，ガウスの法則から次のように表される．

$$2S\,|\boldsymbol{H}_+| = S\rho_\mathrm{m}\,|\boldsymbol{x}_0| \tag{5.19}$$

常磁性体板内の磁界 $\boldsymbol{H}_+\,(\mathrm{A\,m^{-1}})$ は，方向まで考慮すると，次のようになる．

$$\boldsymbol{H}_+ = -\frac{\rho_\mathrm{m}}{2}\boldsymbol{x}_0 \tag{5.20}$$

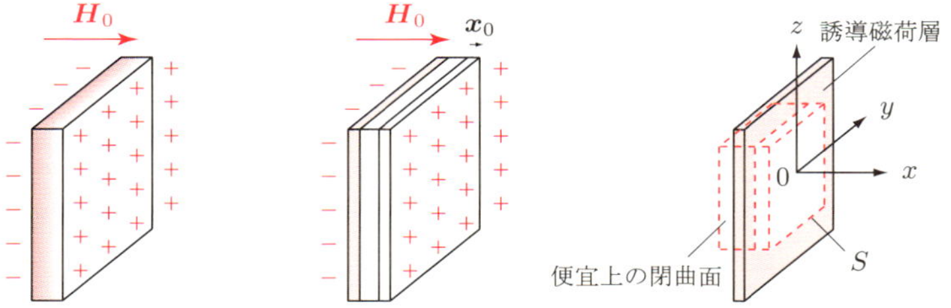

(a) 常磁性体板の磁化　(b) 計算モデル　(c) 便宜上の閉曲面と誘導磁荷層

図 5.4　常磁性体板における磁化

一様な負の磁荷密度 $-\rho_\mathrm{m}\,(\mathrm{A\,m^{-2}})$ による常磁性体板内の磁界 $\boldsymbol{H}_-\,(\mathrm{A\,m^{-1}})$ は，同様な計算をして，次のように求められる．

$$\boldsymbol{H}_- = -\frac{\rho_\mathrm{m}}{2}\boldsymbol{x}_0 \tag{5.21}$$

常磁性体板内で磁化 $\boldsymbol{M}\,(\mathrm{A\,m^{-1}})$ によって生じた**反磁化磁界 $\boldsymbol{H}_1\,(\mathrm{A\,m^{-1}})$ は，$\boldsymbol{H}_+\,(\mathrm{A\,m^{-1}})$ と $\boldsymbol{H}_-\,(\mathrm{A\,m^{-1}})$ の合成磁界**であり，式 (5.20)，(5.21) から次のように表される．

$$\boldsymbol{H}_1 = \boldsymbol{H}_+ + \boldsymbol{H}_- = -\rho_\mathrm{m}\boldsymbol{x}_0 = -\boldsymbol{M} \tag{5.22}$$

ただし，最後の等号において，式 (5.18) を用いた．反磁化磁界 $\boldsymbol{H}_1\,(\mathrm{A\,m^{-1}})$，磁化 $\boldsymbol{M}\,(\mathrm{A\,m^{-1}})$ のどちらも x 成分だけをもち，式 (5.2) と式 (5.22) を比較すると，次の結果が得られる．

$$N_x = 1 \tag{5.23}$$

問題 5.3　常磁性体円柱の磁化

外部磁界 $\boldsymbol{H}_0 = H_0\hat{\boldsymbol{x}}\,(\mathrm{A\,m^{-1}})$ を z 軸を中心線とする常磁性体円柱に印加したとき，反磁化因子 N_x を求めよ．

意　義

磁化によって物質内に生じる反磁化磁界を理解する基礎となる．

ヒント

- 便宜上の閉曲面を用いて，ガウスの定理を適用する．
- 重ね合せの原理を用いる．

解　答

図 5.5(a) のように，常磁性体円柱に x 軸の正の方向の磁界 $\boldsymbol{H}_0\,(\mathrm{A\,m^{-1}})$ が外部から印加され，常磁性体円柱が一様な磁化 $\boldsymbol{M}\,(\mathrm{A\,m^{-1}})$ をもつとする．この様子は，図 5.5(b) のように，一様な正の磁荷密度 $\rho_\mathrm{m}\,(\mathrm{A\,m^{-2}})$ をもつ常磁性体円柱と，一様な負の磁荷密度 $-\rho_\mathrm{m}\,(\mathrm{A\,m^{-2}})$ をもつ常磁性体円柱が，x 軸の正の方向に $\boldsymbol{x}_0\,(\mathrm{m})$ だけ平行移動して重ね合わされたと考えられる．このとき，磁化 $\boldsymbol{M}\,(\mathrm{A\,m^{-1}})$ は次のようになる．

$$\boldsymbol{M} = \rho_\mathrm{m}\boldsymbol{x}_0 \tag{5.24}$$

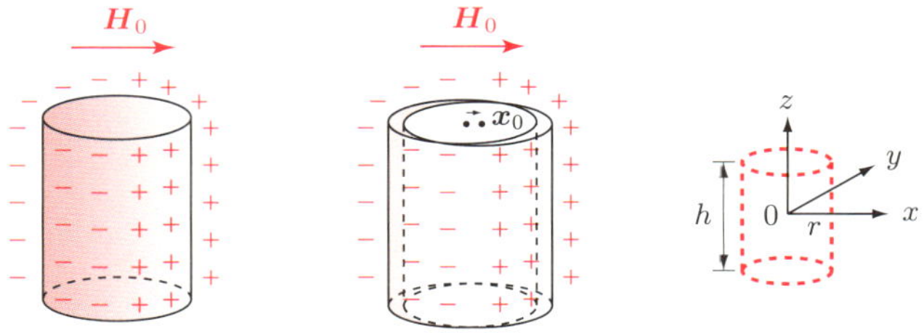

(a) 常磁性体円柱の磁化　(b) 計算モデル　(c) 便宜上の閉曲面

図 5.5　常磁性体円柱における磁化

図 5.5(c) のような，常磁性体円柱よりも小さい円柱を便宜上の閉曲面とし，半径を $r\,(\mathrm{m})$，高さを $h\,(\mathrm{m})$ とする．一様な正の磁荷密度 $\rho_{\mathrm{m}}\,(\mathrm{A\,m^{-2}})$ をもつ常磁性体円柱の中心線から xy 面上で磁界を求めるべき点に引いた位置ベクトルを $\boldsymbol{r}_+\,(\mathrm{m})$，一様な正の磁荷密度 $\rho_{\mathrm{m}}\,(\mathrm{A\,m^{-2}})$ による常磁性体円柱内の磁界を $\boldsymbol{H}_+\,(\mathrm{A\,m^{-1}})$ とすると，ガウスの法則から次のように表される．

$$2\pi r_+ h \boldsymbol{H}_+ = \pi {r_+}^2 h \rho_{\mathrm{m}} \frac{\boldsymbol{r}_+}{r_+} \tag{5.25}$$

したがって，磁界 $\boldsymbol{H}_+\,(\mathrm{A\,m^{-1}})$ は次のようになる．

$$\boldsymbol{H}_+ = \frac{\rho_{\mathrm{m}}}{2}\boldsymbol{r}_+ \tag{5.26}$$

一様な負の磁荷密度 $-\rho_{\mathrm{m}}\,(\mathrm{A\,m^{-2}})$ をもつ常磁性体円柱の中心線から xy 面上で磁界を求めるべき点に引いた位置ベクトルを $\boldsymbol{r}_-\,(\mathrm{m})$ とすると，一様な負の磁荷密度 $-\rho_{\mathrm{m}}\,(\mathrm{A\,m^{-2}})$ による常磁性体円柱内の磁界 $\boldsymbol{H}_-\,(\mathrm{A\,m^{-1}})$ は，同様な計算から次のように求められる．

$$\boldsymbol{H}_- = -\frac{\rho_{\mathrm{m}}}{2}\boldsymbol{r}_- \tag{5.27}$$

常磁性体円柱内において，磁化 $\boldsymbol{M}\,(\mathrm{A\,m^{-1}})$ によって生じた反磁化磁界 $\boldsymbol{H}_1\,(\mathrm{A\,m^{-1}})$ は，$\boldsymbol{H}_+\,(\mathrm{A\,m^{-1}})$ と $\boldsymbol{H}_-\,(\mathrm{A\,m^{-1}})$ の合成磁界であり，式 (5.26)，(5.27) から次のように表される．

$$\boldsymbol{H}_1 = \boldsymbol{H}_+ + \boldsymbol{H}_- = \frac{\rho_{\mathrm{m}}}{2}(\boldsymbol{r}_+ - \boldsymbol{r}_-) \tag{5.28}$$

ここで，$\boldsymbol{r}_+$ と $\boldsymbol{r}_-$ の間には次の関係がある．

$$\boldsymbol{r}_- = \boldsymbol{r}_+ + \boldsymbol{x}_0 \tag{5.29}$$

式 (5.28)，(5.29) から，反磁化磁界 $\boldsymbol{H}_1\,(\mathrm{A\,m^{-1}})$ は次のように表される．

$$\boldsymbol{H}_1 = -\frac{\rho_{\mathrm{m}}}{2}\boldsymbol{x}_0 = -\frac{\boldsymbol{M}}{2} \tag{5.30}$$

ただし，最後の等号において，式 (5.24) を用いた．反磁化磁界 $\boldsymbol{H}_1\,(\mathrm{A\,m^{-1}})$，磁化 $\boldsymbol{M}\,(\mathrm{A\,m^{-1}})$ のどちらも x 成分だけをもち，式 (5.2) と式 (5.30) を比較すると，次の結果が得られる．

$$N_x = \frac{1}{2} \tag{5.31}$$

問題 5.4 磁化した常磁性体円柱外部の磁界

半径 a (m) の常磁性体円柱を中心線に対して垂直な方向に磁化する．このとき，磁化によって常磁性体円柱外部に生じた磁界を求めよ．ただし，磁化の大きさを M (A m^{-1})，常磁性体円柱の長さを無限大とする．

意　義

印加磁界，磁化によって生じた磁界，合成磁界の関係について理解する．

ヒント

- 磁化するための印加磁界と，磁化によって生じた磁界を考える．
- 便宜上の閉曲面を用いて，ガウスの定理を適用する．
- 重ね合せの原理を用いる．

解　答

図 5.6(a) のように円柱の中心線上に z 軸をとり，x 軸の正の方向の外部磁界 $\boldsymbol{H}_0$ (A m^{-1}) を印加して，常磁性体円柱を磁化する．この様子は，図 5.6(b) のように，一様な正の磁荷密度 ρ_m (A m^{-2}) をもつ常磁性体円柱と，一様な負の磁荷密度 $-\rho_\mathrm{m}$ (A m^{-2}) をもつ常磁性体円柱が，x 軸の正の方向に $\boldsymbol{x}_0$ (m) だけ平行移動して重ね合わされたと考えることができる．このとき，磁化 $\boldsymbol{M}$ (A m^{-1}) は次のように表される．

$$\boldsymbol{M} = \rho_\mathrm{m}\boldsymbol{x}_0 \tag{5.32}$$

図 5.6(c) のような，常磁性体円柱よりも大きい円柱を便宜上の閉曲面とし，半径を r (m)，高さを h (m) とする．一様な正の磁荷密度 ρ_m (A m^{-2}) をもつ常磁性体円柱の中心線から xy 面上の点 P に引いた位置ベクトルを $\boldsymbol{r}_+$ (m)，一様な正の磁荷密度 ρ_m (A m^{-2}) による常磁性体円柱内の磁界を $\boldsymbol{H}_+$ (A m^{-1}) とすると，ガウスの法則から次のように表される．

$$2\pi r_+ h\boldsymbol{H}_+ = \pi a^2 h\rho_\mathrm{m}\frac{\boldsymbol{r}_+}{r_+} \tag{5.33}$$

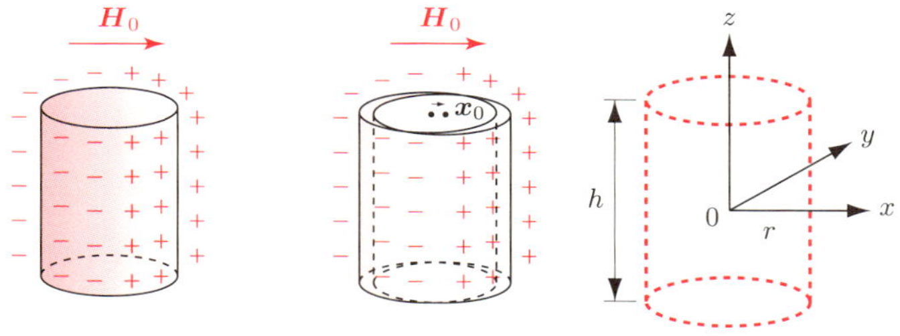

(a) 常磁性体円柱の磁化　(b) 計算モデル　(c) 便宜上の閉曲面

図 5.6　磁化した常磁性体円柱

したがって，磁界 $\boldsymbol{H}_+\,(\mathrm{A\,m^{-1}})$ は，次のようになる．

$$\boldsymbol{H}_+ = \frac{\rho_\mathrm{m} a^2}{2}\frac{\boldsymbol{r}_+}{{r_+}^2} \tag{5.34}$$

一様な負の磁荷密度 $-\rho_\mathrm{m}\,(\mathrm{A\,m^{-2}})$ をもつ常磁性体円柱の中心線から xy 面上の点 P に引いた位置ベクトルを $\boldsymbol{r}_-\,(\mathrm{m})$ とすると，一様な負の磁荷密度 $-\rho_\mathrm{m}\,(\mathrm{A\,m^{-2}})$ による常磁性体円柱内の磁界 $\boldsymbol{H}_-\,(\mathrm{A\,m^{-1}})$ は，同様な計算から次のように求められる．

$$\boldsymbol{H}_- = -\frac{\rho_\mathrm{m} a^2}{2}\frac{\boldsymbol{r}_-}{{r_-}^2} \tag{5.35}$$

常磁性体円柱外の点 P において，**磁化 $\boldsymbol{M}\,(\mathrm{A\,m^{-1}})$ によって生じた磁界 $\boldsymbol{H}\,(\mathrm{A\,m^{-1}})$ は，$\boldsymbol{H}_+\,(\mathrm{A\,m^{-1}})$ と $\boldsymbol{H}_-\,(\mathrm{A\,m^{-1}})$ の合成磁界**であり，式 (5.34), (5.35) から次のように表される．

$$\boldsymbol{H} = \boldsymbol{H}_+ + \boldsymbol{H}_- = \frac{\rho_\mathrm{m} a^2}{2}\left(\frac{\boldsymbol{r}_+}{{r_+}^2} - \frac{\boldsymbol{r}_-}{{r_-}^2}\right) \tag{5.36}$$

ここで，$\boldsymbol{r}_+$ と $\boldsymbol{r}_-$ の間には次の関係がある．

$$\boldsymbol{r}_- = \boldsymbol{r}_+ + \boldsymbol{x}_0 \tag{5.37}$$

また，図 5.7 のような円柱の上面図において $\boldsymbol{r}_+$ と x 軸とのなす角を φ とすると，**第 2 余弦定理**から次式が成り立つ．

$${r_-}^2 = {r_+}^2 + {x_0}^2 - 2r_+x_0\cos(\pi - \varphi) = {r_+}^2 + {x_0}^2 + 2r_+x_0\cos\varphi \tag{5.38}$$

式 (5.37)，(5.38) を用いると，$\boldsymbol{r}_-/r_-{}^2$ は次のようになる．

$$\frac{\boldsymbol{r}_-}{r_-{}^2} = (\boldsymbol{r}_+ + \boldsymbol{x}_0)\,\frac{1}{r_+{}^2}\left[1 + \frac{x_0{}^2}{r_+{}^2} + \frac{2x_0}{r_+}\cos\varphi\right]^{-1}$$

$$\simeq \frac{\boldsymbol{r}_+ + \boldsymbol{x}_0}{r_+{}^2}\left(1 - \frac{2x_0}{r_+}\cos\varphi\right) \tag{5.39}$$

ここで，$r_+ \gg x_0$ を用いた．式 (5.39)，(5.32) を式 (5.36) に代入し，$r_+ \gg x_0$ を用いると，次式が得られる．

$$\boldsymbol{H} \simeq \frac{\rho_{\mathrm{m}}a^2}{2r_+{}^2}\left(-\boldsymbol{x}_0 + 2x_0\cos\varphi\frac{\boldsymbol{r}_+}{r_+}\right) = \frac{a^2}{2r_+{}^2}\left(-\boldsymbol{M} + 2M\cos\varphi\frac{\boldsymbol{r}_+}{r_+}\right) \tag{5.40}$$

式 (5.40) 右辺のベクトルは，図 5.7 のようになる．したがって，磁化 $\boldsymbol{M}$ によって生じた磁界 $\boldsymbol{H}$ の r 成分 H_r と φ 成分 H_φ は，次のようになる．

$$H_r = \frac{a^2}{2r^2}(2M\cos\varphi - M\cos\varphi) = \frac{Ma^2}{2r^2}\cos\varphi \tag{5.41}$$

$$H_\varphi = \frac{a^2}{2r^2}M\sin\varphi = \frac{Ma^2}{2r^2}\sin\varphi \tag{5.42}$$

ただし，$\boldsymbol{r}_+$ の代わりに $\boldsymbol{r}$ とした．

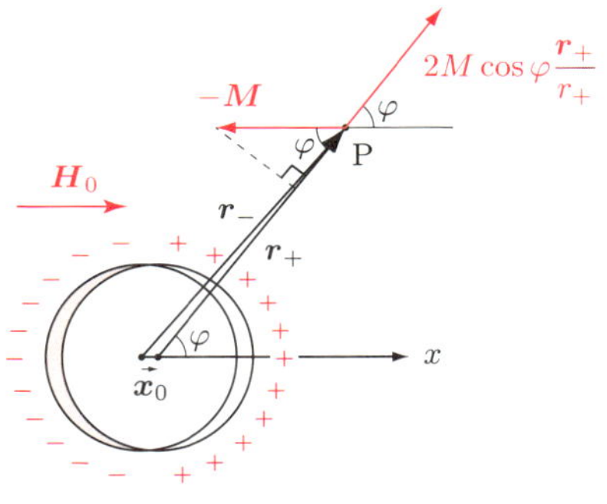

図 5.7　磁化した常磁性体円柱外部の磁界（上面図）

問題 5.5　ラーモアの歳差運動

クーロン力を受けて原子核の周りを円運動している電子に，外部から磁界を印加する．このとき，電子の運動は，第 1 近似として，磁界が存在しないときの運動に**歳差運動** (precession) を重ね合わせたものと考えられる．このような電子の歳差運動を**ラーモアの歳差運動** (Larmor precession) という．円運動をしている電子に対して，磁界が存在しないときの角周波数を ω_0，磁界（磁束密度 $\boldsymbol{B}$）を印加したときの角周波数を ω とすると，$\omega - \omega_0 = \Delta\omega$ が次式によって与えられることを示せ．

$$\Delta\omega = -\frac{eB}{2m_0} \tag{5.43}$$

意　義

反磁性は，この問題で扱っている**ラーモアの理論** (Larmor theory) を用いて説明できる．

ヒント

- 磁界の有無にかかわらず，円運動の半径は一定であると仮定する．
- 力のつり合いを考える．

解　答

磁界が存在しないとき，図 5.8(a) のように，原子核の周りを角周波数 ω_0 で半径 a の円運動をしている電子を考える．円運動している電子から観測すると，クーロン力による引力と遠心力がつりあうので，次式が成り立つ．

$$m_0 a {\omega_0}^2 = \frac{e^2}{4\pi\varepsilon_0 a^2} \tag{5.44}$$

ここで，m_0 は真空中の電子の質量，e は電気素量，ε_0 は真空の透磁率である．

このような円運動をしている電子に磁界（磁束密度 $\boldsymbol{B}$）を印加すると，図 5.8(b) のように，電子に $-e\boldsymbol{v} \times \boldsymbol{B}$ という力が加わり，ローレンツ力による引力と遠心力がつりあう．したがって，次式が成り立つ．

$$m_0 a\omega^2 = \frac{e^2}{4\pi\varepsilon_0 a^2} - evB \tag{5.45}$$

ただし，磁界の有無にかかわらず，円運動の半径は一定であり，磁界の印加により角周波数が ω に変化すると仮定した．ここで，$v = |\boldsymbol{v}| = a\omega$ は電子の速さ，$B = |\boldsymbol{B}|$ は磁束密度の大きさであり，$\boldsymbol{v} \perp \boldsymbol{B}$ を用いた．

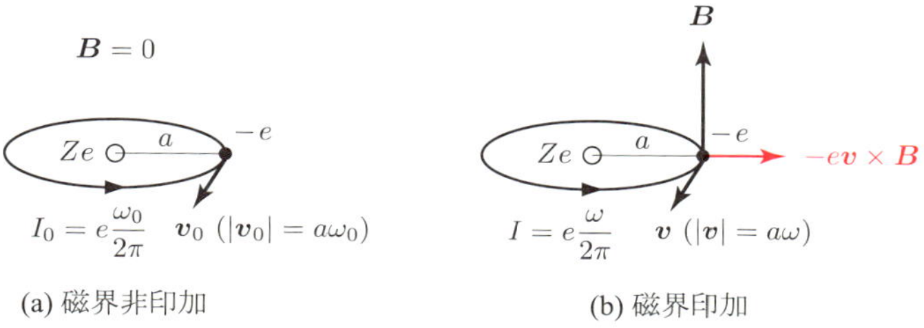

図 5.8　ラーモアの歳差運動

式 (5.44) を式 (5.45) に代入し，$v = |\boldsymbol{v}| = a\omega$ を用いると，角周波数 ω について，次のような 2 次方程式が得られる．

$$m_0 a\omega^2 + eaB\omega - m_0 a{\omega_0}^2 = 0 \tag{5.46}$$

式 (5.46) の解は，角周波数 $\omega > 0$ であることに注意すると，次のようになる．

$$\omega = \frac{-eB + \sqrt{e^2B^2 + 4{m_0}^2{\omega_0}^2}}{2m_0} \tag{5.47}$$

通常の印加磁界の範囲では $e^2B^2 \ll 4{m_0}^2{\omega_0}^2$ である．したがって，角周波数 ω は次式によって与えられる．

$$\omega = \omega_0 - \frac{eB}{2m_0} \tag{5.48}$$

式 (5.48) から，歳差運動による角周波数の変化 $\Delta\omega = \omega - \omega_0$ は，次のように求められる．

$$\Delta\omega = \omega - \omega_0 = -\frac{eB}{2m_0} \tag{5.49}$$

外部から磁界が印加されていないときは，Z 個の電子が円運動すれば，次のような電流 I_0 が流れる．

$$I_0 = Ze\frac{\omega_0}{2\pi} \tag{5.50}$$

外部から磁界（磁束密度 $\boldsymbol{B}$）を印加したときは，Z 個の電子が円運動すれば，次のような電流 I が流れる．

$$I = Ze\frac{\omega}{2\pi} \tag{5.51}$$

外部から磁界が印加されていないときに，周回電流 I_0 による磁界と内部磁界が相殺して，磁気双極子モーメントが誘起されていないとする．この場合，外部から磁界が印加されると，式 (5.49)–(5.51) から，周回電流の変化 $\Delta I = I - I_0$ は，次のようになる．

$$\Delta I = I - I_0 = Ze\frac{\Delta\omega}{2\pi} = -Ze\left(\frac{1}{2\pi}\,\frac{eB}{2m_0}\right) \tag{5.52}$$

この結果，磁界が印加されると，磁界と反平行な磁気双極子モーメント $\boldsymbol{m}$ が生ずる．電子と原子核との距離の 2 乗平均を $\langle r^2 \rangle$ とすると，磁気双極子モーメント $\boldsymbol{m}$ の大きさ m は，

$$m = -\frac{Ze^2B}{6m_0}\,\langle r^2 \rangle \tag{5.53}$$

となる．また，単位体積あたりの原子数を N とすると，反磁性体における磁化率 χ_m は次式のように負になり，反磁性を説明することができる．

$$\chi_\mathrm{m} = \frac{Nm}{H} = -\frac{\mu_0 NZe^2}{6m_0}\,\langle r^2 \rangle \tag{5.54}$$

ただし，ここで $B = \mu_0 H$ を用いた．

問題 5.6　磁束密度の境界条件

図 5.9 のように，境界面をはさんで透磁率がそれぞれ μ_1，μ_2 であるとし，それぞれの領域の磁束密度を $\boldsymbol{B}_1$，$\boldsymbol{B}_2$ とする．また，境界面の法線と磁束密度との間の角をそれぞれ θ_1，θ_2 とする．このとき，磁束密度の境界条件はどうなるか．ただし，境界面に電流は流れていないとする．

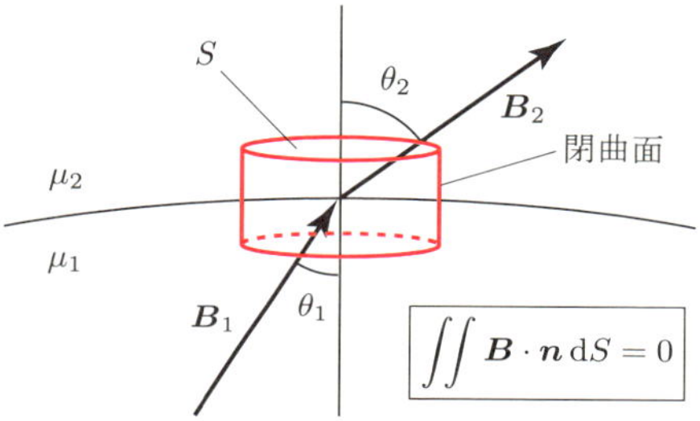

図 5.9　磁束密度の境界条件

意　　義

磁束密度の境界条件がどのようにして決まるかを理解する．

ヒント

- 磁束密度に対してガウスの法則を適用する．

解　　答

図 5.9 のように，微小厚さの閉曲面を選び，閉曲面の上面と底面が，境界面に平行であるとする．そして，閉曲面の上面と底面の面積は等しく，S とおく．また，閉曲面の側面を貫く磁束密度が存在しないように閉曲面を選ぶ．どのような閉曲面を選んだとしても，閉曲面内に正負の磁荷が共存し，正味の磁荷が存在しない．つまり，$\mathrm{div}\,\boldsymbol{B} = \nabla \cdot \boldsymbol{B} = 0$ となる．したがって，磁束密度に対してガウスの法則を適用すると，次のようになる．

$$\iint \boldsymbol{B} \cdot \boldsymbol{n}\, \mathrm{d}S = \boldsymbol{B}_1 \cdot \boldsymbol{n}\, S + \boldsymbol{B}_2 \cdot \boldsymbol{n}\, S$$
$$= (-B_1 \cos\theta_1 + B_2 \cos\theta_2)\, S = 0 \qquad (5.55)$$

式 (5.55) から，次の関係が得られる．

$$B_1 \cos\theta_1 = B_2 \cos\theta_2 \qquad (5.56)$$

式 (5.56) は，境界面の法線方向への磁束密度の射影を表しており，磁束密度の法線成分が等しいことを示している．

復　習

境界面に電流が流れていない場合の境界条件

- 磁界 $\boldsymbol{H}$ ：境界面に対する**接線成分**が等しい
- 磁束密度 $\boldsymbol{B}$ ：境界面に対する**法線成分**が等しい

問題 5.7　静磁界の境界条件

図 5.10 において，紙面に垂直な方向に電流が流れているとき，静磁界に対する境界条件はどうなるか．ただし，電流密度を $\boldsymbol{i}$ とする．

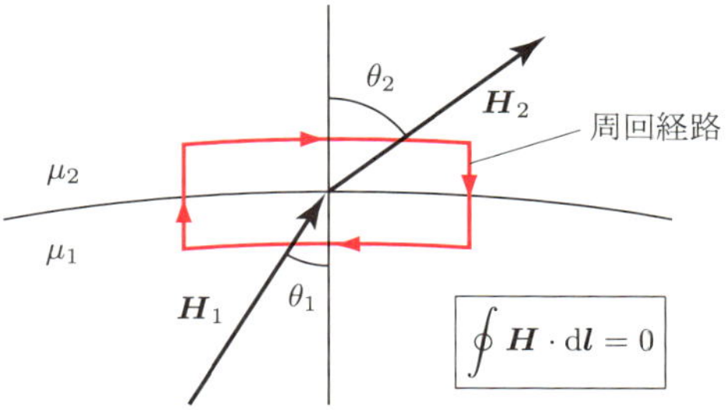

図 5.10　静磁界の境界条件

意　義

静磁界の境界条件について理解を深める．

ヒント

- 境界面に対して，アンペールの法則を適用する．

解　答

図 5.10 のような，境界面に沿った経路をもつ周回経路を考える．境界面に沿った経路のうち磁界と交差する経路の長さを δl とし，境界面に垂直な方向の周回経路を縁とする面を貫く磁界が存在しないように周回経路を選ぶ．このとき，アンペールの法則から次のようになる．

$$\oint \boldsymbol{H}\cdot \mathrm{d}\boldsymbol{l} = \boldsymbol{H}_1 \cdot \boldsymbol{\delta l} + \boldsymbol{H}_2 \cdot \boldsymbol{\delta l}$$

$$= (-H_1 \sin\theta_1 + H_2 \sin\theta_2)\,\delta l = \iint \boldsymbol{i}\cdot\boldsymbol{n}\,\mathrm{d}S \tag{5.57}$$

式 (5.57) から，次の関係が得られる．

$$H_2 \sin\theta_2 = H_1 \sin\theta_1 + \frac{1}{\delta l}\iint \boldsymbol{i}\cdot\boldsymbol{n}\,\mathrm{d}S \tag{5.58}$$

式 (5.58) は，電流密度 $\boldsymbol{i}$ の影響を受けて，磁界の接線成分が不連続になることを示している．

境界面に電流が流れていないときは，磁界 $\boldsymbol{H}$ に対してストークスの定理を適用すると，次式が成り立つ．

$$\oint \boldsymbol{H} \cdot \mathrm{d}\boldsymbol{l} = \boldsymbol{H}_1 \cdot \boldsymbol{\delta l} + \boldsymbol{H}_2 \cdot \boldsymbol{\delta l}$$
$$= (-H_1 \sin\theta_1 + H_2 \sin\theta_2)\,\delta l = 0 \qquad (5.59)$$

式 (5.59) から，次の関係が得られる．

$$H_1 \sin\theta_1 = H_2 \sin\theta_2 \qquad (5.60)$$

式 (5.60) は，境界面の接線方向への磁界の射影を表しており，磁界の接線成分が等しいことを示している．

問題 5.8　磁性体中の孔における磁界

図 5.11 のように，磁化している磁性体の中に，磁化に垂直な方向に広がった平面板状の孔があいている．磁性体中の磁界の大きさを $H\,(\mathrm{A\,m^{-1}})$，磁化の大きさを $M\,(\mathrm{A\,m^{-1}})$ とするとき，孔内部の磁界を求めよ．

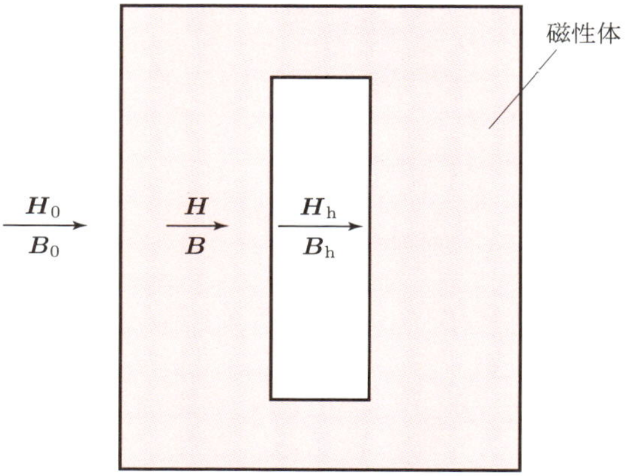

図 5.11　平面板状の孔があいている磁性体

意　義

磁界と磁束密度の境界条件について理解を深める．

ヒント

- 外部の磁界と反磁化磁界を考える．
- 磁界と磁束密度の境界条件を考える．
- 図 5.11 では，孔が上下方向に広がっている．したがって，孔の上端と下端の影響は小さい．

解　答

磁性体に印加された外部磁界を $\boldsymbol{H}_0\,(\mathrm{A\,m^{-1}})$，反磁化磁界を $\boldsymbol{H}_1\,(\mathrm{A\,m^{-1}})$ とすると，磁性体内部の合成磁界 $\boldsymbol{H}\,(\mathrm{A\,m^{-1}})$ は次のように表される．

$$\boldsymbol{H} = \boldsymbol{H}_0 + \boldsymbol{H}_1 \tag{5.61}$$

磁性体内部の磁束密度を $\boldsymbol{B}$ (T) とおき，孔内部の磁束密度と磁界をそれぞれ $\boldsymbol{B}_\mathrm{h}$ (T)，$\boldsymbol{H}_\mathrm{h}$ (A m^{-1}) とする．図 5.11 では，孔が上下方向に広がっているので，孔の上端と下端の影響は小さいと考えられる．したがって，上下方向に広がった面を境界面とする．磁束密度の法線成分は連続だから，次の関係が成り立つ．

$$\boldsymbol{B}_\mathrm{h} = \mu_0 \boldsymbol{H}_\mathrm{h} = \boldsymbol{B} = \mu_0(\boldsymbol{H} + \boldsymbol{M}) \tag{5.62}$$

ここで，$\boldsymbol{M}$ (A m^{-1}) は磁性体の磁化である．

式 (5.62) から，孔内部の磁界の大きさ H_h (A m^{-1})，合成磁界の大きさ H (A m^{-1})，磁性体の磁化の大きさ M (A m^{-1}) に対して，次式が成り立つ．

$$H_\mathrm{h} = H + M \tag{5.63}$$

復　習

- 全磁界 $\boldsymbol{H}$，外部磁界 $\boldsymbol{H}_0$，反磁化磁界 $\boldsymbol{H}_1$ の関係

$$\boldsymbol{H} = \boldsymbol{H}_0 + \boldsymbol{H}_1$$

- 磁束密度 $\boldsymbol{B}$，全磁界 $\boldsymbol{H}$，磁化 $\boldsymbol{M}$ の関係

$$\boldsymbol{B} \equiv \mu_0(\boldsymbol{H} + \boldsymbol{M}) = \mu_\mathrm{s}\mu_0 \boldsymbol{H} = \mu \boldsymbol{H}$$

- 境界面に電流が流れていない場合の境界条件
  - 磁界 $\boldsymbol{H}$ ：境界面に対する**接線成分**が等しい
  - 磁束密度 $\boldsymbol{B}$ ：境界面に対する**法線成分**が等しい

問題 5.9　円環磁石の空隙内の磁界の大きさ

図 5.12 のような幅 l (m) の空隙をもつ半径 R (m) の円環磁石において，空隙内の磁界の大きさを求めよ．ただし，$l \ll 2\pi R$ とする．

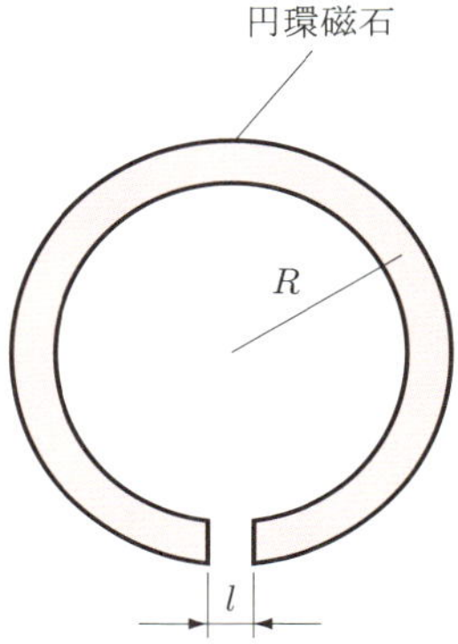

図 5.12　空隙をもつ円環磁石

意　　義

磁界と磁束密度の境界条件について理解を深めるとともに，磁気回路の考え方に慣れる．

ヒント

- 磁界と磁束密度の境界条件を用いる．
- 電気回路と対比させる．（起電力→起磁力，電気抵抗→リラクタンス）

解　　答

起磁力 V_{mag} (A) は，残留磁束密度 B_{r} (T)，可逆透磁率 μ_{r} (H m^{-1})，半径 R (m) を用いて，次のように表される．

$$V_{\mathrm{mag}} = \oint \boldsymbol{H} \cdot \mathrm{d}\boldsymbol{l} = \frac{B_{\mathrm{r}}}{\mu_{\mathrm{r}}} \times 2\pi R \tag{5.64}$$

リラクタンス R_{m} (H^{-1}) は，透磁率 μ (H m^{-1})，円環磁石の断面積 S (m^2) を

用いて，次のように表される．

$$R_{\mathrm{m}} = \oint \frac{\mathrm{d}l}{\mu S} = \frac{l}{\mu_0 S} + \frac{2\pi R - l}{\mu_{\mathrm{r}} S} \simeq \frac{l}{\mu_0 S} + \frac{2\pi R}{\mu_{\mathrm{r}} S} \tag{5.65}$$

ここで，$l \ll 2\pi R$ を用いた．

式 (5.64)，(5.65) から，磁束 $\varPhi$ (Wb) は次のようになる．

$$\varPhi = \frac{V_{\mathrm{mag}}}{R_{\mathrm{m}}} = \left(1 + \frac{\mu_{\mathrm{r}}}{\mu_0}\frac{l}{2\pi R}\right)^{-1} B_{\mathrm{r}} S \tag{5.66}$$

式 (5.66) から，空隙内の磁界の大きさ $H\,(\mathrm{A\,m^{-1}})$ は次のように求められる．

$$H = \frac{\varPhi}{\mu_0 S} = \left(1 + \frac{\mu_{\mathrm{r}}}{\mu_0}\frac{l}{2\pi R}\right)^{-1} \frac{B_{\mathrm{r}}}{\mu_0} \tag{5.67}$$

補　足

電気回路と磁気回路の比較

電気回路	磁気回路
起電力 $V_{\mathrm{m}} = \oint \boldsymbol{E} \cdot \mathrm{d}\boldsymbol{l}$	起磁力 $V_{\mathrm{mag}} = \oint \boldsymbol{H} \cdot \mathrm{d}\boldsymbol{l}$
$\boldsymbol{E}$：電界	$\boldsymbol{H}$：磁界
電気抵抗 $R = \oint \frac{\mathrm{d}l}{\sigma S}$	リラクタンス $R_{\mathrm{m}} = \oint \frac{\mathrm{d}l}{\mu S}$
σ：電気伝導率	μ：透磁率

問題 5.10 円環状薄膜磁石による磁界

内半径 R_1 (m)，外半径 R_2 (m)，厚さ t (m) の円環状薄膜磁石の中心軸上の磁界を求めよ．ただし，磁化 $\boldsymbol{M}$ (A m^{-1}) は，薄膜磁石の下から上に向かっており，円環状薄膜磁石の厚さ t (m) は十分小さいとする．

意　義

磁気双極子モーメント $\boldsymbol{m}$ (A m^2) と磁化 $\boldsymbol{M}$ (A m^{-1}) の関係について理解を深める．

ヒント

- 磁気双極子モーメント $\boldsymbol{m}$ (A m^2) を磁化 $\boldsymbol{M}$ (A m^{-1}) を用いて表す．
- 立体角を用いる．

解　答

磁化は，単位体積あたりの磁気双極子モーメントである． したがって，円環状薄膜磁石上の任意の点における微小磁気双極子モーメント $\mathrm{d}\boldsymbol{m}$ (A m^2) は，円環状薄膜磁石の磁化 $\boldsymbol{M}$ (A m^{-1}) を用いて次のように表される．

$$\mathrm{d}\boldsymbol{m} = \boldsymbol{M}\,\mathrm{d}V \tag{5.68}$$

ここで，$\mathrm{d}V$ (m^3) は円環状薄膜磁石の微小体積である．

図 5.13 のように，円環状薄膜磁石の中心軸を z 軸とし，z 軸上の点 P $(0, 0, z)$ を考える．円環状薄膜磁石上の点 Q $(x, y, 0)$ と点 P との距離を r (m)，線分 QP と円環状薄膜磁石の法線がなす角を θ (rad) とすると，点 Q に存在する微小磁気モーメント $\mathrm{d}\boldsymbol{m}$ (A m^2) によって点 P に発生する磁位 $\mathrm{d}\phi_\mathrm{m}$ (A) は，式 (4.17), (5.68) から次のようになる．

$$\mathrm{d}\phi_\mathrm{m} = \frac{\mathrm{d}m}{4\pi}\frac{z}{r^3} = \frac{\mathrm{d}m}{4\pi}\frac{\cos\theta}{r^2} = \frac{M}{4\pi}\frac{\cos\theta}{r^2}\,\mathrm{d}V \tag{5.69}$$

ここで，$z = r\cos\theta$ を用いた．また，$\mathrm{d}m = |\mathrm{d}\boldsymbol{m}|$, $M = |\boldsymbol{M}|$ である．

点 P における磁位 ϕ_m (A) は，式 (5.69) を円環状薄膜磁石の体積にわたって

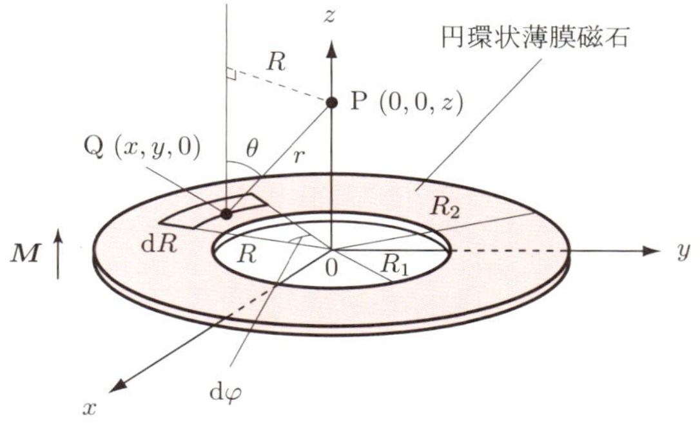

図 5.13 円環状薄膜磁石

積分することによって，次のように与えられる．

$$\phi_{\mathrm{m}} = \iiint \frac{M}{4\pi}\frac{\cos\theta}{r^2}\,\mathrm{d}V = \frac{Mt}{4\pi}\iint \frac{\mathrm{d}S}{r^2}\cos\theta$$
$$= \frac{Mt}{4\pi}\int \mathrm{d}\omega = \frac{Mt}{4\pi}\,\omega \qquad (5.70)$$

ここで，$t\,(\mathrm{m})$ と $\mathrm{d}S\,(\mathrm{m}^2)$ は，それぞれ円環状薄膜磁石の厚さと微小面積である．また，ω は立体角 (solid angle)，$\mathrm{d}\omega$ は微小立体角である．図 5.14 のように，原点 O からベクトル $\boldsymbol{r}\,(\mathrm{m})$ を引き，ベクトル $\boldsymbol{r}\,(\mathrm{m})$ の終端に接する微小面を作る．この微小面の面積を $\mathrm{d}S\,(\mathrm{m}^2)$，単位法線ベクトルを $\boldsymbol{n}$ とする．ベクトル $\boldsymbol{r}\,(\mathrm{m})$ と微小面の単位法線ベクトル $\boldsymbol{n}$ とのなす角を $\theta\,(\mathrm{rad})$ とすると，微小立体角 $\mathrm{d}\omega$ は次式によって定義される．

$$\mathrm{d}\omega \equiv \frac{\mathrm{d}S}{r^2}\,\boldsymbol{n}\cdot\frac{\boldsymbol{r}}{r} = \frac{\mathrm{d}S}{r^2}\cos\theta \qquad (5.71)$$

ただし，$r = |\boldsymbol{r}|\,(\mathrm{m})$ である．なお，立体角の単位はステラジアン (sr) である．

図 5.13 において原点と点 Q との距離を $R\,(\mathrm{m})$ とすると，次式が成り立つ．

$$\overline{\mathrm{PQ}} = r = \sqrt{R^2+z^2},\quad \cos\theta = \frac{z}{r} = \frac{z}{\sqrt{R^2+z^2}},\quad \mathrm{d}S = R\,\mathrm{d}R\,\mathrm{d}\varphi \qquad (5.72)$$

点 P における磁位 $\phi_{\mathrm{m}}\,(\mathrm{A})$ は，式 (5.70)–式 (5.72) から次のようになる．

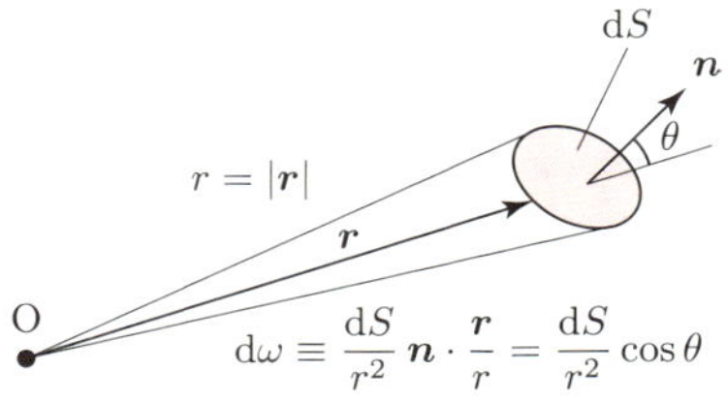

図 5.14 微小立体角

$$\phi_{\rm m} = \frac{Mt}{4\pi}\int \frac{{\rm d}S}{r^2}\cos\theta = \frac{Mt}{4\pi}\int_{R_1}^{R_2}{\rm d}R\int_0^{2\pi}{\rm d}\varphi\,\frac{Rz}{(R^2+z^2)^{3/2}}$$
$$= \frac{Mtz}{4\pi}\left[\frac{-1}{\sqrt{R^2+z^2}}\right]_{R_1}^{R_2}[\varphi]_0^{2\pi} = \frac{Mtz}{2}\left[\frac{1}{\sqrt{{R_1}^2+z^2}} - \frac{1}{\sqrt{{R_2}^2+z^2}}\right] \tag{5.73}$$

点 P における磁界 $\boldsymbol{H}$ $({\rm A\,m^{-1}})$ は，対称性から z 成分 H_z $({\rm A\,m^{-1}})$ だけをもち，式 (5.73) から次のように表される．

$$H_z = -\frac{\partial\phi_{\rm m}}{\partial z} = \frac{Mt}{2}\left[\frac{{R_2}^2}{\left({R_2}^2+z^2\right)^{3/2}} - \frac{{R_1}^2}{\left({R_1}^2+z^2\right)^{3/2}}\right] \tag{5.74}$$

なお，図 5.13 の円環状薄膜磁石の内半径が $R_1 = 0$ のとき，点 P から円板状薄膜磁石を見込む立体角 ω (sr) は次のようになる．

$$\omega = \int_0^{R_2}\frac{2\pi Rz}{(R^2+z^2)^{3/2}}\,{\rm d}R = 2\pi z\left[\frac{-1}{\sqrt{R^2+z^2}}\right]_0^{R_2}$$
$$= 2\pi\left(1 - \frac{z}{\sqrt{{R_2}^2+z^2}}\right) = 2\pi\,(1-\cos\theta_0) \tag{5.75}$$

ここで，$\cos\theta_0 = z/\sqrt{{R_2}^2+z^2}$ とおいた．

第 6 章

電流と静磁界

6.1 ビオ－－サヴァールの法則
6.2 定常電流に対するベクトルポテンシャル
6.3 アンペールの法則
6.4 周回電流と等価な磁気モーメント
6.5 インダクタンス

問題 6.1 反磁性体における磁気双極子モーメント
問題 6.2 半円状電流の周囲の磁界
問題 6.3 無限長の円柱導体内外の磁界
問題 6.4 無限長の円管導体内外の磁界
問題 6.5 円錐状コイル
問題 6.6 ビオ－サヴァールの法則とベクトルポテンシャル
問題 6.7 ドーナツ状の円環コイル内の鉄心の磁化
問題 6.8 鉄心コイルの自己インダクタンスと相互インダクタンス
問題 6.9 無限長ソレノイド内の磁性体
問題 6.10 無限長ソレノイド内外のベクトルポテンシャル

6.1 ビオー-サヴァールの法則

図 6.1 のように，導線に定常電流 I (A) が流れている場合を考える．導線上の微小経路ベクトル $\mathrm{d}\boldsymbol{s}$ (m) は，定常電流 I (A) と同じ方向をもち，$\mathrm{d}\boldsymbol{s}$ (m) の始点から点 P に向かうベクトルを $\boldsymbol{r}$ (m) とする．このとき，点 P における**静磁界 $\boldsymbol{H}$ ($\mathrm{A\,m^{-1}}$)** は，次式によって与えられる．

$$\boldsymbol{H} = \int \frac{I}{4\pi r^3}\,\mathrm{d}\boldsymbol{s} \times \boldsymbol{r} \tag{6.1}$$

ここで，$r = |\boldsymbol{r}|$ (m) であり，式 (6.1) は**ビオー-サヴァールの法則** (Bio-Savart's law) とよばれている．

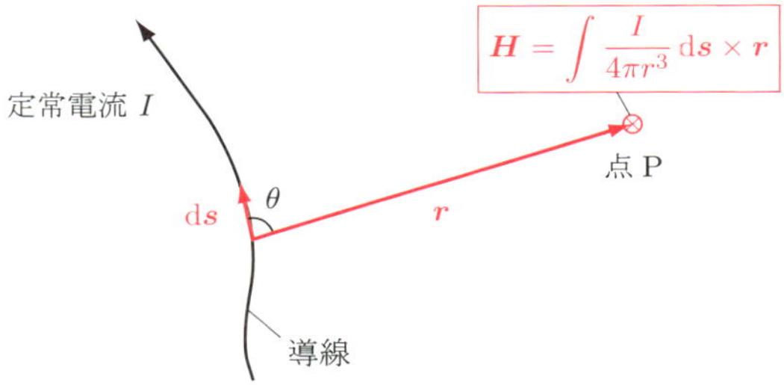

図 6.1 ビオー-サヴァールの法則

6.2 定常電流に対するベクトルポテンシャル

定常電流 I (A) によって，真空中あるいは空気中に生じるベクトルポテンシャル $\boldsymbol{A}$ (T m) は，真空の透磁率 μ_0 ($\mathrm{H\,m^{-1}}$) を用いて，次のように表される．

$$\boldsymbol{A} = \int \frac{\mu_0 I}{4\pi r}\,\mathrm{d}\boldsymbol{s} \tag{6.2}$$

6.3 アンペールの法則

電束密度 $\boldsymbol{D}$ ($\mathrm{C\,m^{-2}}$) に対して $\partial\boldsymbol{D}/\partial t = 0$ のとき，マクスウェル方程式と

ストークスの定理から，次のようなアンペールの法則 (Ampère's law) が導かれる．

$$\oint \boldsymbol{H} \cdot \mathrm{d}\boldsymbol{l} = \iint \boldsymbol{i} \cdot \boldsymbol{n} \, \mathrm{d}S = I \tag{6.3}$$

ここで，$\mathrm{d}\boldsymbol{l}$ (m) は周回経路上の微小経路ベクトル，$\boldsymbol{n}$ と $\mathrm{d}S$ (m^2) はそれぞれ周回経路を縁とする面の単位法線ベクトルと微小面積，I (A) は周回経路を縁とする面を貫く全電流，$\boldsymbol{i}$ ($\mathrm{A\,m^{-2}}$) はその電流密度である．

6.4 周回電流と等価な磁気モーメント

磁束密度 $\boldsymbol{B}$ (T) が存在する空間において，電流 $\boldsymbol{I}$ (A) が流れている導線には，次のような単位長さあたりの力 $\boldsymbol{f}$ ($\mathrm{N\,m^{-1}}$) が働く．

$$\boldsymbol{f} = \boldsymbol{I} \times \boldsymbol{B} \tag{6.4}$$

磁気双極子に働く力のモーメントと周回電流に働く力のモーメントを比較すると，周回電流 I (A) は，

$$m_{\mathrm{c}} = IS \tag{6.5}$$

に相当する大きさの磁気モーメントをもっていると考えることができる．また，周回電流 I (A) による磁気モーメント $\boldsymbol{m}_{\mathrm{c}}$ ($\mathrm{A\,m^2}$) の方向は，図 6.2 のように，周回電流 I (A) が流れる向きに右ねじを回転させたときに，右ねじが進む方向であると約束する．

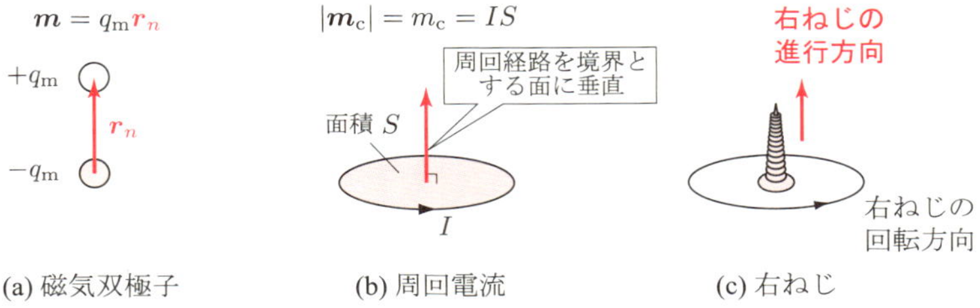

図 6.2　磁気双極子と周回電流の磁気モーメント

6.5 インダクタンス

周回電流 I (A) が流れると，磁束密度 $\boldsymbol{B}$ (T) が発生し，周回電流 I (A) の経路を縁とする面を貫く．周回経路を縁とする面の単位法線ベクトルを $\boldsymbol{n}$ とし，この面全体にわたって，磁束密度 $\boldsymbol{B}$ (T) の面積分をとると，次のようになる．

$$\Phi = \iint \boldsymbol{B} \cdot \boldsymbol{n} \, \mathrm{d}S \tag{6.6}$$

この Φ を**磁束** (magnetic flux) といい，単位は $\mathrm{Wb} = \mathrm{T\,m^2}$ である．

周回電流 I_i (A) によって生じる磁束のうち，電流 I_i (A) が流れている周回経路を縁とする面を貫く磁束が Φ_{ii} (Wb) の場合，**自己インダクタンス** (self-inductance) L_{ii} (H) を次式によって定義する．

$$\Phi_{ii} \equiv L_{ii} I_i \tag{6.7}$$

なお，自己インダクタンス L_{ii} を単に L と表し，**インダクタンス** (inductance) ということも多い．

一方，周回経路 j を電流 I_j (A) が流れるとき，周回経路 i を縁とする面を貫く磁束が Φ_{ij} (Wb) になったとする．このとき，**相互インダクタンス** (mutual inductance) L_{ij} (H) を次式によって定義する．ただし，$i \neq j$ である．

$$\Phi_{ij} \equiv L_{ij} I_j \tag{6.8}$$

導線をらせん状に巻いた回路素子を**コイル** (coil) という．特に，導線を円筒形に巻いたコイルを**ソレノイド** (solenoid) という．

問題 6.1 反磁性体における磁気双極子モーメント

第 5 章の問題 5.5 における式 (5.53) を導け.

意　義

反磁性が生じるメカニズムを理解する.

ヒ ン ト

- 一様な空間を考える.
- 周回電流と等価な磁気モーメントを考える.

解　答

原子核の位置を原点 (0,0,0) とし，電子の位置を (x,y,z) とすると，電子と原子核との距離の 2 乗平均 $\langle r^2 \rangle$ は次式のようになる.

$$\langle r^2 \rangle = \langle x^2 + y^2 + z^2 \rangle = \langle x^2 \rangle + \langle y^2 \rangle + \langle z^2 \rangle \tag{6.9}$$

ただし，x, y, z は互いに独立であるとした. また，一様な空間を考えると，座標 (x,y,z) の選び方は任意だから，次の関係が成り立つ.

$$\langle x^2 \rangle = \langle y^2 \rangle = \langle z^2 \rangle \tag{6.10}$$

式 (6.9)，(6.10) から，次の結果が得られる.

$$\langle x^2 \rangle = \langle y^2 \rangle = \langle z^2 \rangle = \frac{1}{3} \langle r^2 \rangle \tag{6.11}$$

周回電流が流れている経路を縁とする円の面積 S は，式 (6.11) から次のように表される.

$$S = \pi \langle x^2 + y^2 \rangle = \pi \left(\langle x^2 \rangle + \langle y^2 \rangle \right) = \frac{2\pi}{3} \langle r^2 \rangle \tag{6.12}$$

反磁性体における磁気双極子モーメント m は，式 (6.12)，(5.52) から，次のようになる.

$$m = \Delta I S = -\frac{Ze^2 B}{6m_0} \langle r^2 \rangle \tag{6.13}$$

問題 *6.2*　半円状電流の周囲の磁界

図 6.3 のような，半径 $R\,(\mathrm{m})$ の半円と，その中心 O に向かう 2 本の半直線から構成される回路を考える．この回路に電流 $I\,(\mathrm{A})$ が流れているとき，中心 O における磁界の大きさと方向を求めよ．

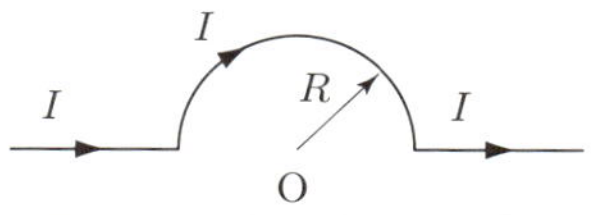

図 6.3　半円と 2 本の半直線から構成される回路

意　義

電流経路と周囲の磁界との関係を理解する．

ヒ ン ト

- ビオー–サヴァールの法則を用いる．
- $\mathrm{d}\boldsymbol{s}$ と $\boldsymbol{r}$ のなす角に着目する．

解　答

電流経路を，2 本の半直線と半径 $R\,(\mathrm{m})$ の半円に分けて考える．電流経路が半直線の場合，図 6.4(a) のように，微小経路ベクトル $\mathrm{d}\boldsymbol{s}\,(\mathrm{m})$ は半直線上に存在する．また，ベクトル $\boldsymbol{r}\,(\mathrm{m})$ は，半直線上に存在する $\mathrm{d}\boldsymbol{s}$ の始点から点 O に向かって引かれている．したがって，$\mathrm{d}\boldsymbol{s} \parallel \boldsymbol{r}$ であり，次のようになる．

$$\mathrm{d}\boldsymbol{s} \times \boldsymbol{r} = 0 \tag{6.14}$$

この結果を式 (6.1) に代入すると，図 6.4(a) の 2 本の半直線によって点 O に生じる静磁界は存在しないことがわかる．

電流経路が半径 $R\,(\mathrm{m})$ の半円の場合，図 6.4(b) のように，微小経路ベクトル $\mathrm{d}\boldsymbol{s}\,(\mathrm{m})$ は，半径 $R\,(\mathrm{m})$ の半円の円周上に存在する．また，ベクトル $\boldsymbol{r}\,(\mathrm{m})$ は，円周上に存在する $\mathrm{d}\boldsymbol{s}$ の始点から円の中心 O に向かって引かれている．したがって，$\mathrm{d}\boldsymbol{s} \perp \boldsymbol{r}$ であり，次の結果が得られる．

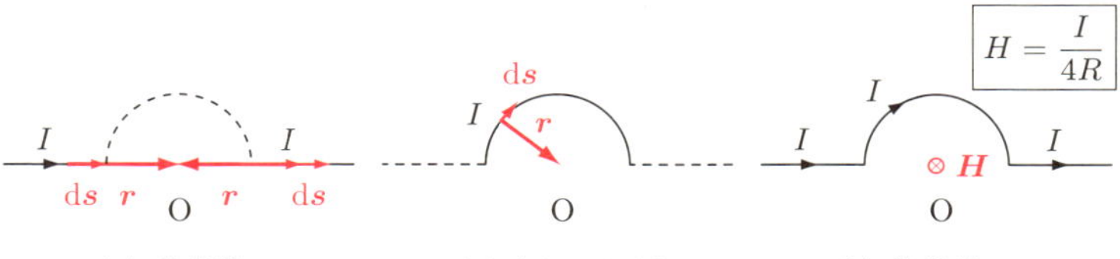

図 6.4 半円の導線を流れる電流により生じる磁界

$$|\mathrm{d}\boldsymbol{s} \times \boldsymbol{r}| = R\,\mathrm{d}s \tag{6.15}$$

ここで，$|\boldsymbol{r}| = r = R$，$\mathrm{d}s = |\mathrm{d}\boldsymbol{s}|$ である．この結果を式 (6.1) に代入し，$r = R$ とすると，静磁界 $\boldsymbol{H}\,(\mathrm{A\,m^{-1}})$ の大きさ $H\,(\mathrm{A\,m^{-1}})$ は，次のようになる．

$$H = \int \frac{I}{4\pi R^2}\,\mathrm{d}s = \frac{I}{4\pi R^2}s = \frac{I}{4\pi R^2}\cdot\frac{2\pi R}{2} = \frac{I}{4R} \tag{6.16}$$

ここで，$s = 2\pi R/2\,(\mathrm{m})$ は半径 $R\,(\mathrm{m})$ の半円の孤の長さである．

静磁界 $\boldsymbol{H}$ の方向は，$\mathrm{d}\boldsymbol{s} \times \boldsymbol{r}$ の方向と同じである．したがって，図 6.4(c) のように，紙面に垂直で手前から奥に向かう方向になる．

問題 6.3　無限長の円柱導体内外の磁界

半径 a (m) の無限長円柱導体の中を，一様な電流密度 i ($\mathrm{A\,m^{-2}}$) で電流が流れている．このとき，円柱内外の静磁界を求めよ．

意　義

電流経路と周囲の磁界との関係を理解する．

ヒント

- アンペールの法則を用いる．
- 周回経路を縁とする面を貫く電流に着目する．

解　答

静磁界 $\boldsymbol{H}$ ($\mathrm{A\,m^{-1}}$) の方向は，電流 I (A) が流れる向きに右ねじが進むときに，右ねじが回転する方向である．したがって，図 6.5 のように，円柱の中心線上に中心をもち，この中心線に沿った方向を法線方向とする半径 r (m) の円の円周を周回経路とする．

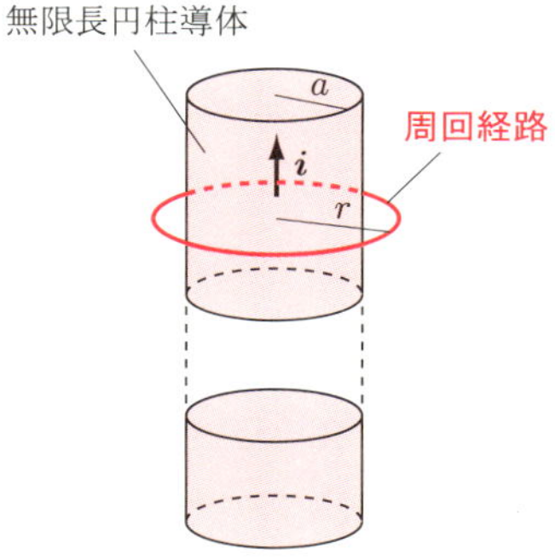

図 6.5　無限長円柱と周回経路

(a) $r \geq a$ の場合

式 (6.3) から，次のようになる．

$$2\pi r H = \pi a^2 i \tag{6.17}$$

この結果，無限長の円柱導体外部の静磁界 $\boldsymbol{H}$ $(\mathrm{A\,m^{-1}})$ の大きさ H $(\mathrm{A\,m^{-1}})$ は，次のように求められる．

$$H = \frac{ia^2}{2} \cdot \frac{1}{r} \tag{6.18}$$

(b) $0 < r < a$ の場合

式 (6.3) から，次のようになる．

$$2\pi r H = \pi r^2 i \tag{6.19}$$

この結果，無限長の円柱導体内部の静磁界 $\boldsymbol{H}$ $(\mathrm{A\,m^{-1}})$ の大きさ H $(\mathrm{A\,m^{-1}})$ は，次のように求められる．

$$H = \frac{i}{2} r \tag{6.20}$$

式 (6.18)，(6.20) から，静磁界 $\boldsymbol{H}$ の大きさ H と周回経路の半径 r の関係は，図 6.6 のようになる．

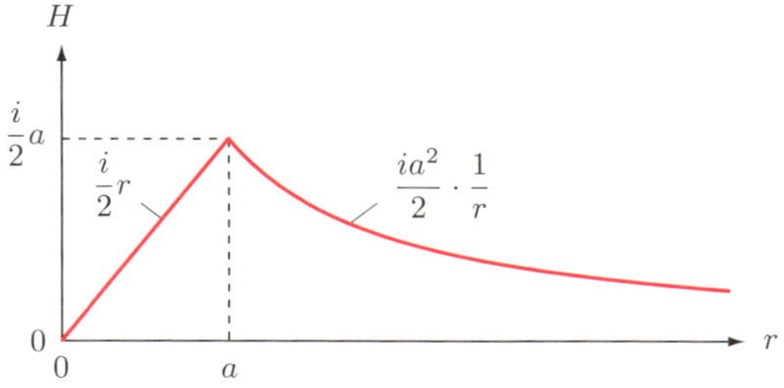

図 6.6　無限長円柱を流れる電流により生じる磁界

問題 6.4　無限長の円管導体内外の磁界

半径 a (m) の無限長円管導体に電流 I (A) が流れている．このとき，円管内外の静磁界を求めよ．ただし，円管の厚さは十分薄いとして無視せよ．

意　義

電流経路と周囲の磁界との関係を理解する．

ヒント

- アンペールの法則を用いる．
- 周回経路を縁とする面を貫く電流に着目する．

解　答

静磁界 $\boldsymbol{H}$ (A m^{-1}) の方向は，電流 I (A) が流れる向きに右ねじが進むときに，右ねじが回転する方向である．したがって，図 6.7 のように，円柱の中心線上に中心をもち，この中心線に沿った方向を法線方向とする半径 r (m) の円の円周を周回経路とする．

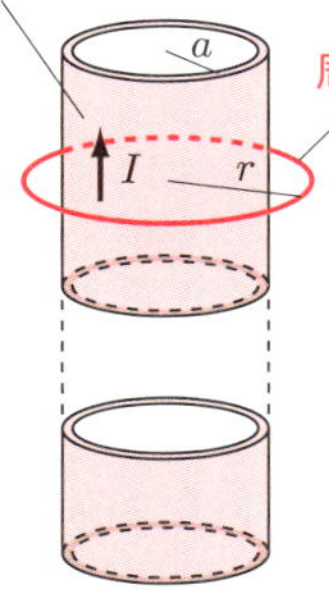

図 6.7　無限長円管と周回経路

(a) $r \geq a$ の場合

式 (6.3) から，次のようになる．

$$2\pi r H = I \tag{6.21}$$

この結果，無限長の円管導体外部の静磁界 $\boldsymbol{H}$ $(\mathrm{A\,m^{-1}})$ の大きさ H $(\mathrm{A\,m^{-1}})$ は，次のように求められる．

$$H = \frac{I}{2\pi r} \tag{6.22}$$

(b) $0 < r < a$ の場合

半径 r (m) の円を貫く電流は存在しない．したがって，式 (6.3) から，次のようになる．

$$2\pi r H = 0 \tag{6.23}$$

この結果，無限長の円管導体内部の静磁界 $\boldsymbol{H}$ $(\mathrm{A\,m^{-1}})$ の大きさ H $(\mathrm{A\,m^{-1}})$ は，次のように求められる．

$$H = 0 \tag{6.24}$$

式 (6.22)，(6.24) から，静磁界 $\boldsymbol{H}$ の大きさ H と周回経路の半径 r の関係は，図 6.8 のようになる．

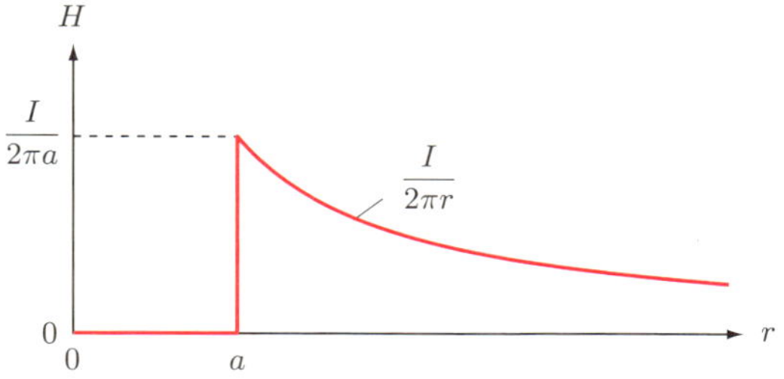

図 6.8　無限長円管を流れる電流により生じる磁界

問題 6.5　円錐状コイル

図 6.9 のような半頂角 $\varphi\,(\mathrm{rad})$ の円錐を考える．円錐の中心軸を z 軸とし，円錐の頂点が z 軸の原点に存在する．コイルが，$z = a\,(\mathrm{m})$ から $z = b\,(\mathrm{m})$ まで z 軸に対して等間隔に巻かれているとき，円錐の頂点における磁界を求めよ．ただし，単位長さあたりの巻き数を $n\,(\mathrm{m}^{-1})$，コイルに流れている電流を $I\,(\mathrm{A})$ とする．

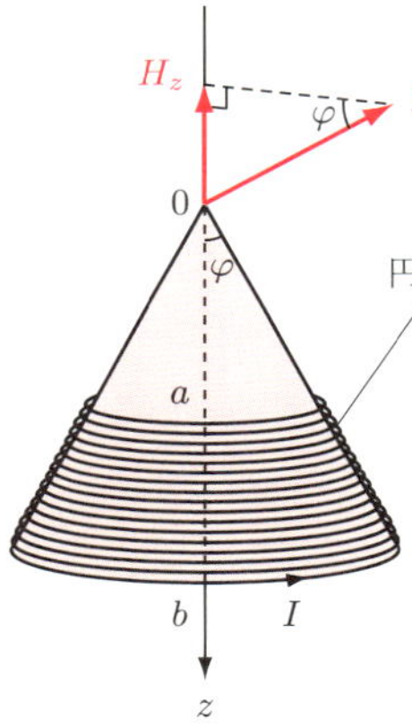

図 6.9　円錐状コイル

意　　義

微小長さ $\mathrm{d}z$ の領域に存在するコイルを流れる電流によって発生する磁界の寄与を理解する．

ヒント

- ビオー–サヴァールの法則を用いる．
- 対称性に着目する．

解 答

対称性から，磁界は z 成分だけとなり，z 軸の負の方向を向いている．座標 $z\,(\mathrm{m})$ から $z+\mathrm{d}z\,(\mathrm{m})$ までの微小長さ $\mathrm{d}z\,(\mathrm{m})$ の領域に存在するコイルを流れる電流によって原点に発生する磁界 $\mathrm{d}\boldsymbol{H} = -\mathrm{d}H_z\hat{\boldsymbol{z}}\,(\mathrm{A\,m^{-1}})$ の大きさ $\mathrm{d}H_z\,(\mathrm{A\,m^{-1}})$ は次のようになる．

$$\mathrm{d}H_z = \frac{I \times n\,\mathrm{d}z}{4\pi r^2} \times 2\pi r \sin\varphi \times \sin\varphi = \frac{nI\sin^2\varphi}{2r}\,\mathrm{d}z \tag{6.25}$$

ここで，$r\,(\mathrm{m})$ は原点とコイルとの間の距離である．

また，図 6.9 から，次式が成り立つ．

$$z = r\cos\varphi \tag{6.26}$$

式 (6.25)，(6.26) から r を消去すると，次のように表される．

$$\mathrm{d}H_z = \frac{nI\sin^2\varphi\cos\varphi}{2z}\,\mathrm{d}z \tag{6.27}$$

式 (6.27) を $z=a$ から $z=b$ まで積分することによって，原点に発生する磁界 $\boldsymbol{H} = -H_z\hat{\boldsymbol{z}}\,(\mathrm{A\,m^{-1}})$ の大きさ $H_z\,(\mathrm{A\,m^{-1}})$ は次のように求められる．

$$H_z = \int_a^b \mathrm{d}H_z = \frac{nI\sin^2\varphi\cos\varphi}{2}\ln\frac{b}{a} \tag{6.28}$$

問題 6.6　ビオー-サヴァールの法則とベクトルポテンシャル

式 (6.1)，(6.2) から次式が導かれることを示せ．

$$\boldsymbol{B} = \nabla \times \boldsymbol{A} = \mathrm{rot}\,\boldsymbol{A} \tag{6.29}$$

意　義

定常電流に対するベクトルポテンシャルを導く．

ヒント

- 定常電流に対するベクトルポテンシャルの微小変化を考える

解　答

式 (6.2) の微小変化を考えると，次のようになる．

$$\mathrm{d}\boldsymbol{A} = \frac{\mu_0 I}{4\pi r}\,\mathrm{d}\boldsymbol{s} \tag{6.30}$$

式 (6.30) の回転を計算すると，次のようになる．

$$\begin{aligned}\mathrm{rot}\,(\mathrm{d}\boldsymbol{A}) = \nabla \times \mathrm{d}\boldsymbol{A} &= \frac{\mu_0 I}{4\pi}\begin{vmatrix} \hat{\boldsymbol{x}} & \hat{\boldsymbol{y}} & \hat{\boldsymbol{z}} \\ \frac{\partial}{\partial x} & \frac{\partial}{\partial y} & \frac{\partial}{\partial z} \\ \frac{\mathrm{d}s_x}{r} & \frac{\mathrm{d}s_y}{r} & \frac{\mathrm{d}s_z}{r} \end{vmatrix} \\ &= -\frac{\mu_0 I}{4\pi r^3} \times \\ &\quad [\hat{\boldsymbol{x}}\,(y\,\mathrm{d}s_z - z\,\mathrm{d}s_y) + \hat{\boldsymbol{y}}\,(z\,\mathrm{d}s_x - x\,\mathrm{d}s_z) + \hat{\boldsymbol{z}}\,(x\,\mathrm{d}s_y - y\,\mathrm{d}s_x)] \\ &= -\frac{\mu_0 I}{4\pi r^3}\,\boldsymbol{r} \times \mathrm{d}\boldsymbol{s} = \frac{\mu_0 I}{4\pi r^3}\,\mathrm{d}\boldsymbol{s} \times \boldsymbol{r}\end{aligned} \tag{6.31}$$

ここで，$\boldsymbol{r} = (x, y, z)$，$r = |\boldsymbol{r}| = \left(x^2 + y^2 + z^2\right)^{1/2}$ を用いた．

一方，式 (6.1) の微小変化をとり，真空の透磁率 μ_0 をかけると，次のようになる．

$$\mu_0\,\mathrm{d}\boldsymbol{H} = \mathrm{d}\,(\mu_0 \boldsymbol{H}) = \mathrm{d}\boldsymbol{B} = \frac{\mu_0 I}{4\pi r^3}\,\mathrm{d}\boldsymbol{s} \times \boldsymbol{r} \tag{6.32}$$

式 (6.31)，(6.32) から

$$\mathrm{d}\boldsymbol{B} = \mathrm{rot}\,(\mathrm{d}\boldsymbol{A}) = \nabla \times (\mathrm{d}\boldsymbol{A}) \tag{6.33}$$

となる．式 (6.33) の両辺を積分すると，式 (6.29) が導かれる．

復　習

磁束密度 $\boldsymbol{B}$ とベクトルポテンシャル $\boldsymbol{A}$

$$\boldsymbol{B} = \mathrm{rot}\,\boldsymbol{A} = \nabla \times \boldsymbol{A} = \begin{vmatrix} \hat{\boldsymbol{x}} & \hat{\boldsymbol{y}} & \hat{\boldsymbol{z}} \\ \dfrac{\partial}{\partial x} & \dfrac{\partial}{\partial y} & \dfrac{\partial}{\partial z} \\ A_x & A_y & A_z \end{vmatrix}$$
$$= \hat{\boldsymbol{x}}\left(\frac{\partial A_z}{\partial y} - \frac{\partial A_y}{\partial z}\right) + \hat{\boldsymbol{y}}\left(\frac{\partial A_x}{\partial z} - \frac{\partial A_z}{\partial x}\right) + \hat{\boldsymbol{z}}\left(\frac{\partial A_y}{\partial x} - \frac{\partial A_x}{\partial y}\right)$$

ここで，$\hat{\boldsymbol{x}}$, $\hat{\boldsymbol{y}}$, $\hat{\boldsymbol{z}}$ は，それぞれ x, y, z 方向の単位ベクトルである．

$$\begin{aligned} \mathrm{div}\,\boldsymbol{B} &= \nabla \cdot \boldsymbol{B} \\ &= \frac{\partial}{\partial x}\left(\frac{\partial A_z}{\partial y} - \frac{\partial A_y}{\partial z}\right) + \frac{\partial}{\partial y}\left(\frac{\partial A_x}{\partial z} - \frac{\partial A_z}{\partial x}\right) + \frac{\partial}{\partial z}\left(\frac{\partial A_y}{\partial x} - \frac{\partial A_x}{\partial y}\right) \\ &= 0 \end{aligned}$$

ここで，演算結果が微分する順番に依存しないことを用いた．

問題 6.7　ドーナツ状の円環コイル内の鉄心の磁化

図 6.10 のように，平均半径 a (m)，断面積 S (m^2)，透磁率 μ (H m^{-1}) の鉄心に一様に巻かれた，巻き数 N のドーナツ状の円環コイルに電流 I (A) を流すとき，鉄心の磁化を求めよ．ただし，断面積 S (m^2) は十分小さく，円環の半径は，円環内のどの場所でも，ほぼ平均半径 a (m) に等しいとする．

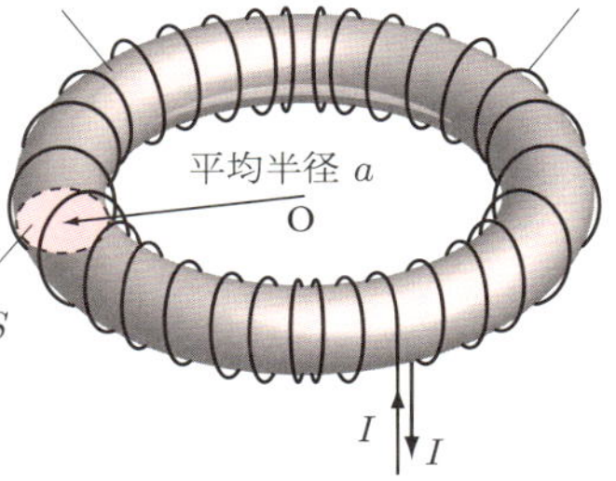

図 6.10　ドーナツ状の円環コイル

意　義

コイル内の磁界と鉄心の磁化について理解を深めるとともに，磁気回路の考え方に慣れる．

ヒント

- アンペールの法則から起磁力を求める．
- 電気回路と対比させる．（起電力→起磁力，電気抵抗→リラクタンス）

解　答

円環コイルに電流 I (A) を流すと，対称性から円環の断面に垂直で円周に沿った静磁界 $\boldsymbol{H}$ (A m^{-1}) が生じる．そこで，円環の中心 O と同じ中心をもつ円の円周を周回経路とする．

起磁力 V_{mag} (A) は，コイルの巻き数 N とコイルに流れる電流 I (A) を用いて，次のように表される．

$$V_{\mathrm{mag}} = \oint \boldsymbol{H} \cdot \mathrm{d}\boldsymbol{l} = NI \tag{6.34}$$

リラクタンス $R_{\mathrm{m}}\,(\mathrm{H}^{-1})$ は，透磁率 $\mu\,(\mathrm{H\,m^{-1}})$ と鉄心の断面積 $S\,(\mathrm{m}^2)$ を用いて，次のように表される．

$$R_{\mathrm{m}} = \oint \frac{\mathrm{d}l}{\mu S} = \frac{2\pi a}{\mu S} \tag{6.35}$$

式 (6.34)，(6.35) から，磁束 $\Phi\,(\mathrm{Wb})$ は次のようになる．

$$\Phi = \frac{V_{\mathrm{mag}}}{R_{\mathrm{m}}} = \frac{\mu NIS}{2\pi a} \tag{6.36}$$

式 (6.36) から，磁束密度の大きさ $B\,(\mathrm{T})$ は次のように表される．

$$B = \frac{\Phi}{S} = \frac{\mu NI}{2\pi a} = \mu_0(H + M) = \mu H \tag{6.37}$$

ここで，$H\,(\mathrm{A\,m^{-1}})$ は鉄心内部の合成磁界の大きさ，$M\,(\mathrm{A\,m^{-1}})$ は鉄心における磁化の大きさ，$\mu_0\,(\mathrm{H\,m^{-1}})$ は真空の透磁率である．式 (6.37) から鉄心における磁化の大きさ $M\,(\mathrm{A\,m^{-1}})$ は次のように求められる．

$$M = \frac{\mu}{\mu_0}H - H = \left(\frac{\mu}{\mu_0} - 1\right)H = \left(\frac{\mu}{\mu_0} - 1\right)\frac{NI}{2\pi a} \tag{6.38}$$

問題 6.8　鉄心コイルの自己インダクタンスと相互インダクタンス

図 6.11 のような平均半径 a (m)，断面積 S (m^2)，透磁率 μ (H m^{-1}) の鉄心に，コイル 1 とコイル 2 が巻かれている．コイル 1 の巻き数を N_1，コイル 2 の巻き数を N_2 とするとき，コイル 1 の自己インダクタンス L_{11} (H)，コイル 2 の自己インダクタンス L_{22} (H)，相互インダクタンス L_{12} (H)，L_{21} (H) を求めよ．ただし，断面積 S (m^2) は十分小さく，鉄心の半径は，鉄心内のどの場所でも，平均半径 a (m) にほぼ等しいとする．また，磁束の鉄心外への漏れはないとする．

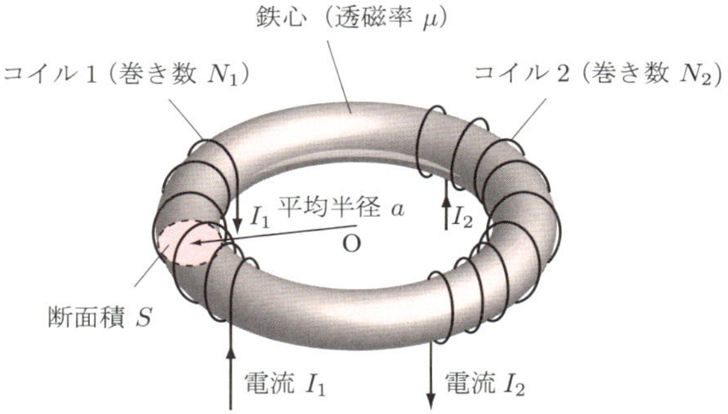

図 6.11　鉄心コイル

意　義

変圧器を設計するときの基礎となる．

ヒント

- 各コイルを流れる電流によって発生する磁界を求める．
- 各コイルを貫く磁束を求める．

解　答

コイル 1，2 にそれぞれ電流 I_1 (A)，I_2 (A) を流すと，静磁界 $\boldsymbol{H}_1$ (A m^{-1})，$\boldsymbol{H}_2$ (A m^{-1}) が鉄心内のみに生じ，対称性から，鉄心の断面に垂直で，円周に

沿った方向を向く．鉄心の中心Oと同じ中心をもつ半径 a (m) の円の円周を周回経路としてアンペールの法則を用いると，静磁界の大きさ H_1 (A m^{-1}), H_2 (A m^{-1}) は，それぞれ次のようになる．

$$H_1 = \frac{N_1 I_1}{2\pi a}, \quad H_2 = \frac{N_2 I_2}{2\pi a} \tag{6.39}$$

コイル1の巻き数が N_1 であるから，電流 I_1 (A) によって生じる，コイル1全体を貫く磁束 Φ_{11} (Wb) は，次のようになる．

$$\Phi_{11} = N_1 S \mu H_1 = \frac{\mu {N_1}^2 S I_1}{2\pi a} \tag{6.40}$$

同様にして，電流 I_2 (A) によって生じる，コイル2全体を貫く磁束 Φ_{22} (Wb) は，次のようになる．

$$\Phi_{22} = N_2 S \mu H_2 = \frac{\mu {N_2}^2 S I_2}{2\pi a} \tag{6.41}$$

コイル1の巻き数が N_1 であるから，電流 I_2 (A) によって生じる，コイル1全体を貫く磁束 Φ_{12} (Wb) は，次のようになる．

$$\Phi_{12} = N_1 S \mu H_2 = \frac{\mu N_1 N_2 S I_2}{2\pi a} \tag{6.42}$$

また，コイル2の巻き数が N_2 であるから，電流 I_1 (A) によって生じる，コイル2全体を貫く磁束 Φ_{21} (Wb) は，次のようになる．

$$\Phi_{21} = N_2 S \mu H_1 = \frac{\mu N_1 N_2 S I_1}{2\pi a} \tag{6.43}$$

この結果，コイル1の自己インダクタンス L_{11} (H)，コイル2の自己インダクタンス L_{22} (H)，相互インダクタンス L_{12} (H), L_{21} (H) は，次のように求められる．

$$L_{11} = \frac{\Phi_{11}}{I_1} = \frac{\mu {N_1}^2 S}{2\pi a} \tag{6.44}$$

$$L_{22} = \frac{\Phi_{22}}{I_2} = \frac{\mu {N_2}^2 S}{2\pi a} \tag{6.45}$$

$$L_{12} = \frac{\Phi_{12}}{I_2} = \frac{\mu N_1 N_2 S}{2\pi a} \tag{6.46}$$

$$L_{21} = \frac{\Phi_{21}}{I_1} = \frac{\mu N_1 N_2 S}{2\pi a} \tag{6.47}$$

以上から，磁束の鉄心外への漏れが無い場合，次の関係が成り立つことがわかる．

$$L_{11}L_{22} = {L_{12}}^2 = {L_{21}}^2 \tag{6.48}$$

磁束の鉄心外への漏れがある場合，$k\,(<1)$ を用いて，次のように表すことができる．

$$\varPhi_{12} = k\frac{\mu N_1 N_2 S I_2}{2\pi a} \tag{6.49}$$

$$\varPhi_{21} = k\frac{\mu N_1 N_2 S I_1}{2\pi a} \tag{6.50}$$

このとき，次の結果が得られ，k はコイル 1 とコイル 2 の結合係数とよばれている．

$$k^2 L_{11}L_{22} = {L_{12}}^2 = {L_{21}}^2 \tag{6.51}$$

鉄心コイルを用いた変圧器の例を図 6.12 に示す．

図 6.12　変圧器

問題 6.9　無限長ソレノイド内の磁性体

図 6.13 のように，無限長ソレノイドに電流 I (A) が流れているとき，磁性体を無限長ソレノイド内に挿入する．無限長ソレノイドの単位長さあたりの巻き数を $n\,(\mathrm{m}^{-1})$，磁性体の磁化率を χ_m，反磁化因子を N とするとき，磁性体の磁化を求めよ．

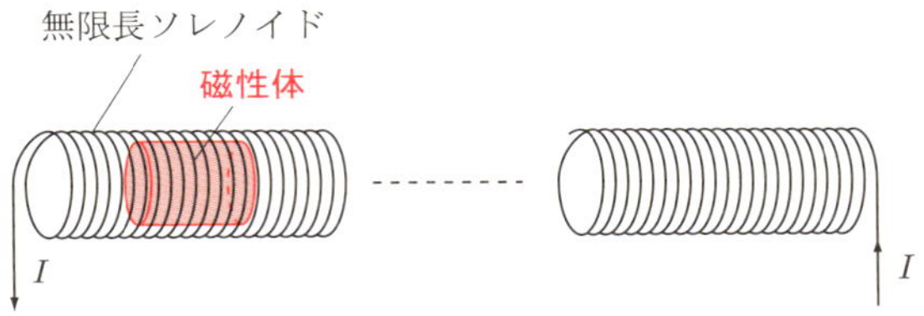

図 6.13　磁性体を挿入した無限長ソレノイド（斜視図）

意　義

無限長ソレノイド内部に発生する磁界を導くことができる力を養うとともに，磁性体における印加磁界と磁化の関係を理解する．

ヒント

- 無限長ソレノイドに対して，アンペールの法則を適用する．
- 無限長ソレノイド内部に発生する磁界が，磁性体に印加される．

解　答

対称性から，静磁界 $\boldsymbol{H}\,(\mathrm{A\,m^{-1}})$ は無限長ソレノイドの中心線に沿った方向を向くと考えられる．そこで，図 6.14 のように，無限長ソレノイドの断面図を用いる．まず，無限長ソレノイドの外部のみに存在する長方形の周回経路 ABCD に対して，アンペールの法則を適用する．周回経路 ABCD を貫く電流は存在しないから，次のようになる．

$$\oint \boldsymbol{H}\cdot \mathrm{d}\boldsymbol{l} = 0 \tag{6.52}$$

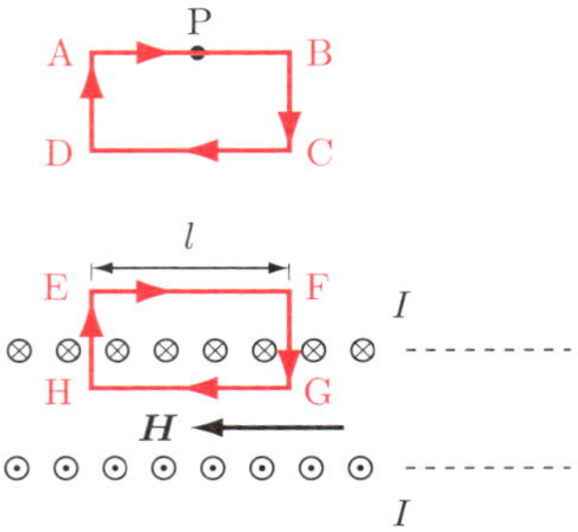

図 6.14　無限長ソレノイド（断面図）

無限長ソレノイドから十分離れた点 P では，$\boldsymbol{H} = 0\,\mathrm{A\,m^{-1}}$ であると考えられる．したがって，点 P が存在する経路 AB において $\boldsymbol{H} = 0\,\mathrm{A\,m^{-1}}$ である．経路 BC，DA は，無限長ソレノイドの中心線に垂直だから，経路 BC，DA において，内積 $\boldsymbol{H} \cdot \mathrm{d}\boldsymbol{l}$ は 0 となる．したがって，式 (6.52) から，経路 CD においても，$\boldsymbol{H} = 0\,\mathrm{A\,m^{-1}}$ という結論が導かれる．つまり，無限長ソレノイド外部では，$\boldsymbol{H} = 0\,\mathrm{A\,m^{-1}}$ である．

次に，長方形の周回経路 EFGH にアンペールの法則を適用する．単位長さあたりの巻き数が $n\,(\mathrm{m^{-1}})$ だから，経路 EF，GH の長さをそれぞれ $l\,(\mathrm{m})$ とすると，周回経路 EFGH を貫く導線の本数は nl となる．したがって，周回経路 EFGH を貫く電流は $nlI\,(\mathrm{A})$ となる．この結果，周回経路 EFGH に対するアンペールの法則は，次のように表される．

$$\oint \boldsymbol{H} \cdot \mathrm{d}\boldsymbol{l} = lH_0 = nlI \tag{6.53}$$

ここで，無限長ソレノイド内部の静磁界 $\boldsymbol{H}_0\,(\mathrm{A\,m^{-1}})$ の大きさを $H_0\,(\mathrm{A\,m^{-1}})$ とした．式 (6.53) から，$H_0\,(\mathrm{A\,m^{-1}})$ は次のようになる．

$$H_0 = nI \tag{6.54}$$

磁性体における磁化 $\boldsymbol{M}\,(\mathrm{A\,m^{-1}})$ と反磁化磁界 $\boldsymbol{H}_1\,(\mathrm{A\,m^{-1}})$ との関係は，反磁化因子 N を用いて，次のように表される．

$$\boldsymbol{H}_1 = -N\boldsymbol{M} \tag{6.55}$$

式 (6.55) から，磁性体内部の合成磁界 $\boldsymbol{H}\,(\mathrm{A\,m^{-1}})$ は次のようになる．

$$\boldsymbol{H} = \boldsymbol{H}_0 + \boldsymbol{H}_1 = \boldsymbol{H}_0 - N\boldsymbol{M} \tag{6.56}$$

さて，磁性体の磁化 $\boldsymbol{M}\,(\mathrm{A\,m^{-1}})$ は，磁性体の磁化率 χ_{m} と磁性体内部の合成磁界 $\boldsymbol{H}\,(\mathrm{A\,m^{-1}})$ を使って，次のように表される．

$$\boldsymbol{M} = \chi_{\mathrm{m}}\boldsymbol{H} = \chi_{\mathrm{m}}\,(\boldsymbol{H}_0 - N\boldsymbol{M}) \tag{6.57}$$

ここで，式 (6.56) を用いた．

式 (6.54)，(6.57) から，磁性体の磁化 $\boldsymbol{M}\,(\mathrm{A\,m^{-1}})$ の大きさ $M\,(\mathrm{A\,m^{-1}})$ は，次のように求められる．

$$M = \frac{\chi_{\mathrm{m}}}{1 + \chi_{\mathrm{m}}N}\,nI \tag{6.58}$$

復　習

- アンペールの法則：$\partial\boldsymbol{D}/\partial t = 0$ のときに成立

$$\oint \boldsymbol{H}\cdot\mathrm{d}\boldsymbol{l} = \iint \boldsymbol{i}\cdot\boldsymbol{n}\,\mathrm{d}S = I$$

- 磁化 $\boldsymbol{M}$ と全磁界 $\boldsymbol{H}$ との関係

$$\boldsymbol{M} = \chi_{\mathrm{m}}\boldsymbol{H}$$

磁化率 $\chi_{\mathrm{m}} > 0$:　常磁性体

磁化率 $\chi_{\mathrm{m}} < 0$:　反磁性体

問題 6.10　無限長ソレノイド内外のベクトルポテンシャル

半径 a (m) の無限長ソレノイド内外のベクトルポテンシャルを求めよ．ただし，単位長さあたりの巻き数を n (m^{-1})，無限長ソレノイドに流れている電流を I (A) とする．

意　義

磁束密度 $\boldsymbol{B}$ が存在しない空間にベクトルポテンシャル $\boldsymbol{A}$ が存在しうることを理解する．

ヒント

- ベクトルポテンシャル $\boldsymbol{A}$ にストークスの定理を適用する．
- $\boldsymbol{B} = \mathrm{rot}\boldsymbol{A}$ から考えて，$\boldsymbol{A}$ に対する周回経路を決める．

解　答

ベクトルポテンシャル $\boldsymbol{A}$ (T m) に対してストークスの定理を適用すると，次のようになる．

$$\oint \boldsymbol{A} \cdot \mathrm{d}\boldsymbol{l} = \iint \mathrm{rot}\, \boldsymbol{A} \cdot \boldsymbol{n}\, \mathrm{d}S = \iint \boldsymbol{B} \cdot \boldsymbol{n}\, \mathrm{d}S \tag{6.59}$$

ここで，$\boldsymbol{B} = \mathrm{rot}\, \boldsymbol{A}$ を用いた．

無限長ソレノイド内部では，磁束密度 $\boldsymbol{B}$ (T) は，ソレノイドの中心線に沿った方向を向いている．したがって，図 6.15 のように，この中心線上に中心をもち，中心線に沿った方向に法線ベクトルをもつ半径 r の円の円周を周回経路とする．

(a) $r > a$ の場合

式 (6.59)，(6.54) から，次のようになる．

$$2\pi r A = \pi a^2 B = \pi a^2 \mu_0 n I \tag{6.60}$$

この結果，ソレノイド外部のベクトルポテンシャル $\boldsymbol{A}$ (T m) の大きさ A (T m)

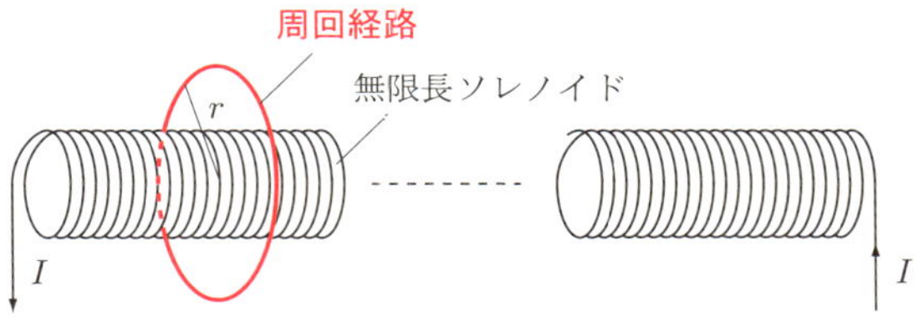

図 6.15 無限長ソレノイドと周回経路

は，次のようになる．

$$A = \frac{\mu_0 n I a^2}{2} \cdot \frac{1}{r} \tag{6.61}$$

(b) $0 < r \leq a$ の場合

式 (6.59)，(6.54) から，次のようになる．

$$2\pi r A = \pi r^2 B = \pi r^2 \mu_0 n I \tag{6.62}$$

この結果，ソレノイド内部のベクトルポテンシャル $\boldsymbol{A}$ (T m) の大きさ A (T m) は，次のようになる．

$$A = \frac{\mu_0 n I}{2} r \tag{6.63}$$

式 (6.61)，(6.63) から，ベクトルポテンシャル $\boldsymbol{A}$ の大きさ A と周回経路の半径 r の関係は，図 6.16 のようになる．

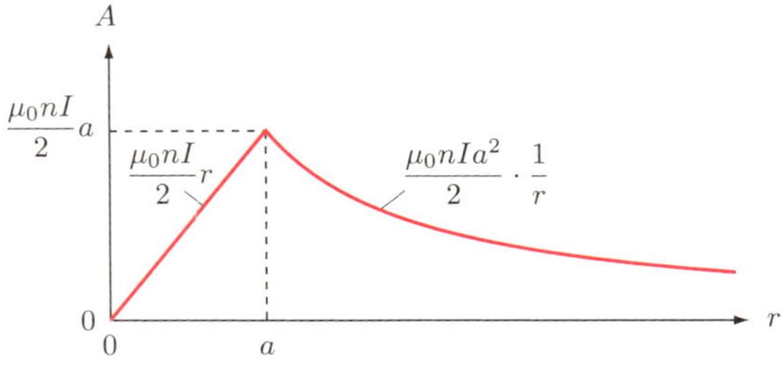

図 6.16 無限長ソレノイドを流れる電流により生じるベクトルポテンシャル

第 7 章

電磁誘導

7.1 ファラデーの誘導法則とレンツの法則
7.2 導体の運動による起電力
7.3 慣性系から観測した磁束密度と電界

問題 7.1 磁界中を平行に移動する導線
問題 7.2 磁界中で回転するコイル
問題 7.3 円形コイルに発生する起電力
問題 7.4 磁界中に置かれたコの字型レール上を移動する導線
問題 7.5 磁界中を平行に移動するコイル
問題 7.6 単極誘導
問題 7.7 運動している導体が感じる電界
問題 7.8 2 次コイルに接続された電気抵抗を流れる電荷
問題 7.9 ソレノイド内に挿入したコイルに流れる電荷
問題 7.10 金属円環の受ける力積

7.1 ファラデーの誘導法則とレンツの法則

閉じた回路の近くで，電流が流れている別の回路を動かしたり，磁石を動かしたりすると，閉じた回路に流れる電流が変化する．逆に，電流が流れている別の回路や磁石を固定して，閉じた回路を動かしても，同様なことが起こる．これらの現象は，1831 年にファラデー (M. Faraday, 1791–1867) によって発見され，**電磁誘導** (electromagnetic induction) とよばれている．これらの現象は，閉じた回路を貫く磁束が時間的に変化することに着目すると，統一的に説明することができる．

図 7.1 のコイルの近くに，他の導線を用意して電流を流すか，あるいは磁石を置いて磁界を発生させる．そして，次式によって与えられる磁束 $\varPhi$ (Wb) がこのコイルを貫くようにしておく．

$$\boldsymbol{\varPhi} = \iint \boldsymbol{B} \cdot \boldsymbol{n} \, \mathrm{d}S \tag{7.1}$$

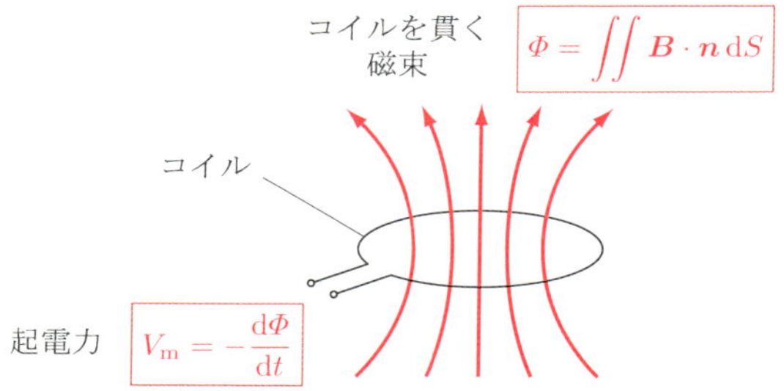

図 7.1　ファラデーの誘導法則

導線や磁石の位置を変化させたり，あるいは導線に流れる電流の大きさや向きを変えたりして，コイルを貫く磁束 $\varPhi$ (Wb) を時間的に変化させる．このとき，次のような**起電力** (electromotive force) V_m (V) が，コイルに発生する．

$$V_\mathrm{m} = -\frac{\mathrm{d}\varPhi}{\mathrm{d}t} \tag{7.2}$$

式 (7.2) は，ファラデーの誘導法則 (Faraday's law of induction) として知られている．式 (7.2) の右辺の負の符号は，コイルを貫く磁束 $\varPhi$ (Wb) の変化を打ち消すような起電力 V_m (V) が発生することを意味している．つまり，コイ

ルを貫く磁束 $\varPhi$ (Wb) が時間とともに増加すれば，コイルを貫く磁束 $\varPhi$ (Wb) を減少させる向きに電流を流すような起電力 V_{m} (V) が発生する．逆に，コイルを貫く磁束 $\varPhi$ (Wb) が時間とともに減少すれば，コイルを貫く磁束 $\varPhi$ (Wb) を増加させる向きに電流を流すような起電力 V_{m} (V) が発生する．この法則は，レンツ (H. F. E. Lenz, 1804–1865) が 1834 年に発見し，**レンツの法則** (Lenz's law) とよばれている．

7.2 導体の運動による起電力

磁束 $\varPhi$ (Wb) を観測する座標系が移動する場合，式 (7.2) における時間 t (s) についての導関数は，位置 $\boldsymbol{r} = (x, y, z)$ の時間変化も含めて，次のように表される．

$$\begin{aligned}\frac{\mathrm{d}\varPhi}{\mathrm{d}t} &= \frac{\partial \varPhi}{\partial t} + \frac{\partial x}{\partial t}\frac{\partial \varPhi}{\partial x} + \frac{\partial y}{\partial t}\frac{\partial \varPhi}{\partial y} + \frac{\partial z}{\partial t}\frac{\partial \varPhi}{\partial z} \\ &= \frac{\partial \varPhi}{\partial t} + \boldsymbol{v}\cdot\nabla\varPhi \end{aligned} \tag{7.3}$$

式 (7.3) において，

$$\boldsymbol{v} = \left(\frac{\partial x}{\partial t}\hat{\boldsymbol{x}} + \frac{\partial y}{\partial t}\hat{\boldsymbol{y}} + \frac{\partial z}{\partial t}\hat{\boldsymbol{z}}\right) \tag{7.4}$$

$$\nabla\varPhi = \left(\frac{\partial \varPhi}{\partial x}\hat{\boldsymbol{x}} + \frac{\partial \varPhi}{\partial y}\hat{\boldsymbol{y}} + \frac{\partial \varPhi}{\partial z}\hat{\boldsymbol{z}}\right) \tag{7.5}$$

であり，$\boldsymbol{v}$ ($\mathrm{m\,s^{-1}}$) は観測する座標系の移動速度を表す．

ローレンツ力を考慮すると，磁束密度 $\boldsymbol{B}$ (T) が存在する空間において導体が速度 $\boldsymbol{v}$ ($\mathrm{m\,s^{-1}}$) で運動している場合，導体は誘導電界 $\boldsymbol{v}\times\boldsymbol{B}$ ($\mathrm{V\,m^{-1}}$) を感じている．したがって，誘導電界 $\boldsymbol{v}\times\boldsymbol{B}$ ($\mathrm{V\,m^{-1}}$) は，導体に発生する起電力 V_{m} (V) に寄与する．この結果，速度 $\boldsymbol{v}$ ($\mathrm{m\,s^{-1}}$) で運動している導体が感じる電界 $\boldsymbol{E}'$ ($\mathrm{V\,m^{-1}}$) は，次のように表される．

$$\boldsymbol{E}' = -\nabla\phi - \frac{\partial \boldsymbol{A}}{\partial t} + \boldsymbol{v}\times\boldsymbol{B} \tag{7.6}$$

ここで，ϕ (V) はスカラーポテンシャルである．

導体が等速度直線運動あるいは等速円運動をしている場合，式 (7.6) の右辺第 3 項の誘導電界によって，式 (7.3) の右辺第 2 項による起電力が発生する．

7.3 慣性系から観測した磁束密度と電界

慣性系から観測した磁束密度 $\boldsymbol{B}$ (T) と電界 $\boldsymbol{E}$ ($\mathrm{V\,m^{-1}}$) の間には，次の関係が成り立つ．

$$\mathrm{rot}\,\boldsymbol{E} = \nabla \times \boldsymbol{E} = -\frac{\partial \boldsymbol{B}}{\partial t} \tag{7.7}$$

式 (7.7) は，マクスウェル方程式の一つであり，ファラデーの誘導法則を表している．

問題 7.1 磁界中を平行に移動する導線

図 7.2 のような長さ a (m) の直線状導線が，磁界中で xy 面に平行に置かれている．この直線状導線が x 軸の正の方向に速度 $\boldsymbol{v}$ (m s^{-1}) で移動するとき，端子 AB 間に発生する起電力 V_m (V) を求めよ．ただし，磁束密度 $\boldsymbol{B}$ (T) は z 軸の正の方向を向いており，一様であるとする．

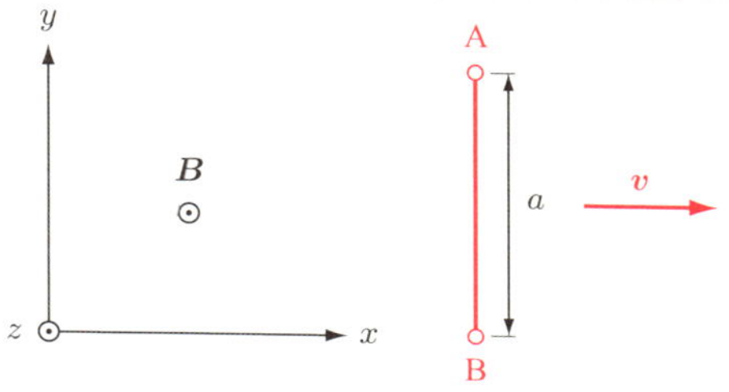

図 7.2 磁界中を平行に移動する直線状導線

意　義

コイルを貫く磁束が存在しない場合の起電力について理解する．

ヒント

- ローレンツ力による誘導電界を考える．

解　答

磁束が貫く閉回路は存在しないから，$\partial\Phi/\partial t = 0$ である．一方，$\boldsymbol{v} \perp \boldsymbol{B}$ である．また，$\boldsymbol{v} \times \boldsymbol{B}$ (V m^{-1}) は y 軸の負の方向を向いている．したがって，起電力 V_m (V) は，y 軸の負の方向に電流を流すような向きに発生し，端子 AB 間に発生する起電力の大きさ V_m (V) は，次のようになる．

$$V_\mathrm{m} = \int (\boldsymbol{v} \times \boldsymbol{B}) \cdot \mathrm{d}\boldsymbol{r} = \int_0^a vB\,\mathrm{d}y = Bav \tag{7.8}$$

問題 7.2　磁界中で回転するコイル

図 7.3(a) のような各辺の長さ $a\,(\mathrm{m})$, $b\,(\mathrm{m})$ の長方形コイルが，磁界中に置かれている．この長方形コイルが，辺 BC と辺 DA の中点を結ぶ線を軸として角周波数 $\omega\,(\mathrm{rad\,s^{-1}})$ で回転し，辺 BC の側から見ると，図 7.3(b) のようになっている．このとき，この長方形コイルに発生する起電力を計算せよ．ただし，磁束密度 $\boldsymbol{B}\,(\mathrm{T})$ は一様であるとする．

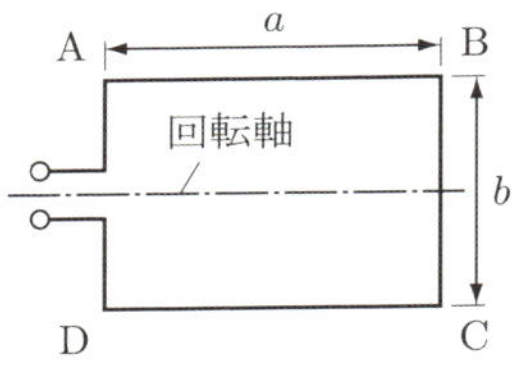

(a) 正面図

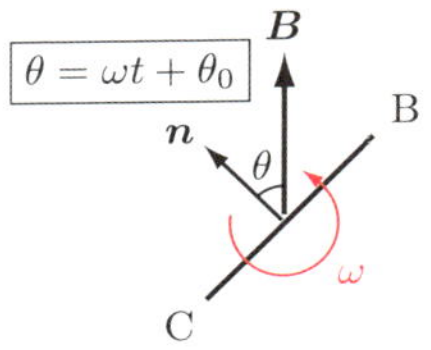

(b) 側面図（回転時）

図 7.3　磁界中で回転するコイル

意　　義

発電機の動作原理を理解する．

ヒ ン ト

- コイルを貫く磁束を時間について微分する．
- ローレンツ力による誘導電界を考える．

解　　答

まず，コイルを貫く磁束に着目して起電力を求める．時刻 $t = 0\,\mathrm{s}$ において，長方形コイルの単位法線ベクトル $\boldsymbol{n}$ と磁束密度 $\boldsymbol{B}\,(\mathrm{T})$ の間の角度 $\theta\,(\mathrm{rad})$ を $\theta_0\,(\mathrm{rad})$ とおくと，時刻 $t \neq 0\,\mathrm{s}$ において $\theta = \omega t + \theta_0\,(\mathrm{rad})$ となる．したがって，時刻 $t \neq 0\,\mathrm{s}$ において，磁束 $\Phi\,(\mathrm{Wb})$ は次のように表される．

$$\Phi = \iint \boldsymbol{B} \cdot \boldsymbol{n}\,\mathrm{d}S = Bab\cos(\omega t + \theta_0) \tag{7.9}$$

式 (7.9) を式 (7.2) に代入すると，起電力 V_{m} (V) は次のように求められる．

$$V_{\mathrm{m}} = -\frac{\mathrm{d}\Phi}{\mathrm{d}t} = \omega Bab \sin(\omega t + \theta_0) \tag{7.10}$$

次に，ローレンツ力による誘導電界から起電力を求める．誘導電界 $\boldsymbol{v} \times \boldsymbol{B}$ ($\mathrm{V\,m^{-1}}$) は，辺 AB では $\overrightarrow{\mathrm{BA}}$ の方向を向き，辺 CD では $\overrightarrow{\mathrm{DC}}$ の方向を向いている．また，辺 BC，辺 DA には誘導電界は生じない．回転半径が $b/2$ (m) だから，辺 AB と辺 CD の速度 $\boldsymbol{v}$ ($\mathrm{m\,s^{-1}}$) の大きさ v ($\mathrm{m\,s^{-1}}$) は，次のようになる．

$$v = \frac{b}{2}\omega \tag{7.11}$$

式 (7.11) から，誘導電界 $\boldsymbol{v} \times \boldsymbol{B}$ ($\mathrm{V\,m^{-1}}$) の大きさ $vB\sin\theta$ ($\mathrm{V\,m^{-1}}$) は，次のように表される．

$$vB\sin\theta = \frac{\omega Bb}{2}\sin\theta = \frac{\omega Bb}{2}\sin(\omega t + \theta_0) \tag{7.12}$$

式 (7.12) から，起電力の大きさ $|V_{\mathrm{m}}|$ (V) は，次のように求められる．

$$|V_{\mathrm{m}}| = \oint (\boldsymbol{v} \times \boldsymbol{B}) \cdot \mathrm{d}\boldsymbol{l} = \frac{\omega Bb}{2}\sin(\omega t + \theta_0) \times 2a = \omega Bab \sin(\omega t + \theta_0) \tag{7.13}$$

起電力の発生する向きは，点 D から点 A に向かって反時計回りに電流が流れる方向である．

問題 7.3　円形コイルに発生する起電力

図 7.4(a) のような半径 a (m)，巻数 N の円形コイルが，磁界中に置かれている．円形コイルが，磁界に対して垂直な軸を回転軸として角周波数 ω (rad s^{-1}) で回転するとき，円形コイルに発生する起電力を求めよ．ただし，磁界 $\boldsymbol{H}$ (A m^{-1}) は一様であるとする．

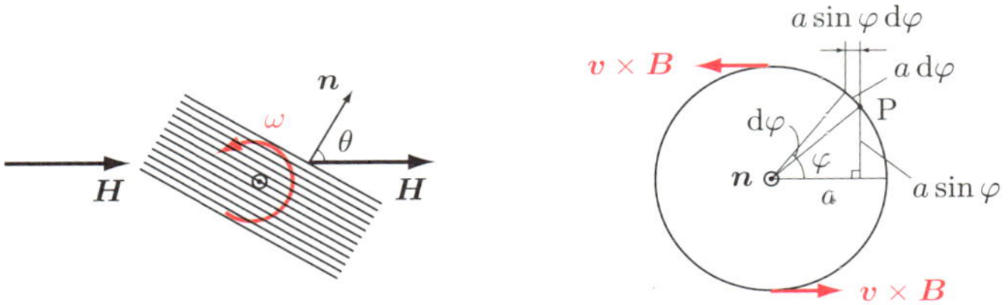

(a) 側面図　　(b) 法線方向から見たコイル

図 7.4　磁界中で回転する円形コイル

意　義

コイルを貫く磁束に着目すれば，電磁誘導による起電力は，コイルの形状に関係なく求められることを理解する．

ヒント

- コイルを貫く磁束を時間について微分する．
- ローレンツ力による誘導電界を考える．

解　答

まず，コイルを貫く磁束に着目して起電力を求める．コイルの面積は $S = \pi a^2$ (m^2) である．時刻 $t = 0$ s において，円形コイルの単位法線ベクトル $\boldsymbol{n}$ と磁界 $\boldsymbol{H}$ (A m^{-1}) の間の角度 θ (rad) を θ_0 (rad) とおくと，時刻 $t \neq 0$ s において $\theta = \omega t + \theta_0$ (rad) となる．したがって，時刻 $t \neq 0$ s において，磁束 Φ (Wb) は，次のように表される．

$$\Phi = \iint \boldsymbol{B} \cdot \boldsymbol{n} \, \mathrm{d}S = N\mu_0 HS \cos\theta = \pi a^2 N\mu_0 H \cos(\omega t + \theta_0) \tag{7.14}$$

ここで，$\boldsymbol{B}$ (T) は磁束密度，μ_0 ($\mathrm{H\,m^{-1}}$) は真空の透磁率である．式 (7.14) を式 (7.2) に代入すると，起電力 V_m (V) は次のように求められる．

$$V_\mathrm{m} = -\frac{\mathrm{d}\Phi}{\mathrm{d}t} = \pi a^2 N\mu_0 H\omega \sin(\omega t + \theta_0) \tag{7.15}$$

次に，ローレンツ力による誘導電界から起電力を求める．単位法線ベクトル $\boldsymbol{n}$ の終点から始点に向かって一つの円形コイルを眺め，図 7.4(b) のように角度 φ (rad) を決める．このとき，点 P における回転半径は $a\sin\varphi$ (m) となる．したがって，点 P における速度 $\boldsymbol{v}$ ($\mathrm{m\,s^{-1}}$) の大きさ v ($\mathrm{m\,s^{-1}}$) は，次のようになる．

$$v = \omega a \sin\varphi \tag{7.16}$$

式 (7.16) を用いると，点 P における誘導電界 $\boldsymbol{v} \times \boldsymbol{B}$ ($\mathrm{V\,m^{-1}}$) の大きさ $vB\sin\theta$ ($\mathrm{V\,m^{-1}}$) は次のように表される．

$$vB\sin\theta = \omega a\mu_0 H \sin\varphi \sin\theta = \omega a\mu_0 H \sin\varphi \sin(\omega t + \theta_0) \tag{7.17}$$

式 (7.17) から，起電力の大きさ $|V_\mathrm{m}|$ は，次のように求められる．

$$\begin{aligned} |V_\mathrm{m}| &= \oint (\boldsymbol{v} \times \boldsymbol{B}) \cdot \mathrm{d}\boldsymbol{l} = N \int_0^{2\pi} \mathrm{d}\varphi \, a\sin\varphi \times \omega a\mu_0 H \sin\varphi \sin(\omega t + \theta_0) \\ &= \pi a^2 N\mu_0 H\omega \sin(\omega t + \theta_0) \end{aligned} \tag{7.18}$$

ここで，微小経路 $\mathrm{d}\boldsymbol{l}$ (m) の長さが $a\,\mathrm{d}\varphi$ (m) であることと，$\mathrm{d}\boldsymbol{l}$ (m) の $\boldsymbol{v} \times \boldsymbol{B}$ 方向への射影成分が $a\sin\varphi\,\mathrm{d}\varphi$ (m) であることを用いた．起電力の発生する向きは，図 7.4(b) において反時計回りに電流が流れる方向である．

この問題では，コイルを貫く磁束を用いた計算のほうが，ローレンツ力による誘導電界を用いた計算よりもはるかに簡単である．

問題 7.4　磁界中に置かれたコの字型レール上を移動する導線

図 7.5 のようなコの字型の導体レールが，磁界中で xy 面上に置かれている．なお，2 本の導体レールは x 軸と平行であり，レールの一部は y 軸上に存在する．長さ $a\,(\mathrm{m})$ の直線状導線が導体レールに接した状態で x 軸の正の方向に速度 $\boldsymbol{v}\,(\mathrm{m\,s^{-1}})$ で移動するとき，発生する起電力 $V_{\mathrm{m}}\,(\mathrm{V})$ を求めよ．ただし，磁束密度 $\boldsymbol{B}\,(\mathrm{T})$ は z 軸の正の方向を向いており，一様であるとする．

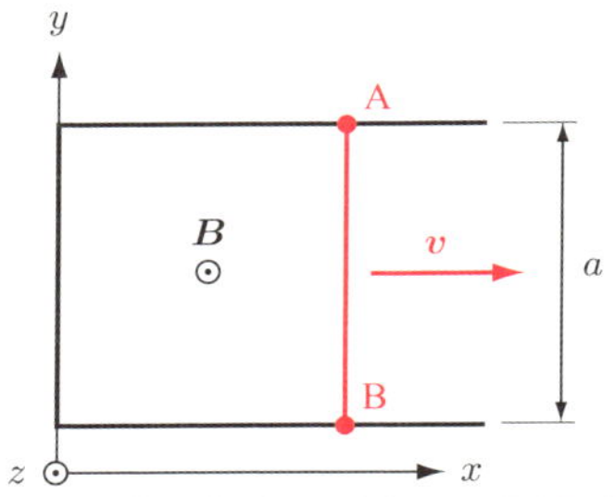

図 7.5　磁界中に置かれたコの字型のレール上を移動する直線状導線

意　　義

コイルを貫く磁束と，ローレンツ力による誘導電界という二つの視点から起電力を理解する．

ヒ ン ト

- コイルを貫く磁束を時間について微分する．
- ローレンツ力による誘導電界を考える．

解　　答

まず，コイルを貫く磁束に着目して起電力を求める．導線 AB の x 座標を x とすると，コイルの面積は $S = ax\,(\mathrm{m^2})$ である．時刻 $t = 0\,\mathrm{s}$ において $x = x_0\,(\mathrm{m})$ とおくと，時刻 $t \neq 0\,\mathrm{s}$ において $S = ax = a\,(x_0 + vt)\,(\mathrm{m^2})$ とな

る．したがって，時刻 $t \neq 0\,\mathrm{s}$ において，磁束 $\varPhi\,(\mathrm{Wb})$ は次のように表される．

$$\varPhi = \iint \boldsymbol{B} \cdot \boldsymbol{n}\,\mathrm{d}S = BS = Bax = Ba\,(x_0 + vt) \tag{7.19}$$

式 (7.19) を式 (7.2) に代入すると，起電力 $V_\mathrm{m}\,(\mathrm{V})$ は次のように求められる．

$$V_\mathrm{m} = -\frac{\mathrm{d}\varPhi}{\mathrm{d}t} = -Bav \tag{7.20}$$

式 (7.20) は，磁束 $\varPhi\,(\mathrm{Wb})$ の増加を打ち消すように，時計回りに電流が流れるような起電力が発生することを示している．

次に，ローレンツ力による誘導電界から起電力を求める．図 7.5 からわかるように，$\boldsymbol{v} \perp \boldsymbol{B}$ である．また，$\boldsymbol{v} \times \boldsymbol{B}\,(\mathrm{V\,m^{-1}})$ は，y 軸の負の方向を向いている．したがって，起電力 $V_\mathrm{m}\,(\mathrm{V})$ は，端子 AB 間において y 軸の負の方向に電流を流すような向きに発生する．コの字型レールも含めた閉回路では，磁束 $\boldsymbol{\varPhi}\,(\mathrm{Wb})$ の増加を打ち消すように，時計回りに電流が流れるような起電力が発生し，起電力の大きさ $|V_\mathrm{m}|\,(\mathrm{V})$ は，次のようになる．

$$|V_\mathrm{m}| = \int (\boldsymbol{v} \times \boldsymbol{B}) \cdot \mathrm{d}\boldsymbol{r} = \int_0^a vB\,\mathrm{d}y = Bav \tag{7.21}$$

問題 7.5　磁界中を平行に移動するコイル

(a) 図 7.6 のような各辺の長さ a (m)，b (m) の長方形コイルが，磁界中で xy 面に平行に置かれている．この長方形コイルが x 軸の正の方向に速度 $\boldsymbol{v}$ ($\mathrm{m\,s^{-1}}$) で移動するとき，端子 AB 間に発生する起電力 V_m (V) を求めよ．ただし，磁束密度 $\boldsymbol{B}$ (T) は z 軸の正の方向を向いており，一様であるとする．

(b) 図 7.6 において，磁束密度 $\boldsymbol{B}$ (T) が一様ではなく，次式で与えられるとき，端子 AB 間に発生する起電力 V_m (V) を求めよ．

$$\boldsymbol{B} = (B_0 + cx)\,\hat{\boldsymbol{z}} \tag{7.22}$$

ここで，B_0 と c は正の定数である．

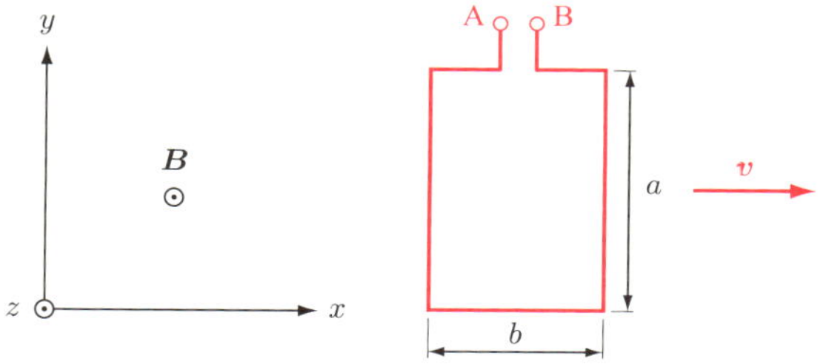

図 7.6　磁界中を平行に移動するコイル

意　義

コイルを貫く磁束の変化の有無に対して理解を深める．

ヒント

- コイルを貫く磁束の時間依存性に着目する．
- ローレンツ力による誘導電界の向きに着目する．

解　答

(a) コイルを貫く磁束は，つねに一定である．したがって，$\partial\Phi/\partial t = 0$ である．一方，$\boldsymbol{v} \perp \boldsymbol{B}$ である．また，$\boldsymbol{v} \times \boldsymbol{B}\,(\mathrm{V\,m^{-1}})$ は，y 軸の負の方向を向いている．コイルに沿った時計回りの周回経路を選び，点 B から点 A まで周回積分すると，起電力 $V_{\mathrm{m}}\,(\mathrm{V})$ は次のようになる．

$$V_{\mathrm{m}} = \oint (\boldsymbol{v} \times \boldsymbol{B}) \cdot \mathrm{d}\boldsymbol{r} = \int_a^0 vB\,\mathrm{d}y + \int_0^a vB\,\mathrm{d}y = 0 \tag{7.23}$$

つまり，長方形コイルの y 軸に平行な 2 辺に生じる起電力が打ち消し合って，端子 AB 間に起電力は発生しない．

(b) コイルの中心の x 座標を x とする．

まず，コイルを貫く磁束に着目して起電力を求める．時刻 $t = 0\,\mathrm{s}$ において $x = x_0\,(\mathrm{m})$ とおくと，時刻 $t \neq 0\,\mathrm{s}$ において $x = x_0 + vt\,(\mathrm{m})$ となる．したがって，時刻 $t \neq 0\,\mathrm{s}$ において，磁束 $\Phi\,(\mathrm{Wb})$ は次のように表される．

$$\Phi = \iint \boldsymbol{B} \cdot \boldsymbol{n}\,\mathrm{d}S = \int_{x-b/2}^{x+b/2} (B_0 + cx)\,a\,\mathrm{d}x = (B_0 + cx)\,ab \tag{7.24}$$

式 (7.24) を式 (7.2) に代入すると，起電力 $V_{\mathrm{m}}\,(\mathrm{V})$ は次のように求められる．

$$V_{\mathrm{m}} = -\frac{\mathrm{d}\Phi}{\mathrm{d}t} = -abc\frac{\mathrm{d}x}{\mathrm{d}t} = -abcv \tag{7.25}$$

次に，ローレンツ力による誘導電界から起電力を求める．図 7.6 からわかるように，$\boldsymbol{v} \perp \boldsymbol{B}$ である．また，$\boldsymbol{v} \times \boldsymbol{B}\,(\mathrm{V\,m^{-1}})$ は，y 軸の負の方向を向いている．したがって，起電力 $V_{\mathrm{m}}\,(\mathrm{V})$ は，y 軸の負の方向に電流を流すような向きに発生する．また，コイルの右端の起電力の絶対値が左端の起電力の絶対値よりも大きいので，端子 B から端子 A に向かって時計回りに電流が流れる向きに起電力が発生する．したがって，端子 AB 間に発生する起電力の大きさ $|V_{\mathrm{m}}|$ は，次のようになる．

$$\begin{aligned}|V_{\mathrm{m}}| &= \int (\boldsymbol{v} \times \boldsymbol{B}) \cdot \mathrm{d}\boldsymbol{r} = av\left[B_0 + c\left(x + \frac{b}{2}\right)\right] - av\left[B_0 + c\left(x - \frac{b}{2}\right)\right] \\ &= abcv\end{aligned} \tag{7.26}$$

問題 7.6　単極誘導

図 7.7 のような z 軸上に中心をもつ内半径 $a\,(\mathrm{m})$，外半径 $b\,(\mathrm{m})$ の中空導体円板が，磁界中で xy 面に平行に置かれている．この中空導体円板が，z 軸を中心にして xy 面上で角周波数 $\omega\,(\mathrm{rad\,s^{-1}})$ で反時計回りに回転するとき，この中空導体円板の内側と外側にそれぞれ接触している端子 A と端子 B の間に発生する起電力を計算せよ．ただし，磁束密度 $\boldsymbol{B}\,(\mathrm{T})$ は z 軸の正の方向を向いており，一様であるとする．

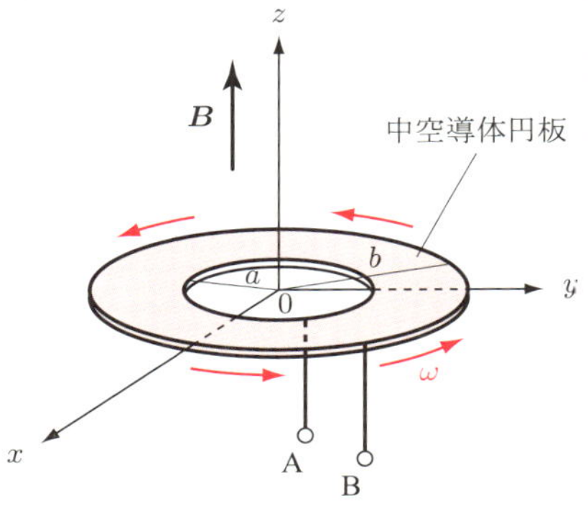

図 7.7　一様な磁界中で回転する導体板

意　義

誘導電界による起電力について理解を深める．

ヒント

- 誘導電界を考える．

解　答

中空導体円板を貫く磁束は一定だから，$\partial\Phi/\partial t = 0$ である．一方，中空導体円板上において，z 軸から距離 $r\,(\mathrm{m})$ だけ離れた点において，回転速度 $\boldsymbol{v}\,(\mathrm{m\,s^{-1}})$ の大きさは $r\omega\,(\mathrm{m\,s^{-1}})$ であり，$\boldsymbol{v} \perp \boldsymbol{B}$ である．また，$\boldsymbol{v} \times \boldsymbol{B}\,(\mathrm{V\,m^{-1}})$ は，xy

面上において，中空導体円板の中心から一様に放射状に広がる．したがって，端子 A から端子 B に向かって導体中に電流を流すような起電力が発生し，端子 AB 間の起電力の大きさ $V_{\rm m}$ (V) は次のようになる．

$$V_{\rm m} = \int (\boldsymbol{v} \times \boldsymbol{B}) \cdot {\rm d}\boldsymbol{r} = \int_a^b r\omega B \, {\rm d}r = \frac{1}{2}\left(b^2 - a^2\right)\omega B \tag{7.27}$$

なお，導線を導体磁石に接触した状態で，この導体磁石だけを回転しても，接触端子間に起電力が発生する．この電磁誘導は，1832 年にファラデーによって発見され，**単極誘導** (unipolar induction) とよばれている．

復　習

起電力 $V_{\rm m}$

$$\begin{aligned} V_{\rm m} &= -\frac{{\rm d}\Phi}{{\rm d}t} \\ &= -\left(\frac{\partial \Phi}{\partial t} + \frac{\partial x}{\partial t}\frac{\partial \Phi}{\partial x} + \frac{\partial y}{\partial t}\frac{\partial \Phi}{\partial y} + \frac{\partial z}{\partial t}\frac{\partial \Phi}{\partial z}\right) \\ &= -\frac{\partial \Phi}{\partial t} - \boldsymbol{v} \cdot \nabla \Phi \\ &= \iint \left[-\frac{\partial \boldsymbol{B}}{\partial t} + {\rm rot}\,(\boldsymbol{v} \times \boldsymbol{B})\right] \cdot \boldsymbol{n}\,{\rm d}S \\ &= \iint {\rm rot}\left(-\frac{\partial \boldsymbol{A}}{\partial t} + \boldsymbol{v} \times \boldsymbol{B}\right) \cdot \boldsymbol{n}\,{\rm d}S \end{aligned}$$

ここで，$\boldsymbol{v}$ は導体の移動速度である．

問題 7.7 運動している導体が感じる電界

式 (7.6) を導け.

意 義

誘導電界を自分で導く.

ヒント

- ベクトル解析の性質を用いる.
- ストークスの定理を用いる.

解 答

式 (7.2) に式 (7.3) を代入すると，次のようになる.

$$V_{\mathrm{m}} = -\iint \left[\frac{\partial \boldsymbol{B}}{\partial t} + (\boldsymbol{v}\cdot\nabla)\boldsymbol{B}\right]\cdot\boldsymbol{n}\,\mathrm{d}S \tag{7.28}$$

導体が，等速度直線運動している場合，あるいは $\boldsymbol{B} = (0, 0, B)$ に対して z 軸を中心軸として等速円運動している場合，次式が成り立つ.

$$(\boldsymbol{v}\cdot\nabla)\boldsymbol{B} = -\nabla\times(\boldsymbol{v}\times\boldsymbol{B}) + \boldsymbol{v}(\nabla\cdot\boldsymbol{B}) = -\nabla\times(\boldsymbol{v}\times\boldsymbol{B}) = -\mathrm{rot}\,(\boldsymbol{v}\times\boldsymbol{B}) \tag{7.29}$$

ただし，磁束密度 $\boldsymbol{B}$ に対して，$\nabla\cdot\boldsymbol{B} = \mathrm{div}\,\boldsymbol{B} = 0$ を用いた.

式 (7.29) を式 (7.28) に代入すると，次の結果が得られる.

$$\begin{aligned} V_{\mathrm{m}} &= \iint \left[-\frac{\partial \boldsymbol{B}}{\partial t} + \mathrm{rot}\,(\boldsymbol{v}\times\boldsymbol{B})\right]\cdot\boldsymbol{n}\,\mathrm{d}S \\ &= \iint \mathrm{rot}\left(-\frac{\partial \boldsymbol{A}}{\partial t} + \boldsymbol{v}\times\boldsymbol{B}\right)\cdot\boldsymbol{n}\,\mathrm{d}S \end{aligned} \tag{7.30}$$

ただし，2 行目の等号において $\boldsymbol{B} = \mathrm{rot}\,\boldsymbol{A}$ を用いた.

式 (7.2) の起電力 V_{m} は，コイルに沿った電界 $\boldsymbol{E}'$ の周回積分によって与えられる．ストークスの定理を用いると，起電力 V_{m} は次のように表される.

$$V_{\mathrm{m}} = \oint \boldsymbol{E}'\cdot\mathrm{d}\boldsymbol{l} = \iint \mathrm{rot}\,\boldsymbol{E}'\cdot\boldsymbol{n}\,\mathrm{d}S \tag{7.31}$$

ここで，電界 $\boldsymbol{E}'$ は，速度 $\boldsymbol{v}$ で運動している導体が感じる電界である．

式 (7.30)，(7.31) を比較すると，次式が得られる．

$$\mathrm{rot}\ \boldsymbol{E}' = -\frac{\partial \boldsymbol{B}}{\partial t} + \mathrm{rot}\,(\boldsymbol{v} \times \boldsymbol{B}) = \mathrm{rot}\left(-\frac{\partial \boldsymbol{A}}{\partial t} + \boldsymbol{v} \times \boldsymbol{B}\right) \tag{7.32}$$

したがって，速度 $\boldsymbol{v}$ で運動している導体が感じる電界 $\boldsymbol{E}'$ は，次のように表すことができる．

$$\boldsymbol{E}' = -\nabla\phi - \frac{\partial \boldsymbol{A}}{\partial t} + \boldsymbol{v} \times \boldsymbol{B} \tag{7.33}$$

ここで，ϕ はスカラーポテンシャルであり，次のように $\mathrm{rot}\,(\nabla\phi) = 0$ となることを用いた．

$$\begin{aligned}
\mathrm{rot}\,(\nabla\phi) = \nabla \times \nabla\phi &= \begin{vmatrix} \hat{\boldsymbol{x}} & \hat{\boldsymbol{y}} & \hat{\boldsymbol{z}} \\ \frac{\partial}{\partial x} & \frac{\partial}{\partial y} & \frac{\partial}{\partial z} \\ \frac{\partial\phi}{\partial x} & \frac{\partial\phi}{\partial y} & \frac{\partial\phi}{\partial z} \end{vmatrix} \\
&= \hat{\boldsymbol{x}}\left(\frac{\partial^2\phi}{\partial y\partial z} - \frac{\partial^2\phi}{\partial z\partial y}\right) \\
&\qquad + \hat{\boldsymbol{y}}\left(\frac{\partial^2\phi}{\partial z\partial x} - \frac{\partial^2\phi}{\partial x\partial z}\right) \\
&\qquad\qquad + \hat{\boldsymbol{z}}\left(\frac{\partial^2\phi}{\partial x\partial y} - \frac{\partial^2\phi}{\partial y\partial x}\right) \\
&= 0
\end{aligned} \tag{7.34}$$

ただし，微分する順番を変えても演算結果が同じであることを利用した．

問題 7.8　2次コイルに接続された電気抵抗を流れる電荷

図 7.8 のように，相互インダクタンス L_{21} (H) の 2 次コイルに電気抵抗 R (Ω) が接続されている．1 次コイルに電流 I_1 (A) を流したとき，電気抵抗を流れる電荷を求めよ．

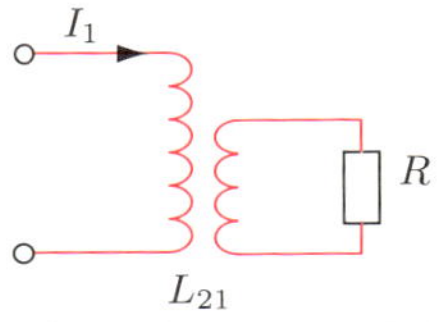

図 7.8　2 次コイルに電気抵抗が接続された閉回路

意　義

変圧器を設計するときの基礎を理解する．

ヒント

- 2 次コイルを貫く磁束を考える．
- ファラデーの誘導法則を用いて，2 次コイルを流れる電流を求める．

解　答

2 次コイルを貫く磁束 Φ_2 (Wb) は，相互インダクタンス L_{21} (H) と 1 次コイルを流れる電流 I_1 (A) を用いて，次のように表される．

$$\Phi_2 = L_{21} I_1 \tag{7.35}$$

2 次コイルを流れる電流 I_2 (A) は，電気抵抗 R (Ω) と式 (7.35) の磁束 Φ_2 (Wb) を用いて，次のように表される．

$$I_2 = \frac{1}{R}\left(-\frac{\mathrm{d}\Phi_2}{\mathrm{d}t}\right) = -\frac{1}{R}\frac{\mathrm{d}\Phi_2}{\mathrm{d}t} = -\frac{L_{21}}{R}\frac{\mathrm{d}I_1}{\mathrm{d}t} \tag{7.36}$$

電気抵抗 R (Ω) を流れる電荷 Q (C) は，式 (7.36) から次のように求められる．

$$Q = \left|\int I_2 \, \mathrm{d}t\right| = \left|\int -\frac{L_{21}}{R}\frac{\mathrm{d}I_1}{\mathrm{d}t}\,\mathrm{d}t\right| = \frac{L_{21} I_1}{R} \tag{7.37}$$

復 習

自己インダクタンス L_{ii} と相互インダクタンス L_{ij}

- 自己インダクタンス L_{ii}

$$\varPhi_{ii} \equiv L_{ii} I_i$$

- 相互インダクタンス L_{ij}

$$\varPhi_{ij} \equiv L_{ij} I_j$$

電流 I

時刻 $t = t_0$ において，ある空間に電荷 $Q = Q_0$ が蓄えられていたとする．そして，時刻 $t = t_0 + \Delta t > t_0$ $(\Delta t > 0)$ において，電荷が $Q = Q_0 + \Delta Q < Q_0$ $(\Delta Q < 0)$ になったとする．このとき，減った分の電荷は，外部に電流として流れたと解釈できる．この場合，電流 I は，次式によって与えられる．

$$I = -\frac{\Delta Q}{\Delta t} > 0$$

さらに，$\Delta t \to 0$ とすると，電流 I は，次のように表される．

$$I = \lim_{\Delta t \to 0} \left(-\frac{\Delta Q}{\Delta t} \right) = -\frac{\partial Q}{\partial t}$$

問題 7.9　ソレノイド内に挿入したコイルに流れる電荷

図 7.9 のように，断面積 $S_1\,(\mathrm{m^2})$，透磁率 $\mu\,(\mathrm{H\,m^{-1}})$ の細長い磁性体の棒に，断面積 $S_2\,(\mathrm{m^2})$，巻数 N のコイルが巻かれ，このコイルに内部電気抵抗 $R\,(\Omega)$ をもつ電流計が接続されている．これらを十分長いソレノイドの中に入れて，ソレノイドに電流 $I\,(\mathrm{A})$ を流し，電流の向きを反転する．このとき，電流計を流れる電荷を求めよ．ただし，ソレノイドの単位長さあたりの巻数は $n\,(\mathrm{m^{-1}})$ であり，磁性体の反磁化磁界は無視できるほど小さいとする．また，$S_2 > S_1$ である．

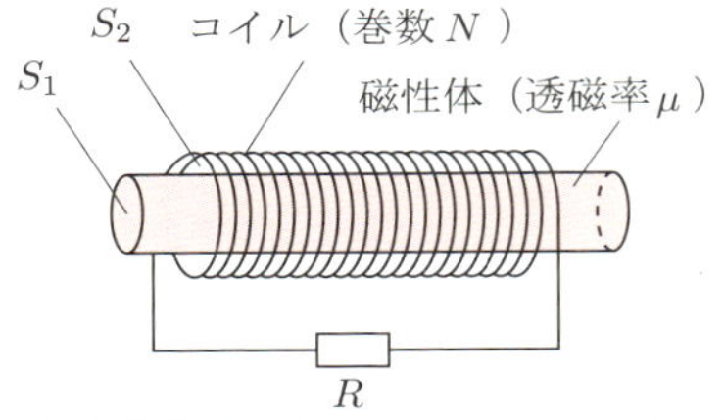

図 7.9　細長い磁性体の棒に巻かれたコイル

意　義

コイルを貫く磁束について理解できているかを確認する．

ヒント

- コイルを貫く磁束を考える．
- ファラデーの誘導法則を用いて，コイルを流れる電流を求める．

解　答

十分長いソレノイド内部の磁界の大きさを $H\,(\mathrm{A\,m^{-1}})$ とすると，問題 6.9 の式 (6.54) で求めたように，次のようになる．

$$H = nI \tag{7.38}$$

ソレノイド内部のコイルを貫く磁束 $\Phi_\mathrm{i}\,(\mathrm{Wb})$ は，式 (7.38) から次のように表される．

$$
\begin{aligned}
\Phi_{\mathrm{i}} &= \iint \boldsymbol{B} \cdot \boldsymbol{n}\, \mathrm{d}S = \left[\mu S_1 + \mu_0 \left(S_2 - S_1\right)\right] HN \\
&= \left[\mu S_1 + \mu_0 \left(S_2 - S_1\right)\right] nNI
\end{aligned}
\tag{7.39}
$$

ここで，$\mu_0\,(\mathrm{H\,m^{-1}})$ は真空の透磁率である．

電流計を流れる電流 $I_R\,(\mathrm{A})$ は，次のようになる．

$$
I_R = \frac{1}{R}\left(-\frac{\mathrm{d}\Phi_{\mathrm{i}}}{\mathrm{d}t}\right) = -\frac{1}{R}\frac{\mathrm{d}\Phi_{\mathrm{i}}}{\mathrm{d}t}
\tag{7.40}
$$

ソレノイド内部のコイルを貫く磁束が $\Phi_{\mathrm{i}}\,(\mathrm{Wb})$ から $-\Phi_{\mathrm{i}}\,(\mathrm{Wb})$ に反転する場合，ソレノイド内部のコイルを貫く磁束の変化量 $\Delta\Phi_{\mathrm{i}}\,(\mathrm{Wb})$ は $2\Phi_{\mathrm{i}}\,(\mathrm{Wb})$ である．したがって，式 (7.39)，(7.40) から，電気抵抗 $R\,(\Omega)$ を流れる電荷 $Q\,(\mathrm{C})$ は，次のように求められる．

$$
\begin{aligned}
Q &= \left|\int I_R\, \mathrm{d}t\right| = \left|\int -\frac{1}{R}\frac{\mathrm{d}\Phi_{\mathrm{i}}}{\mathrm{d}t}\,\mathrm{d}t\right| = \left|\int -\frac{1}{R}\,\mathrm{d}\Phi_{\mathrm{i}}\right| = \frac{\Delta\Phi_{\mathrm{i}}}{R} = \frac{2\Phi_{\mathrm{i}}}{R} \\
&= \frac{2}{R}\left[\mu S_1 + \mu_0 \left(S_2 - S_1\right)\right] nNI
\end{aligned}
\tag{7.41}
$$

問題 7.10　金属円環の受ける力積

半径 a (m)，1 周の電気抵抗 R (Ω) の金属円環の中心軸に沿って，金属円環の内側の空間に細長い棒磁石を挿入する．この棒磁石を金属円環の中心軸に沿って急に引き抜くとき，金属円環の受ける力積を求めよ．ただし，棒磁石の長さ方向の磁化を $\boldsymbol{M}$ (A m^{-1})，棒磁石の断面積を S (m^2) とする．

意　義

電磁誘導による起電力によって電流が流れる．この電流に働く力についても意識する．

ヒント

- 電磁誘導による起電力によって金属円環を流れる電流を求める．
- 極座標を用いる．

解　答

金属円環とその中心軸に沿って移動する細長い棒磁石を図 7.10 に示す．

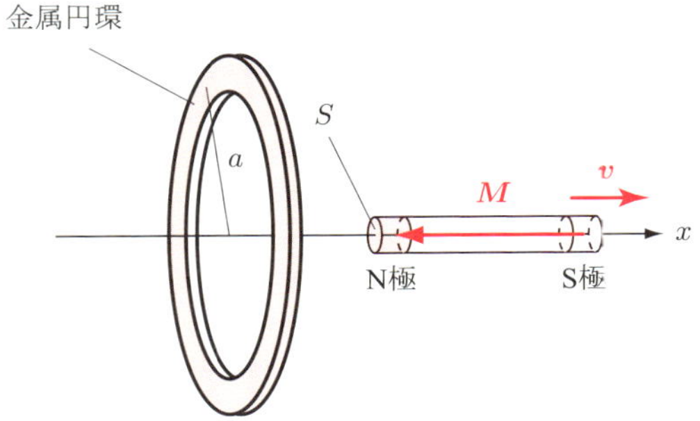

図 7.10　金属円環の中心軸に沿って移動する細長い棒磁石

時刻 t (s) において金属円環を貫いている磁束を Φ (Wb) とすると，金属円環を流れる電流の大きさ I (A) は，金属円環の 1 周の電気抵抗 R (Ω) を用いて，次のように表される．

$$I = \frac{1}{R}\left|-\frac{\mathrm{d}\Phi}{\mathrm{d}t}\right| \tag{7.42}$$

金属円環の中心を原点として，金属円環を含む平面内で極座標 (r, φ) を用いると，金属円環に作用する力 $F\,(\mathrm{N})$ は，式 (7.42) から次のように表される．

$$F = IB_r \times 2\pi a = \frac{2\pi a B_r}{R}\left|-\frac{\mathrm{d}\Phi}{\mathrm{d}t}\right| \tag{7.43}$$

ここで，$B_r\,(\mathrm{T})$ は磁束密度の r 成分である．

棒磁石の速さを $v\,(\mathrm{m\,s^{-1}})$ とすると，時間 $\Delta t\,(\mathrm{s})$ の間に金属円環から抜け出る磁束 $\Delta\Phi\,(\mathrm{Wb})$ は，次式によって与えられる．

$$\Delta\Phi = B_r \times 2\pi a v \Delta t \tag{7.44}$$

式 (7.44) から，$\mathrm{d}\Phi/\mathrm{d}t\,(\mathrm{Wb\,s^{-1}})$ は次のように求められる．

$$\frac{\mathrm{d}\Phi}{\mathrm{d}t} = \lim_{\Delta t \to 0}\frac{\Delta\Phi}{\Delta t} = 2\pi a B_r v \tag{7.45}$$

式 (7.45) を式 (7.43) に代入すると，金属円環に作用する力の大きさ $F\,(\mathrm{N})$ は，次のようになる．

$$F = \frac{2\pi a B_r}{R} \times 2\pi a B_r v = \frac{4\pi^2 a^2 {B_r}^2 v}{R} \tag{7.46}$$

式 (7.46) から，力積は次のようになる．

$$\begin{aligned}\int F\,\mathrm{d}t &= \int \frac{4\pi^2 a^2 {B_r}^2 v}{R}\,\mathrm{d}t = \frac{4\pi^2 a^2}{R}\int {B_r}^2 v\,\mathrm{d}t \\ &= \frac{4\pi^2 a^2}{R}\int {B_r}^2\,\mathrm{d}x \end{aligned} \tag{7.47}$$

ただし，金属円環の中心軸を x 軸とし，$v\,\mathrm{d}t = \mathrm{d}x\,(\mathrm{m})$ を用いた．

棒磁石の左右の磁極のうち左側の磁極をN極とし，N極の磁荷を $q_\mathrm{m}\,(\mathrm{A\,m})$ とすると，磁束密度の r 成分 $B_r\,(\mathrm{T})$ は次のように求められる．

$$B_r = \mu_0 \frac{q_\mathrm{m}}{4\pi\,(x^2 + a^2)}\frac{a}{(x^2 + a^2)^{1/2}} \tag{7.48}$$

ここで，磁荷 $q_{\mathrm{m}}\,(\mathrm{A\,m})$ の x 座標を x とした．式 (7.48) を式 (7.47) に代入すると，次の結果が得られる．

$$\int F\,\mathrm{d}t = \frac{{\mu_0}^2{q_{\mathrm{m}}}^2 a^4}{4R}\int_0^{\infty}\frac{1}{(x^2+a^2)^3}\,\mathrm{d}x = \frac{3\pi{\mu_0}^2{q_{\mathrm{m}}}^2}{64Ra} \tag{7.49}$$

棒磁石の長さを $l\,(\mathrm{m})$ とすると，棒磁石の体積は $V = Sl\,(\mathrm{m}^3)$ となる．このとき，棒磁石の磁気モーメント $m = q_{\mathrm{m}}l\,(\mathrm{A\,m}^2)$，磁化 $M = m/V = q_{\mathrm{m}}/S\,(\mathrm{A\,m}^{-1})$ を用いると，$q_{\mathrm{m}} = MS\,(\mathrm{A\,m})$ となる．これを式 (7.49) に代入すると，力積は次のように表される．

$$\int F\,\mathrm{d}t = \frac{3\pi{\mu_0}^2M^2S^2}{64Ra} \tag{7.50}$$

復　習

電流に働く力

磁束密度 $\boldsymbol{B}\,(\mathrm{T})$ が存在する空間において，長さ $l\,(\mathrm{m})$ の導線を電流 $\boldsymbol{I}\,(\mathrm{A})$ が流れているとき，電流に働く力 $\boldsymbol{F}\,(\mathrm{N})$ は次のように表される．

$$\boldsymbol{F} = l(\boldsymbol{I}\times\boldsymbol{B})$$

電流に働く単位長さあたり力 $\boldsymbol{f} = \boldsymbol{F}/l\,(\mathrm{N\,m}^{-1})$ は次のようになる．

$$\boldsymbol{f} = \frac{\boldsymbol{F}}{l} = \boldsymbol{I}\times\boldsymbol{B}$$

第8章

電気回路

8.1 回路部品
8.2 キルヒホッフの法則
8.3 過渡応答理論
8.4 交流理論
8.5 フェーザ

問題 8.1 RC 直列回路における過渡応答
問題 8.2 RC 直列回路におけるキャパシタの放電
問題 8.3 CR 時定数
問題 8.4 はしご型電気抵抗回路の電気抵抗
問題 8.5 はしご型キャパシタ回路の電気容量
問題 8.6 交流 RLC 直列回路
問題 8.7 格子形二端子対回路のインピーダンス
問題 8.8 T 形二端子対回路のアドミッタンス
問題 8.9 RL 直列回路における過渡応答
問題 8.10 電気抵抗と変圧器との直列回路における過渡応答

8.1 回路部品

図 8.1 に，電気抵抗，キャパシタ，コイルの回路記号を示す．電気抵抗の値 $R\,(\Omega)$，電気容量 $C\,(\mathrm{F})$，インダクタンス $L\,(\mathrm{H})$ を用いて，電気抵抗 R，キャパシタ C，コイル L というよびかたをすることが多い．電気抵抗，キャパシタ，コイルを回路部品として導線によって接続し，**電気回路** (electric circuit) を作ると，電圧や電流を制御して，さまざまな機能を実現できる．

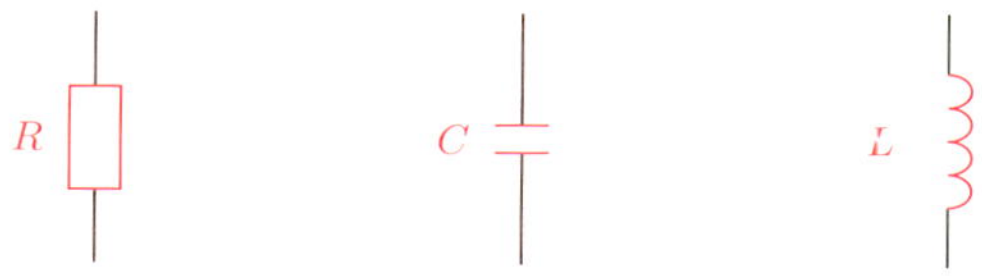

(a) 電気抵抗 R　(b) キャパシタ C　(c) コイル L

図 8.1　回路記号

電気抵抗 R を電流 $I\,(\mathrm{A})$ が流れるとき，電気抵抗において電圧降下が生じ，電圧降下の値 $V_R\,(\mathrm{V})$ は次のようになる．

$$V_R = RI \tag{8.1}$$

キャパシタ C の両端の電圧 $V_C\,(\mathrm{V})$ は，キャパシタに蓄積された電荷 $Q\,(\mathrm{C})$ を用いて，次のように表される．

$$V_C = \frac{Q}{C} \tag{8.2}$$

コイル L に電流 $I\,(\mathrm{A})$ が流れると，電流の時間的変化を打ち消すような起電力が電磁誘導によって発生し，その値 $V_L\,(\mathrm{V})$ は次式で与えられる．

$$V_L = L\frac{\mathrm{d}I}{\mathrm{d}t} \tag{8.3}$$

8.2 キルヒホッフの法則

電気回路における分岐点に流入する電流の符号を負とし，分岐点から流出する電流の符号を正とすると，この分岐点に出入りする電流 I_i (A) に対して，次式が成り立つ．

$$\sum_{i=1}^{n} I_i = 0 \tag{8.4}$$

この法則は，**キルヒホッフの電流則** (Kirchhoff's law of electric current)，あるいは，**キルヒホッフの第一法則** (Kirchhoff's first law) として知られている．

電気回路の周回経路すなわち**閉回路** (closed circuit) 内に n 個の回路部品と電源が存在する場合，各回路部品における電圧 V_i (V) と電源電圧 V_m (V) との関係は，次のように表される．

$$\sum_{i=1}^{n} V_i = V_\mathrm{m} \tag{8.5}$$

式 (8.5) は，**キルヒホッフの電圧則** (Kirchhoff's law of voltage)，あるいは，**キルヒホッフの第二法則** (Kirchhoff's second law) として知られている．

式 (8.4)，(8.5) をまとめて，**キルヒホッフの法則** (Kirchhoff's law) という．

8.3 過渡応答理論

起電力が一定の電源を用いた電気回路において，スイッチを開閉すると，定常状態に落ち着くまでの間，一時的に電流や電圧が変化する．このような現象を**過渡現象** (transient phenomena) という．

初期値を決めるうえで大切なことは，エネルギー U (J) が時間 t (s) に対して連続に変化するということである．

キャパシタ C に蓄えられるエネルギー U (J) は，キャパシタの両端の電圧を V_C (V)，キャパシタに蓄えられる電荷を Q (C) とすると，次式で与えられる．

$$U = \frac{1}{2} C {V_C}^2 = \frac{1}{2} \frac{Q^2}{C} \tag{8.6}$$

コイル L に蓄えられるエネルギー U (J) は，コイル L に流れる電流を I (A) とすると，次式で与えられる．

$$U = \frac{1}{2} L I^2 \tag{8.7}$$

8.4 交流理論

交流電圧や交流電流に対する電気回路の理論は，交流理論とよばれている．交流電流 I を次のように指数関数で表すと，計算するうえで便利である．

$$I = I_0 \exp\left[j\left(\omega t + \theta_0\right)\right] = I_0 \cos\left(\omega t + \theta_0\right) + jI_0 \sin\left(\omega t + \theta_0\right) \tag{8.8}$$

ここで，$j = \sqrt{-1}$ は虚数単位である．このように，電気回路では虚数単位として i の代わりに j を用いることが多い．

式 (8.8) を式 (8.1)，(8.2)，(8.3) に代入すると次のように表され，R, $1/j\omega C$, $j\omega L$ は複素インピーダンス (complex impedance) とよばれる．

$$V_R = RI_0 \exp\left[j\left(\omega t + \theta_0\right)\right] = RI \tag{8.9}$$

$$V_C = \frac{1}{j\omega C} I_0 \exp\left[j\left(\omega t + \theta_0\right)\right] = \frac{1}{j\omega C} I \tag{8.10}$$

$$V_L = j\omega L I_0 \exp\left[j\left(\omega t + \theta_0\right)\right] = j\omega L I \tag{8.11}$$

8.5 フェーザ

式 (8.8) のように，交流電流 I を指数関数によって表すと，交流電流 I は，実部と虚部をもつ．したがって，複素平面を用いると，交流電流 I は，ベクトル $\boldsymbol{I}$ として表現できる．このような複素平面上のベクトルを**フェーザ** (phaser) という．

問題 8.1　RC 直列回路における過渡応答

図 8.2 のように，直流電源 V_m，電気抵抗 R，キャパシタ C が直列に接続されている．時刻 $t=0$ にスイッチを入れた後，キャパシタにかかる電圧 V と RC 直列回路に流れる電流 I の時間 t 依存性を計算せよ．ただし，$t<0$ において，キャパシタに電荷は蓄えられていないとする．

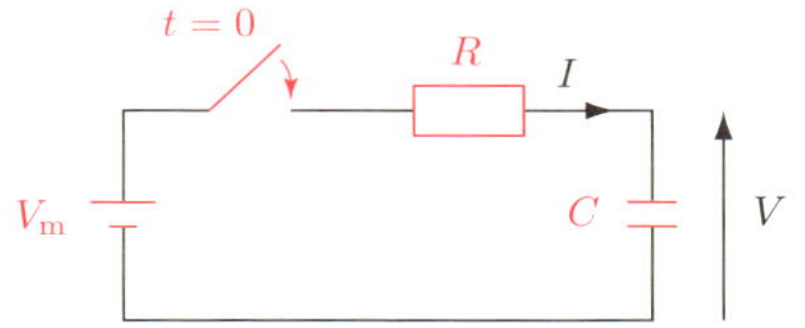

図 8.2　RC 直列回路

意　義

キャパシタの充電 (charge) について理解する．

ヒ ン ト

- キャパシタに蓄えられるエネルギーは，時間とともに連続に変化する．
- 電流がキャパシタに流入することで，キャパシタの電荷が増加する．

解　答

まず，$t<0$ において，キャパシタ C に電荷は蓄えられていないから，キャパシタ C の両端の電圧 V は 0 となる．キャパシタ C に蓄えられるエネルギー $CV^2/2$ は時間に対して連続だから，$t=0$ においても $V=0$ である．

次に，$t \geq 0$ における微分方程式を立てる．時間 $t \geq 0$ では，電流 I が電気抵抗 R とキャパシタ C を時計回りに流れ，キャパシタ C に電荷 Q が蓄積される．したがって，次の関係が成り立つ．

$$RI + V = V_{\mathrm{m}} \tag{8.12}$$

$$I = \frac{\mathrm{d}Q}{\mathrm{d}t} = C\frac{\mathrm{d}V}{\mathrm{d}t} > 0 \tag{8.13}$$

ここで，$Q = CV$ を用い，C を一定とした．

式 (8.12)，(8.13) から電流 I を消去すると，次の微分方程式が得られる．

$$CR\frac{\mathrm{d}V}{\mathrm{d}t} + V = V_{\mathrm{m}} \tag{8.14}$$

式 (8.14) の両辺を $CR\,(\neq 0)$ で割ると，次のようになる．

$$\frac{\mathrm{d}V}{\mathrm{d}t} + \frac{1}{CR}V = \frac{1}{CR}V_{\mathrm{m}} \tag{8.15}$$

ここで，式 (8.15) の解を次のように仮定する．式 (8.15) の左辺を見ると，第 1 項は，V の時間 t についての 1 階の導関数 $\mathrm{d}V/\mathrm{d}t$ であり，第 2 項は，V に係数 $1/CR$ をかけた V/CR である．関数 V を微分すると，V に係数をかけた結果が得られるのは，V が指数関数のときである．そこで，V は，a と b を定数として，$a\exp(bt)$ という形の関数を含むと予想される．しかし，$a\exp(bt)$ だけでは，右辺の定数 V_{m} を表すことはできない．そこで，さらに定数 c を導入して，

$$V = a\exp(bt) + c \tag{8.16}$$

と仮定する．式 (8.16) を式 (8.15) に代入して整理すると，次のようになる．

$$\left(b + \frac{1}{CR}\right)a\exp(bt) + \frac{1}{CR}(c - V_{\mathrm{m}}) = 0 \tag{8.17}$$

式 (8.17) の左辺を見ると，第 1 項は時間 t の関数，第 2 項は定数である．式 (8.17) が，$t \geq 0$ を満たす任意の時間 t に対して成り立つためには，次式が成り立てばよい．

$$b + \frac{1}{CR} = 0, \quad c - V_{\mathrm{m}} = 0 \tag{8.18}$$

また，$t = 0$ において $V = 0$ なので，式 (8.16) から次のようになる．

$$0 = a + c \tag{8.19}$$

式 (8.18)，(8.19) から，定数 a，b，c は次のように求められる．

$$a = -V_{\mathrm{m}}, \quad b = -\frac{1}{CR}, \quad c = V_{\mathrm{m}} \tag{8.20}$$

式 (8.20) を式 (8.16) に代入すると，時間 $t \geq 0$ における V は，次のように求められる．

$$V = V_{\mathrm{m}}\left[1 - \exp\left(-\frac{t}{CR}\right)\right] \tag{8.21}$$

ここで，CR は時間の単位 s をもっており，CR 時定数とよばれている．

電気回路に流れる電流 I は，式 (8.21) から次のようになる．

$$I = C\frac{\mathrm{d}V}{\mathrm{d}t} = \frac{V_{\mathrm{m}}}{R}\exp\left(-\frac{t}{CR}\right) \tag{8.22}$$

式 (8.21)，式 (8.22) から，V と I は図 8.3 のようになる．

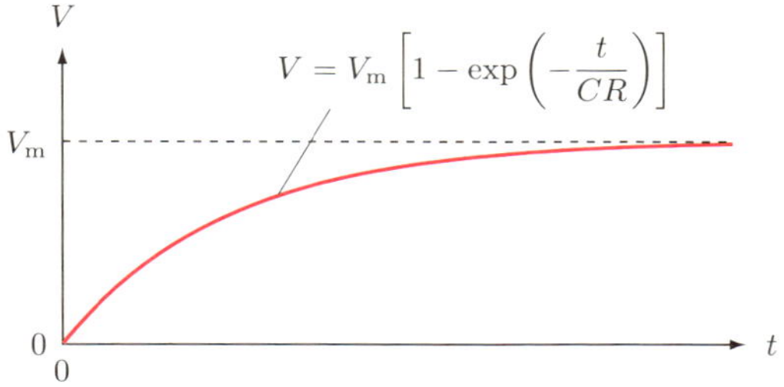

(a) 電圧 V の時間 t 依存性

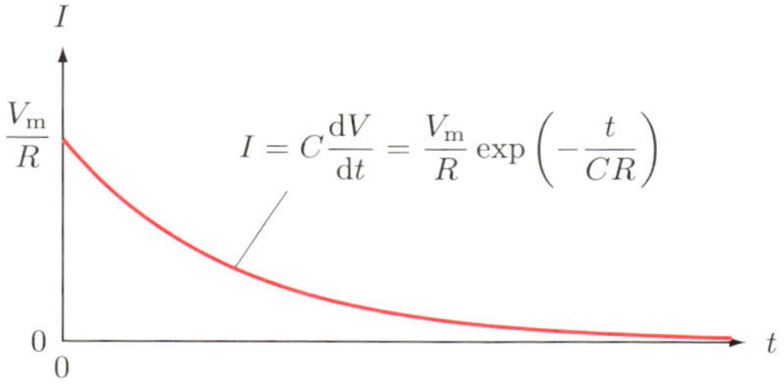

(b) 電流 I の時間 t 依存性

図 8.3 キャパシタにかかる電圧 V と RC 直列回路に流れる電流 I の時間 t 依存性

問題 8.2　*RC* 直列回路におけるキャパシタの放電

図 8.4 のように，電気抵抗 R とキャパシタ C が直列に接続されている．時刻 $t=0$ にスイッチを入れた後，キャパシタにかかる電圧 V と RC 直列回路に流れる電流 I の時間 t 依存性を計算せよ．ただし，$t<0$ において，キャパシタに電荷 Q_0 が蓄えられているとする．

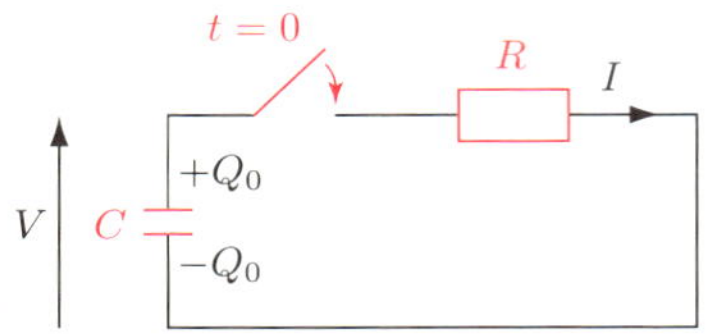

図 8.4　*RC* 直列回路におけるキャパシタの放電

意　義

キャパシタの放電 (discharge) について理解する．

ヒント

- キャパシタに蓄えられるエネルギーは，時間とともに連続に変化する．
- 電流がキャパシタから流出することで，キャパシタの電荷が減少する．

解　答

時間 $t \geq 0$ においてキャパシタ C が放電し，キャパシタ C に蓄積されている電荷 Q が時間とともに減少する．このことによって，電流 I が時計回りに流れる．したがって，次の関係が成り立つ．

$$V = RI \tag{8.23}$$

$$I = -\frac{\mathrm{d}Q}{\mathrm{d}t} = -C\frac{\mathrm{d}V}{\mathrm{d}t} > 0 \tag{8.24}$$

ここで，$Q=CV$ を用い，電気容量 C を一定とした．

式 (8.23)，(8.24) から電流 I を消去して，両辺を $CR\,(\neq 0)$ で割ると，次の微分方程式が得られる．

$$\frac{\mathrm{d}V}{\mathrm{d}t} + \frac{1}{CR}V = 0 \tag{8.25}$$

ここで，a と b を定数として，式 (8.25) の解を次のように仮定する．

$$V = a\exp(bt) \tag{8.26}$$

式 (8.26) を式 (8.25) に代入して整理すると，次のようになる．

$$\left(b + \frac{1}{CR}\right) a\exp(bt) = 0 \tag{8.27}$$

式 (8.27) が，$t \geq 0$ を満たす任意の時間 t に対して成り立つためには，次式が成り立てばよい．

$$b + \frac{1}{CR} = 0 \tag{8.28}$$

式 (8.28) から，定数 b は次のようになる．

$$b = -\frac{1}{CR} \tag{8.29}$$

さて，$t < 0$ において $V = Q_0/C$ である．キャパシタ C に蓄えられるエネルギー $CV^2/2$ は時間に対して連続だから，$t = 0$ においても $V = Q_0/C$ である．したがって，式 (8.26) から定数 a は次のようになる．

$$a = \frac{Q_0}{C} \tag{8.30}$$

式 (8.29)，(8.30) を式 (8.26) に代入すると，時間 $t \geq 0$ における V は，次のように求められる．

$$V = \frac{Q_0}{C}\exp\left(-\frac{t}{CR}\right) \tag{8.31}$$

電気回路に流れる電流 I は，式 (8.31) から次のように表される．

$$I = -C\frac{\mathrm{d}V}{\mathrm{d}t} = \frac{Q_0}{CR}\exp\left(-\frac{t}{CR}\right) \tag{8.32}$$

式 (8.31)，式 (8.32) から，V と I は図 8.5 のようになる．

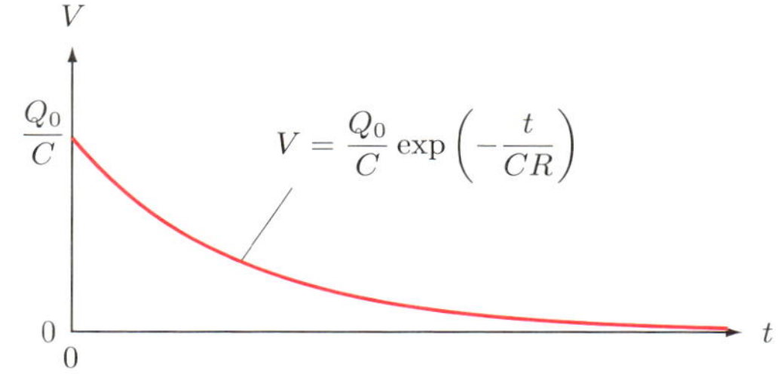

(a) 電圧 V の時間 t 依存性

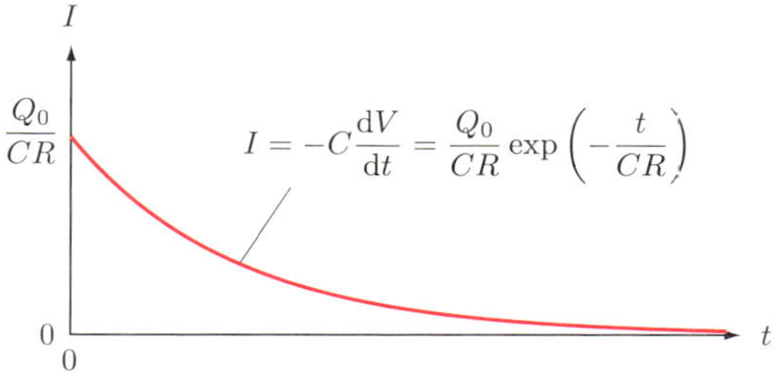

$$V = \frac{Q_0}{C}\exp\left(-\frac{t}{CR}\right)$$

(b) 電流 I の時間 t 依存性

$$I = -C\frac{dV}{dt} = \frac{Q_0}{CR}\exp\left(-\frac{t}{CR}\right)$$

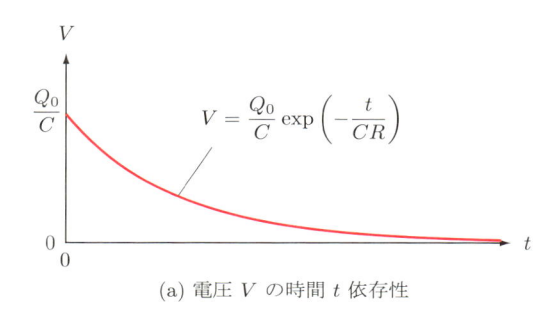

図 8.5 キャパシタ放電時にキャパシタにかかる電圧 V と RC 直列回路に流れる電流 I の時間 t 依存性

問題 8.3 CR 時定数

CR 時定数の単位が時間の単位 s となることを確かめよ．

意　義

CR 時定数の意味を理解する．

ヒント

- 電気容量 C と電気抵抗 R の単位を用いる．
- 電流，電荷，時間の単位の関係を用いる．

解　答

電気容量 C の単位は，$\mathrm{F} = \mathrm{C\,V^{-1}}$ である．また，電気抵抗 R の単位は，$\Omega = \mathrm{V\,A^{-1}}$ である．したがって，CR の単位は，次のようになる．

$$\mathrm{C\,V^{-1} \cdot V\,A^{-1} = C\,A^{-1} = s} \tag{8.33}$$

ここで，$\mathrm{A = C\,s^{-1}}$ を用いた．

復　習

エネルギー U：時間 t に対して連続に変化

- キャパシタ C ：　$U = \dfrac{1}{2}C{V_C}^2 = \dfrac{1}{2}\dfrac{Q^2}{C}$
- コイル L：　$U = \dfrac{1}{2}LI^2$

問題 8.4 はしご型電気抵抗回路の電気抵抗

図 8.6 のような無限に長いはしご型電気抵抗回路の端子 A_0, B_0 間の電気抵抗を求めよ．

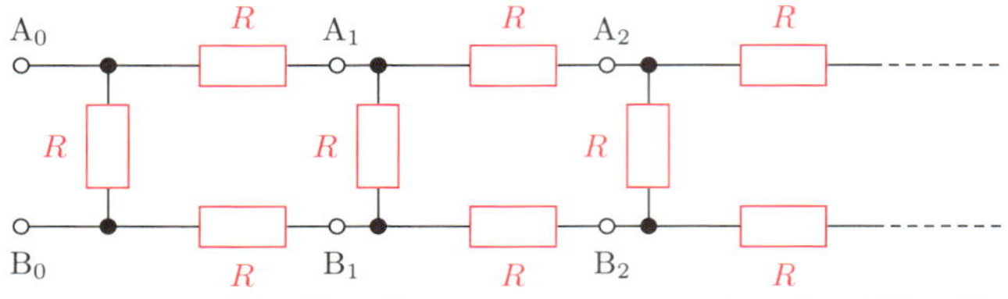

図 8.6 はしご型電気抵抗回路

意　義

電気抵抗の並列・直列接続に対する理解を深める．

ヒント

- 端子 A_0, B_0 から右側を見たときの電気抵抗と，端子 A_1, B_1 から右側を見たときの電気抵抗が等しい．

解　答

端子 A_1, B_1 から右側を見たときの電気抵抗を $R_\infty\,(\Omega)$ とおくと，図 8.6 の回路は，図 8.7 のように表される．

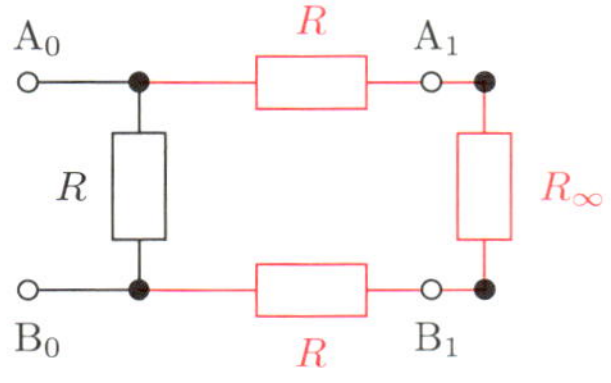

図 8.7 はしご型電気抵抗回路の等価回路

端子 A_0, B_0 から右側を見たときの電気抵抗は，端子 A_1, B_1 から右側を見たときの電気抵抗と等しく，この値は $R_\infty\,(\Omega)$ である．図 8.7 の回路は，**電気抵**

抗 R, R_∞, R から構成される直列回路と電気抵抗 R が並列に接続された回路であると考えられる．したがって，次の関係が成り立つ．

$$R_\infty = \left(\frac{1}{R} + \frac{1}{R + R_\infty + R}\right)^{-1} = \frac{R\,(2R + R_\infty)}{3R + R_\infty} \tag{8.34}$$

分母を払って式 (8.34) を整理すると，次のように $R_\infty\,(\Omega)$ についての 2 次方程式が得られる．

$${R_\infty}^2 + 2RR_\infty - 2R^2 = 0 \tag{8.35}$$

式 (8.35) に対して2次方程式の解の公式を適用し，$R_\infty > 0$ であることに注意すると，$R_\infty\,(\Omega)$ は次のように求められる．

$$R_\infty = \left(\sqrt{3} - 1\right) R \tag{8.36}$$

電気抵抗の例として，金属皮膜抵抗器の写真を図 8.8 に示す．

図 8.8 電気抵抗の例（金属皮膜抵抗器）

問題 8.5　はしご型キャパシタ回路の電気容量

図 8.9 のような無限に長いはしご型キャパシタ回路の端子 A_0, B_0 間の電気容量を求めよ．

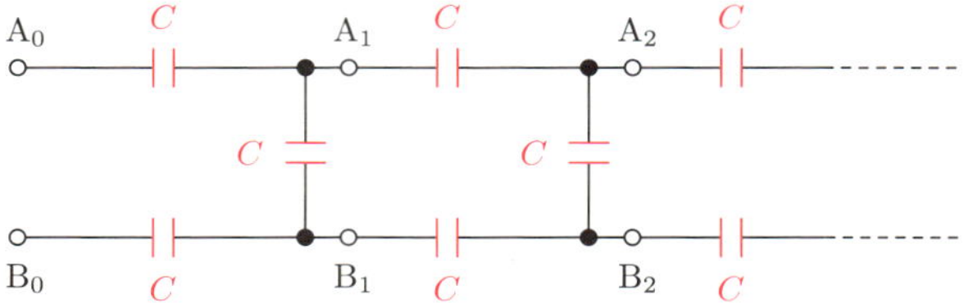

図 8.9　はしご型キャパシタ回路

意　義

キャパシタの並列・直列接続に対する理解を深める．

ヒント

- 端子 A_0, B_0 から右側を見たときの電気容量と，端子 A_1, B_1 から右側を見たときの電気容量が等しい．

解　答

端子 A_1, B_1 から右側を見たときの電気容量を C_∞ (F) とおくと，図 8.9 の回路は，図 8.10 のように表される．

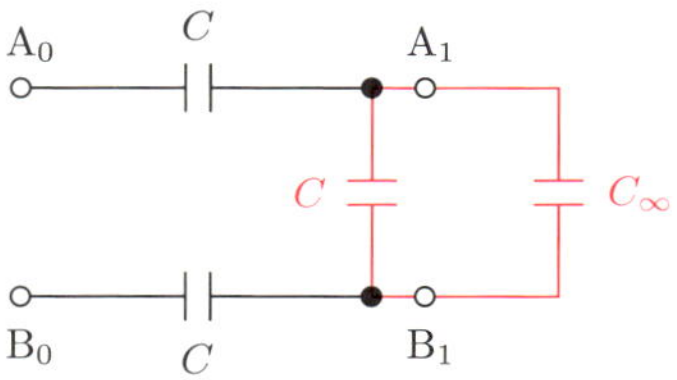

図 8.10　はしご型キャパシタ回路の等価回路

端子 A_0, B_0 から右側を見たときの電気容量は，端子 A_1, B_1 から右側を見たときの電気容量と等しく，この値は C_∞ (F) である．図 8.10 の回路は，**キャパ**

シタ C, C_∞ から構成される並列回路と 2 個のキャパシタ C が直列に接続された回路であると考えられる．したがって，次の関係が成り立つ．

$$C_\infty = \left(\frac{1}{C} + \frac{1}{C + C_\infty} + \frac{1}{C}\right)^{-1} = \frac{C\,(C + C_\infty)}{3C + 2C_\infty} \tag{8.37}$$

分母を払って式 (8.37) を整理すると，次のように C_∞ (F) についての 2 次方程式が得られる．

$$2{C_\infty}^2 + 2CC_\infty - C^2 = 0 \tag{8.38}$$

式 (8.38) に対して 2 次方程式の解の公式を適用し，$C_\infty > 0$ であることに注意すると，C_∞ (F) は次のように求められる．

$$C_\infty = \frac{1}{2}\left(\sqrt{3} - 1\right)C \tag{8.39}$$

キャパシタの例として，電解コンデンサの写真を図 8.11 に示す．

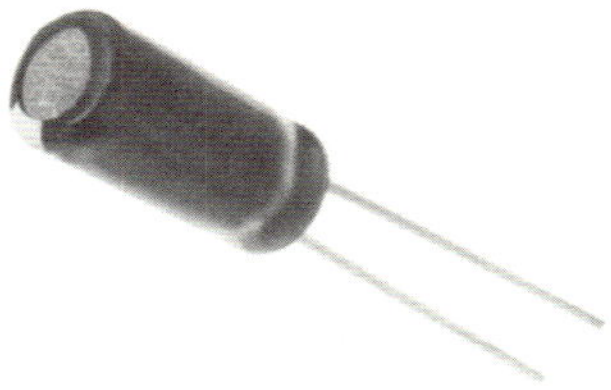

図 8.11 キャパシタの例（電解コンデンサ）

問題 8.6　交流 RLC 直列回路

図 8.12 のように，RLC 直列回路に交流電圧 $\boldsymbol{V}$ を加えると，交流電流 $\boldsymbol{I}$ が流れる．ここで，$\boldsymbol{V}$ と $\boldsymbol{I}$ は，フェーザである．このとき，次の問いに答えよ．

(a) フェーザ図を描け．

(b) フェーザ図を利用して，インピーダンスの絶対値 Z を求めよ．

(c) 共振角周波数 ω_{r} を求めよ．

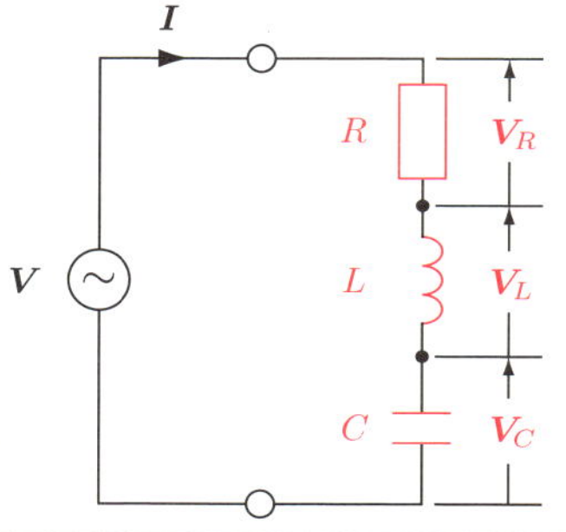

図 8.12　交流 RLC 直列回路

意　義

複素平面を利用して，位相をイメージする力を養う．

ヒント

- 実部と虚部に分けて考える．

解　答

(a) 横軸に実部，縦軸に虚部をとると，フェーザ図は，図 8.13 のようになる．

(b) 図 8.13 において，フェーザの絶対値は，次のように表される．

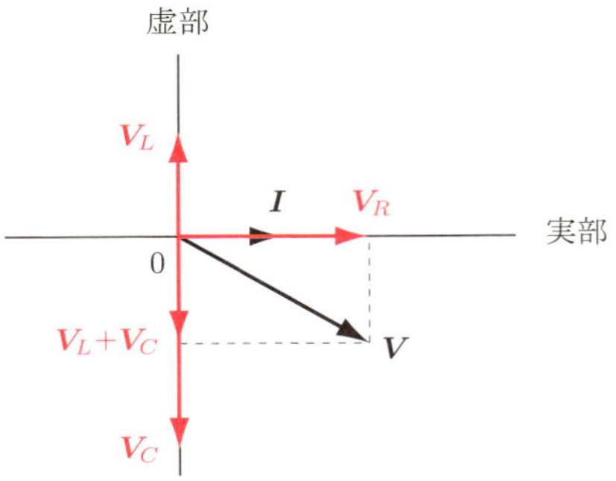

図 8.13 フェーザ図

$$|\boldsymbol{V}_R| = RI \tag{8.40}$$

$$|\boldsymbol{V}_L + \boldsymbol{V}_C| = \left|\omega L - \frac{1}{\omega C}\right| I \tag{8.41}$$

ただし，$I = |\boldsymbol{I}|$ とした．三平方の定理を用いると，インピーダンスの絶対値 Z は，次のようになる．

$$Z = \sqrt{R^2 + \left(\omega L - \frac{1}{\omega C}\right)^2} \tag{8.42}$$

(c) 式 (8.42) において，

$$\omega L - \frac{1}{\omega C} = 0 \tag{8.43}$$

とおくと，共振角周波数 ω_r は，次のように求められる．

$$\omega_\mathrm{r} = \frac{1}{\sqrt{LC}} \tag{8.44}$$

問題 8.7　格子形二端子対回路のインピーダンス

図 8.14 の回路の電圧 $\dot{V}_1$, $\dot{V}_2$，電流 $\dot{I}_1$, $\dot{I}_2$ の関係を次のように表す．

$$\dot{V}_1 = \dot{Z}_{11}\dot{I}_1 + \dot{Z}_{12}\dot{I}_2 \tag{8.45}$$

$$\dot{V}_2 = \dot{Z}_{21}\dot{I}_1 + \dot{Z}_{22}\dot{I}_2 \tag{8.46}$$

このとき，インピーダンス $\dot{Z}_{11}$, $\dot{Z}_{12}$, $\dot{Z}_{21}$, $\dot{Z}_{22}$ を求めよ．

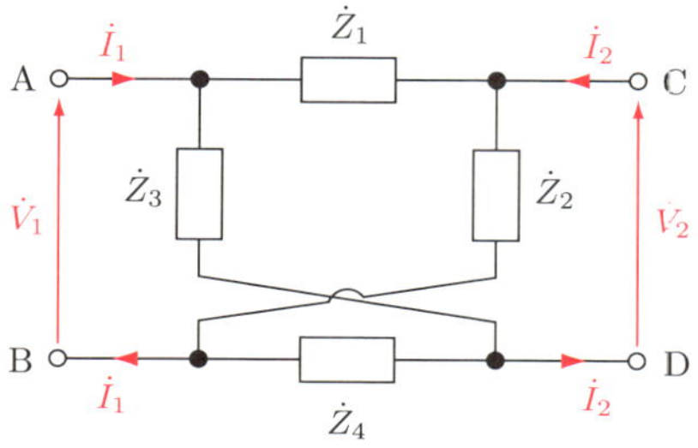

図 8.14　格子形二端子対回路

意　　義

二端子対回路の電圧と電流の関係をインピーダンスを用いて表す力を養う．

ヒ ン ト

- 端子間を開放すると，端子には電流は流れない．
- 一方の端子間に電圧を印加し，他方の端子間は開放する．

解　　答

i) 図 8.15 のように，端子 AB 間に電圧 $\dot{V}_1$ を印加し，端子 CD 間を開放すると $\dot{I}_2 = 0$ となる．

図 8.15 の回路に対してキルヒホッフの法則を適用すると，次のようになる．

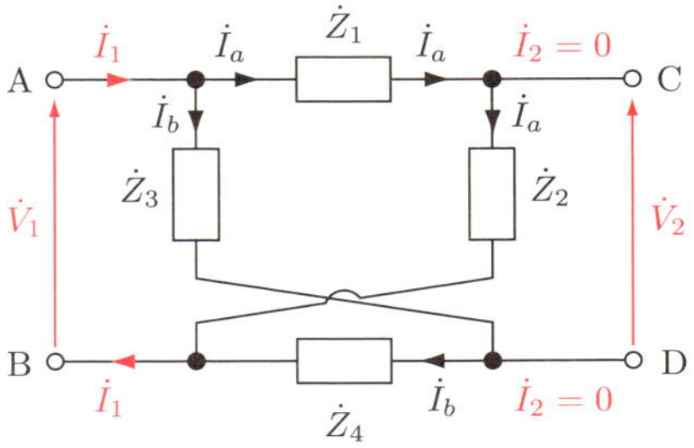

図 8.15 格子形二端子対回路：CD 開放

$$\dot{V}_1 = \dot{Z}_1\dot{I}_a + \dot{Z}_2\dot{I}_a = \dot{Z}_3\dot{I}_b + \dot{Z}_4\dot{I}_b \tag{8.47}$$

$$\dot{I}_1 = \dot{I}_a + \dot{I}_b \tag{8.48}$$

式 (8.47)，(8.48) から電流 $\dot{I}_a$, $\dot{I}_b$ を消去すると次式が得られる．

$$\dot{I}_1 = \frac{\dot{V}_1}{\dot{Z}_1+\dot{Z}_2} + \frac{\dot{V}_1}{\dot{Z}_3+\dot{Z}_4} = \frac{\dot{Z}_1+\dot{Z}_2+\dot{Z}_3+\dot{Z}_4}{(\dot{Z}_1+\dot{Z}_2)(\dot{Z}_3+\dot{Z}_4)}\dot{V}_1 \tag{8.49}$$

式 (8.49) から，インピーダンス $\dot{Z}_{11}$ は次のように求められる．

$$\dot{Z}_{11} = \frac{\dot{V}_1}{\dot{I}_1} = \frac{(\dot{Z}_1+\dot{Z}_2)(\dot{Z}_3+\dot{Z}_4)}{\dot{Z}_1+\dot{Z}_2+\dot{Z}_3+\dot{Z}_4} \tag{8.50}$$

一方，電圧 $\dot{V}_2$ は次のように表される．

$$\dot{V}_2 = \dot{Z}_2\dot{I}_a - \dot{Z}_4\dot{I}_b \tag{8.51}$$

式 (8.47)，(8.49)，(8.51) から，$\dot{V}_2$ は次のようになる．

$$\begin{aligned}\dot{V}_2 &= \dot{Z}_2\frac{\dot{V}_1}{\dot{Z}_1+\dot{Z}_2} - \dot{Z}_4\frac{\dot{V}_1}{\dot{Z}_3+\dot{Z}_4} = \frac{\dot{Z}_2\dot{Z}_3-\dot{Z}_4\dot{Z}_1}{(\dot{Z}_1+\dot{Z}_2)(\dot{Z}_3+\dot{Z}_4)}\dot{V}_1 \\ &= \frac{\dot{Z}_2\dot{Z}_3-\dot{Z}_4\dot{Z}_1}{\dot{Z}_1+\dot{Z}_2+\dot{Z}_3+\dot{Z}_4}\dot{I}_1\end{aligned} \tag{8.52}$$

式 (8.52) から，インピーダンス $\dot{Z}_{21}$ は次のように求められる．

$$\dot{Z}_{21} = \frac{\dot{V}_2}{\dot{I}_1} = \frac{\dot{Z}_2\dot{Z}_3-\dot{Z}_4\dot{Z}_1}{\dot{Z}_1+\dot{Z}_2+\dot{Z}_3+\dot{Z}_4} \tag{8.53}$$

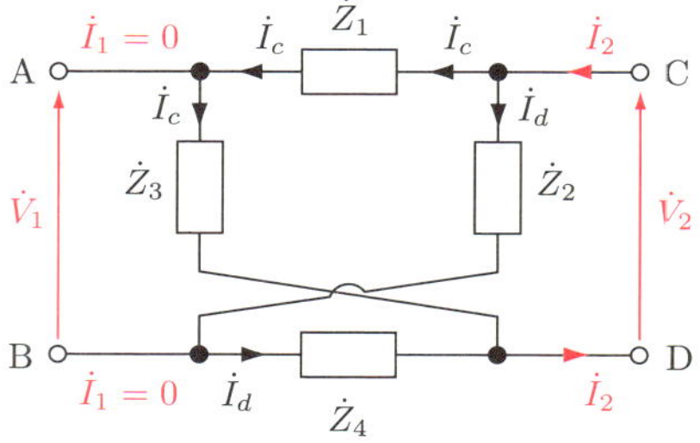

図 8.16　格子形二端子対回路：AB 開放

ii) 図 8.16 のように，端子 CD 間に電圧 $\dot{V}_2$ を印加し，端子 AB 間を開放すると $\dot{I}_1 = 0$ となる．

図 8.16 の回路に対してキルヒホッフの法則を適用すると，次のようになる．

$$\dot{V}_2 = \dot{Z}_1\dot{I}_c + \dot{Z}_3\dot{I}_c = \dot{Z}_2\dot{I}_d + \dot{Z}_4\dot{I}_d \tag{8.54}$$

$$\dot{I}_2 = \dot{I}_c + \dot{I}_d \tag{8.55}$$

式 (8.54)，(8.55) から電流 $\dot{I}_c, \dot{I}_d$ を消去すると次式が得られる．

$$\dot{I}_2 = \frac{\dot{V}_2}{\dot{Z}_1 + \dot{Z}_3} + \frac{\dot{V}_2}{\dot{Z}_2 + \dot{Z}_4} = \frac{\dot{Z}_1 + \dot{Z}_2 + \dot{Z}_3 + \dot{Z}_4}{(\dot{Z}_1 + \dot{Z}_3)(\dot{Z}_2 + \dot{Z}_4)}\,\dot{V}_2 \tag{8.56}$$

式 (8.56) から，インピーダンス $\dot{Z}_{22}$ は次のように求められる．

$$\dot{Z}_{22} = \frac{\dot{V}_2}{\dot{I}_2} = \frac{(\dot{Z}_1 + \dot{Z}_3)(\dot{Z}_2 + \dot{Z}_4)}{\dot{Z}_1 + \dot{Z}_2 + \dot{Z}_3 + \dot{Z}_4} \tag{8.57}$$

一方，電圧 $\dot{V}_1$ は次のように表される．

$$\dot{V}_1 = \dot{Z}_3\dot{I}_c - \dot{Z}_4\dot{I}_d \tag{8.58}$$

式 (8.54)，(8.56)，(8.58) から，$\dot{V}_1$ は次のようになる．

$$\begin{aligned}\dot{V}_1 &= \dot{Z}_3\frac{\dot{V}_2}{\dot{Z}_1 + \dot{Z}_3} - \dot{Z}_4\frac{\dot{V}_2}{\dot{Z}_2 + \dot{Z}_4} = \frac{\dot{Z}_2\dot{Z}_3 - \dot{Z}_4\dot{Z}_1}{(\dot{Z}_1 + \dot{Z}_3)(\dot{Z}_2 + \dot{Z}_4)}\,\dot{V}_2 \\ &= \frac{\dot{Z}_2\dot{Z}_3 - \dot{Z}_4\dot{Z}_1}{\dot{Z}_1 + \dot{Z}_2 + \dot{Z}_3 + \dot{Z}_4}\,\dot{I}_2\end{aligned} \tag{8.59}$$

式 (8.59) から，インピーダンス $\dot{Z}_{12}$ は次のように求められる．

$$\dot{Z}_{12} = \frac{\dot{V}_1}{\dot{I}_2} = \frac{\dot{Z}_2\dot{Z}_3 - \dot{Z}_4\dot{Z}_1}{\dot{Z}_1 + \dot{Z}_2 + \dot{Z}_3 + \dot{Z}_4} \tag{8.60}$$

復　習

キルヒホッフの法則

- 電流則（第一法則）：$\sum_{i=1}^{n} I_i = 0$
- 電圧則（第二法則）：$\sum_{i=1}^{n} V_i = V_{\mathrm{m}}$

複素インピーダンス

- 電気抵抗 R：　R
- キャパシタ C：　$1/j\omega C$
- コイル L：　$j\omega L$

問題 8.8　T 形二端子対回路のアドミッタンス

図 8.17 の回路の電流 $\dot{I}_1, \dot{I}_2$，電圧 $\dot{V}_1, \dot{V}_2$ の関係を次のように表す．

$$\dot{I}_1 = \dot{Y}_{11}\dot{V}_1 + \dot{Y}_{12}\dot{V}_2 \tag{8.61}$$

$$\dot{I}_2 = \dot{Y}_{21}\dot{V}_1 + \dot{Y}_{22}\dot{V}_2 \tag{8.62}$$

このとき，アドミッタンス $\dot{Y}_{11}, \dot{Y}_{12}, \dot{Y}_{21}, \dot{Y}_{22}$ を求めよ．

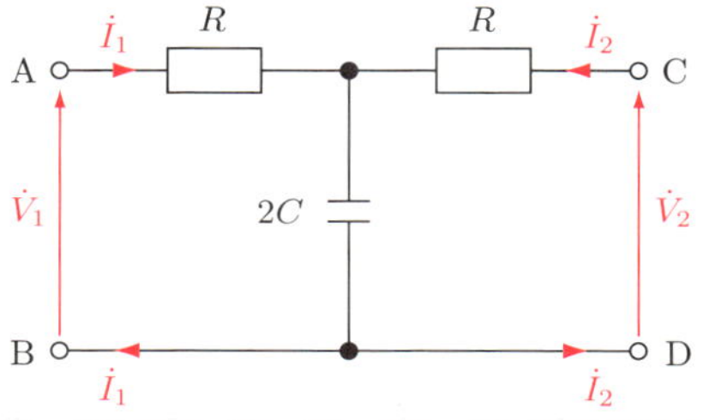

図 8.17　T 形二端子対回路

意　義

二端子対回路の電圧と電流の関係をアドミッタンスを用いて表す力を養う．

ヒント

- 端子間を短絡すると，端子間の電圧は 0 となる．
- 一方の端子間に電圧を印加し，他方の端子間は短絡する．

解　答

i) 図 8.18 のように，端子 AB 間に電圧 $\dot{V}_1$ を印加し，端子 CD 間を短絡すると $\dot{V}_2 = 0$ となる．

図 8.18 の回路に対してキルヒホッフの法則を適用すると，次のようになる．

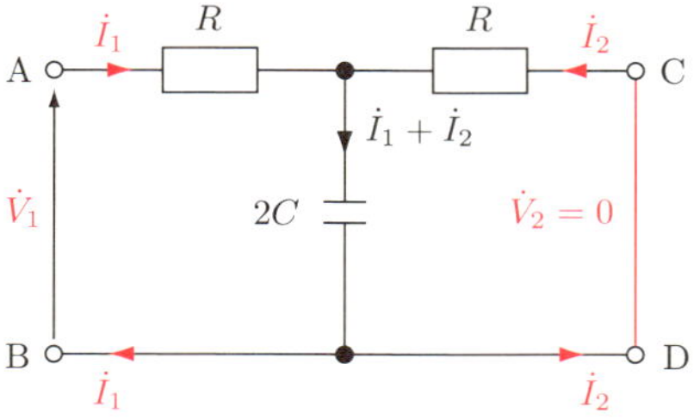

図 8.18 T 形二端子対回路：CD 短絡

$$\dot{V}_1 = \left[R + \left(\frac{1}{R} + j\omega\cdot 2C\right)^{-1}\right]\dot{I}_1 = \frac{2(1+j\omega CR)R}{1+j2\omega CR}\,\dot{I}_1 \tag{8.63}$$

$$R\dot{I}_2 + \frac{\dot{I}_1+\dot{I}_2}{j2\omega C} = 0 \tag{8.64}$$

式 (8.63) から，アドミッタンス $\dot{Y}_{11}$ は次のように求められる．

$$\dot{Y}_{11} = \frac{\dot{I}_1}{\dot{V}_1} = \frac{1+j2\omega CR}{2(1+j\omega CR)R} \tag{8.65}$$

式 (8.63)，(8.64) から $\dot{I}_2$ は次のようになる．

$$\dot{I}_2 = -\frac{1}{1+j2\omega CR}\,\dot{I}_1 = -\frac{1}{2(1+j\omega CR)R}\,\dot{V}_1 \tag{8.66}$$

式 (8.66) から，アドミッタンス $\dot{Y}_{21}$ は次のように求められる．

$$\dot{Y}_{21} = \frac{\dot{I}_2}{\dot{V}_1} = -\frac{1}{2(1+j\omega CR)R} \tag{8.67}$$

ii) 図 8.19 のように，端子 CD 間に電圧 $\dot{V}_2$ を印加し，端子 AB 間を短絡すると $\dot{V}_1=0$ となる．

図 8.19 の回路に対してキルヒホッフの法則を適用すると，次のようになる．

$$\dot{V}_2 = \left[R + \left(\frac{1}{R} + j\omega\cdot 2C\right)^{-1}\right]\dot{I}_2 = \frac{2(1+j\omega CR)R}{1+j2\omega CR}\,\dot{I}_2 \tag{8.68}$$

$$R\dot{I}_1 + \frac{\dot{I}_1+\dot{I}_2}{j2\omega C} = 0 \tag{8.69}$$

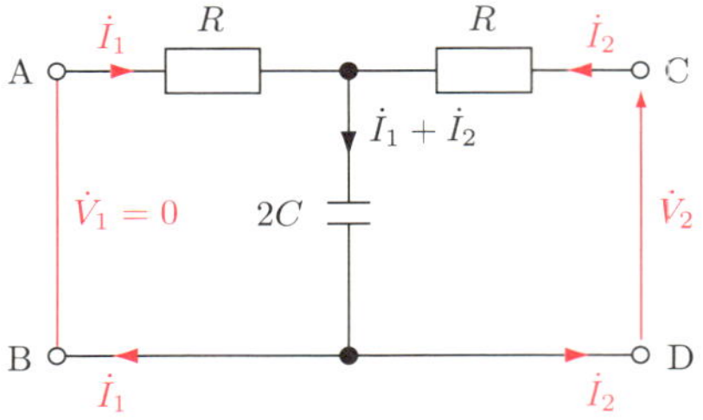

図 8.19　T 形二端子対回路：AB 短絡

式 (8.68) から，アドミッタンス $\dot{Y}_{22}$ は次のように求められる．

$$\dot{Y}_{22} = \frac{\dot{I}_2}{\dot{V}_2} = \frac{1 + j2\omega CR}{2(1 + j\omega CR)R} \tag{8.70}$$

式 (8.68)，(8.69) から $\dot{I}_1$ は次のようになる．

$$\dot{I}_1 = -\frac{1}{1 + j2\omega CR}\dot{I}_2 = -\frac{1}{2(1 + j\omega CR)R}\dot{V}_2 \tag{8.71}$$

式 (8.71) から，アドミッタンス $\dot{Y}_{12}$ は次のように求められる．

$$\dot{Y}_{12} = \frac{\dot{I}_1}{\dot{V}_2} = -\frac{1}{2(1 + j\omega CR)R} \tag{8.72}$$

問題 8.9　*RL* 直列回路における過渡応答

図 8.20 のように，直流電源 V_{m}，電気抵抗 R，コイル L が直列に接続されている．時刻 $t=0$ にスイッチを入れた後，この電気回路に流れる電流 I とコイルにかかる電圧 V の時間 t 依存性を計算せよ．ただし，$t<0$ において，この電気回路に電流は流れていないとする．

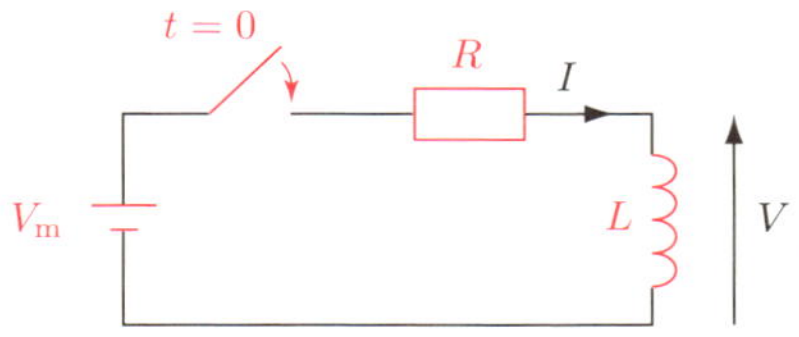

図 8.20　*RL* 直列回路

意　義

コイルを用いた回路について理解する．

ヒント

- コイルに蓄えられるエネルギーは，時間とともに連続に変化する．
- 電流の変化を打ち消すような起電力がコイルに発生する．

解　答

時間 $t<0$ において，電流 I は，この電気回路に流れていない．したがって，$t<0$ において，コイルにエネルギーは蓄えられていない．コイルに蓄えられるエネルギー $LI^2/2$ は時間に対して連続だから，$t=0$ においても $I=0$ である．ここで，$t\geq 0$ において，図 8.20 の *RL* 直列回路を解析するための微分方程式を立てる．時間 $t\geq 0$ では，電流 I が電気抵抗 R とコイル L を時計回りに流れ，電流 I が時間 t とともに増加する．したがって，次の関係が成り立つ．

$$RI+L\frac{\mathrm{d}I}{\mathrm{d}t}=V_{\mathrm{m}} \tag{8.73}$$

式 (8.73) の両辺を $L\,(\neq 0)$ で割ると，次のようになる．

$$\frac{\mathrm{d}I}{\mathrm{d}t} + \frac{R}{L}I = \frac{V_\mathrm{m}}{L} \tag{8.74}$$

ここで，式 (8.74) の解として，定数 a，b，c を用いて，次のように仮定する．

$$I = a\exp(bt) + c \tag{8.75}$$

式 (8.75) を式 (8.74) に代入して整理すると，次のようになる．

$$\left(b + \frac{R}{L}\right) a\exp(bt) + \frac{1}{L}(Rc - V_\mathrm{m}) = 0 \tag{8.76}$$

式 (8.76) が，$t \geq 0$ を満たす任意の時間 t に対して成り立つためには，次式が成り立てばよい．

$$b + \frac{R}{L} = 0, \quad Rc - V_\mathrm{m} = 0 \tag{8.77}$$

また，$t = 0$ において $I = 0$ なので，式 (8.75) から，次のようになる．

$$0 = a + c \tag{8.78}$$

式 (8.77)，(8.78) から，定数 a，b，c は次のように求められる．

$$a = -\frac{V_\mathrm{m}}{R}, \quad b = -\frac{R}{L}, \quad c = \frac{V_\mathrm{m}}{R} \tag{8.79}$$

式 (8.79) を式 (8.75) に代入すると，時間 $t \geq 0$ における電流 I は，次のように求められる．

$$I = \frac{V_\mathrm{m}}{R}\left[1 - \exp\left(-\frac{R}{L}\,t\right)\right] \tag{8.80}$$

ここで，R/L の単位は s^{-1} である．

式 (8.80) から，コイルにかかる電圧 V は，次のようになる．

$$V = L\frac{\mathrm{d}I}{\mathrm{d}t} = V_\mathrm{m}\exp\left(-\frac{R}{L}\,t\right) \tag{8.81}$$

式 (8.80)，(8.81) から，I と V のグラフは，図 8.21 のようになる．

コイルの例として，SN コイルの写真を図 8.22 に示す．

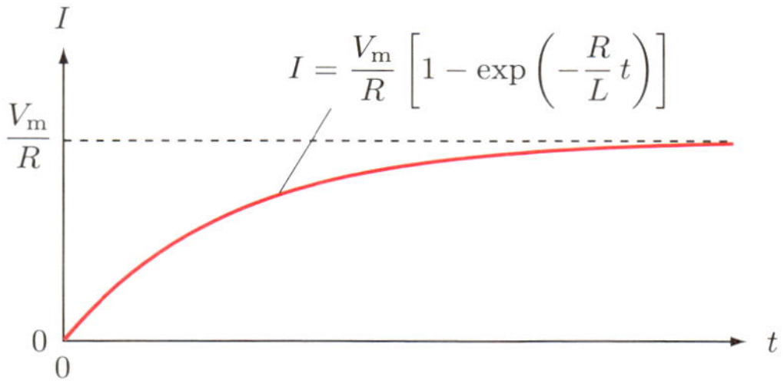

(a) 電流 I の時間 t 依存性

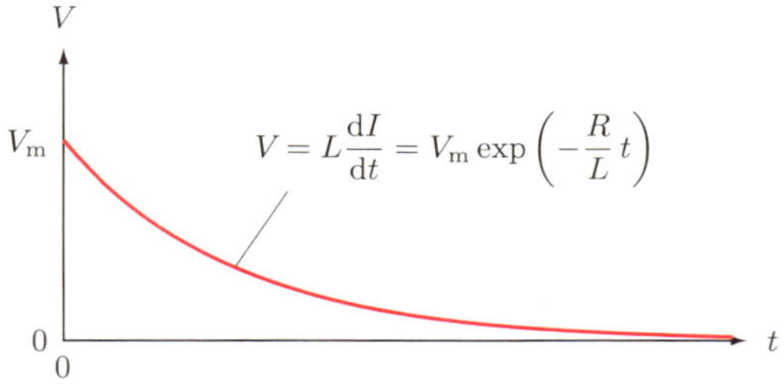

(b) 電圧 V の時間 t 依存性

図 8.21　RL 直列回路に流れる電流 I とコイルにかかる電圧 V の時間 t 依存性

図 8.22　コイルの例（SN コイル）

問題 8.10　電気抵抗と変圧器との直列回路における過渡応答

図 8.23 のように，直流電源 V_m，電気抵抗 R，変圧器が接続されている．時刻 $t=0$ にスイッチを入れた後，電気抵抗を流れる電流 I_1 の時間 t 依存性を計算せよ．ただし，$t<0$ において，この電気回路に電流は流れていないとする．また，変圧器において，1 次コイルの自己インダクタンスは L_{11}，2 次コイルの自己インダクタンスは L_{22}，相互インダクタンスは $L_{12}=L_{21}$ であり，結合係数を 1 とする．

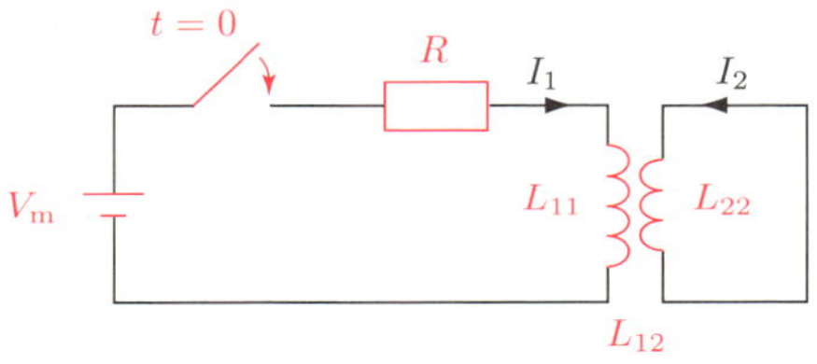

図 8.23　電気抵抗と変圧器との直列回路

意　　義

変圧器を含む回路の動作を理解する．

ヒント

- 自己インダクタンスと相互インダクタンスを考慮して，微分方程式を立てる．

解　　答

時間 $t \geq 0$ において，図 8.23 の回路を解析するための微分方程式を立てる．時間 $t \geq 0$ では，電流 I_1 が電気抵抗 R と 1 次コイルを時計回りに流れ，この結果 2 次コイルにも電流 I_2 が流れる．したがって，次の関係が成り立つ．

$$V_\mathrm{m} = RI_1 + L_{11}\frac{\mathrm{d}I_1}{\mathrm{d}t} + L_{12}\frac{\mathrm{d}I_2}{\mathrm{d}t} \tag{8.82}$$

$$0 = L_{12}\frac{\mathrm{d}I_1}{\mathrm{d}t} + L_{22}\frac{\mathrm{d}I_2}{\mathrm{d}t} \tag{8.83}$$

ここで，相互インダクタンスに対して $L_{21} = L_{12}$ という関係を用いた．

式 (8.83) から $\mathrm{d}I_2/\mathrm{d}t$ は次のように表される．

$$\frac{\mathrm{d}I_2}{\mathrm{d}t} = -\frac{L_{12}}{L_{22}}\frac{\mathrm{d}I_1}{\mathrm{d}t} \tag{8.84}$$

式 (8.84) を式 (8.82) に代入すると，次のようになる．

$$V_\mathrm{m} = RI_1 + \frac{L_{11}L_{22} - {L_{12}}^2}{L_{22}}\frac{\mathrm{d}I_1}{\mathrm{d}t} \tag{8.85}$$

ここで，結合係数が 1 だから，次の関係が成り立つ．

$$L_{11}L_{22} - {L_{12}}^2 = 0 \tag{8.86}$$

式 (8.86) を式 (8.85) に代入すると，次のようになる．

$$V_\mathrm{m} = RI_1 \tag{8.87}$$

式 (8.87) から，1 次回路を流れる電流 I_1 は，次のように求められる．

$$I_1 = \frac{V_\mathrm{m}}{R} \tag{8.88}$$

式 (8.88) は，結合係数が 1 の場合，回路のスイッチを入れると電流 I_1 が瞬時に最終値 V_m/R に到達することを示している．

復　習

変圧器の結合係数 k

$$k^2 L_{11}L_{22} = {L_{12}}^2 = {L_{21}}^2$$

第 9 章

電 磁 波

9.1 定在波と進行波
9.2 真空中の光速
9.3 ポインティング・ベクトル

問題 *9.1* 表皮効果の深さ
問題 *9.2* 真空中を伝搬する平面電磁波 (1)
問題 *9.3* 真空中を伝搬する平面電磁波 (2)
問題 *9.4* 一様な絶縁体中を伝搬する平面電磁波のエネルギー
問題 *9.5* 導体中を進む平面電磁波 (1)
問題 *9.6* 導体中を進む平面電磁波 (2)
問題 *9.7* 電離層の誘電率
問題 *9.8* 同軸ケーブルを伝わる信号の速さ
問題 *9.9* 垂直入射時の光の反射
問題 *9.10* 電気双極子放射

9.1 定在波と進行波

電磁波 (electromaganetic wave) とは，電界と磁界の振動が伝搬する現象であって，電界と磁界の振動方向が進行方向に対して垂直な横波 (transverse wave) である．電磁波の進行方向は，**波数ベクトル** (wave number vector または wave vector) $\boldsymbol{k}\,(\mathrm{m}^{-1})$ によって与えられる．**角周波数** (angular frequency) $\omega\,(\mathrm{rad\,s}^{-1})$, 時刻 $t\,(\mathrm{s})$, 波数ベクトル $\boldsymbol{k}\,(\mathrm{m}^{-1})$, 位置 $\boldsymbol{r}\,(\mathrm{m})$ から作られる $(\omega t \pm \boldsymbol{k}\cdot\boldsymbol{r})$ は，**位相** (phase) とよばれる．位相が等しい面が等位相面であり，等位相面が進行方向に垂直な波を平面波 (plane wave) という．電磁波が平面波の場合，特に**平面電磁波** (plane electromaganetic wave) とよばれる．

平面電磁波が**進行波** (forward propagating wave) の場合，電界 $\boldsymbol{E}_{\mathrm{f}}\,(\mathrm{V\,m}^{-1})$ と磁界 $\boldsymbol{H}_{\mathrm{f}}\,(\mathrm{A\,m}^{-1})$ は，次のように表すことができる．

$$\boldsymbol{E}_{\mathrm{f}} = \boldsymbol{E}_0 \cos(\omega t - \boldsymbol{k}\cdot\boldsymbol{r}) \tag{9.1}$$

$$\boldsymbol{H}_{\mathrm{f}} = \boldsymbol{H}_0 \cos(\omega t - \boldsymbol{k}\cdot\boldsymbol{r}) \tag{9.2}$$

ここで，$\boldsymbol{E}_0\,(\mathrm{V\,m}^{-1})$ と $\boldsymbol{H}_0\,(\mathrm{A\,m}^{-1})$ はそれぞれ電界と磁界の**振幅ベクトル** (amplitude vector) である．

一方，平面電磁波が**後退波** (backward propagating wave) の場合，電界 $\boldsymbol{E}_{\mathrm{b}}\,(\mathrm{V\,m}^{-1})$ と磁界 $\boldsymbol{H}_{\mathrm{b}}\,(\mathrm{A\,m}^{-1})$ は，$\boldsymbol{k}\,(\mathrm{m}^{-1})$ の符号だけを反転し，次のように表される．

$$\boldsymbol{E}_{\mathrm{b}} = \boldsymbol{E}_0 \cos(\omega t + \boldsymbol{k}\cdot\boldsymbol{r}) \tag{9.3}$$

$$\boldsymbol{H}_{\mathrm{b}} = \boldsymbol{H}_0 \cos(\omega t + \boldsymbol{k}\cdot\boldsymbol{r}) \tag{9.4}$$

進行波と後退波を重ね合せると，定在波 (standing wave) が得られる．定在波の特徴は，時間が経過しても，変位 0 の点が移動しないことである．定在波における変位 0 の点は，**節** (node) とよばれる．定在波の電界 $\boldsymbol{E}\,(\mathrm{V\,m}^{-1})$ と磁界 $\boldsymbol{H}\,(\mathrm{A\,m}^{-1})$ は，式 (9.1)–(9.4) から次のように表される．

$$\boldsymbol{E} = \boldsymbol{E}_{\mathrm{f}} + \boldsymbol{E}_{\mathrm{b}} = 2\boldsymbol{E}_0 \cos(\omega t)\cos(\boldsymbol{k}\cdot\boldsymbol{r}) \tag{9.5}$$

$$\boldsymbol{H} = \boldsymbol{H}_{\mathrm{f}} + \boldsymbol{H}_{\mathrm{b}} = 2\boldsymbol{H}_0 \cos(\omega t)\cos(\boldsymbol{k}\cdot\boldsymbol{r}) \tag{9.6}$$

計算を簡単にするために，電磁波も複素表示（フェーザ表示）することが多い．進行波は，複素表示では次のように表される．

$$\boldsymbol{E}_{\mathrm{f}} = \boldsymbol{E}_0 \exp\left[\pm \mathrm{i}\,(\omega t - \boldsymbol{k}\cdot\boldsymbol{r})\right] \tag{9.7}$$

$$\boldsymbol{H}_{\mathrm{f}} = \boldsymbol{H}_0 \exp\left[\pm \mathrm{i}\,(\omega t - \boldsymbol{k}\cdot\boldsymbol{r})\right] \tag{9.8}$$

ここで，虚数単位 $\mathrm{i} = \sqrt{-1}$ の前の符号は，正負どちらでもよく，ωt と $\boldsymbol{k}\cdot\boldsymbol{r}$ の符号が異なることが，進行波の表現の特徴である．

後退波は，複素表示では次のように表される．

$$\boldsymbol{E}_{\mathrm{b}} = \boldsymbol{E}_0 \exp\left[\pm \mathrm{i}\,(\omega t + \boldsymbol{k}\cdot\boldsymbol{r})\right] \tag{9.9}$$

$$\boldsymbol{H}_{\mathrm{b}} = \boldsymbol{H}_0 \exp\left[\pm \mathrm{i}\,(\omega t + \boldsymbol{k}\cdot\boldsymbol{r})\right] \tag{9.10}$$

ここでも，虚数単位 i の前の符号は，正負どちらでもよく，ωt と $\boldsymbol{k}\cdot\boldsymbol{r}$ の符号が同じであることが，後退波の表現の特徴である．ただし，解析をするときは，虚数単位 i の前の符号は，どちらか一方に統一することが必要である．

9.2 真空中の光速

真空中を z 軸の正の方向に進行する図 9.1 のような平面電磁波を考え，$\boldsymbol{E} = (E_x, 0, 0)$，$\boldsymbol{H} = (0, H_y, 0)$ とおく．そして，E_x と H_y が，それぞれ次のように表されると仮定する．

$$E_x = E_0 \exp\left[-\mathrm{i}\,(\omega t - kz)\right] \tag{9.11}$$

$$H_y = H_0 \exp\left[-\mathrm{i}\,(\omega t - kz)\right] \tag{9.12}$$

式 (9.11)，(9.12) を $\mathrm{rot}\,\boldsymbol{H} = \partial \boldsymbol{D}/\partial t$ に代入して整理し，真空の誘電率 $\varepsilon_0\,(\mathrm{F\,m^{-1}})$ を用いると，次の結果が得られる．

$$kH_y = \varepsilon_0 \omega E_x \tag{9.13}$$

次に，式 (9.11)，(9.12) を $\mathrm{rot}\,\boldsymbol{E} = -\partial \boldsymbol{B}/\partial t$ に代入して整理し，真空の透磁率 $\mu_0\,(\mathrm{H\,m^{-1}})$ を用いると，次の関係が導かれる．

$$kE_x = \mu_0 \omega H_y \tag{9.14}$$

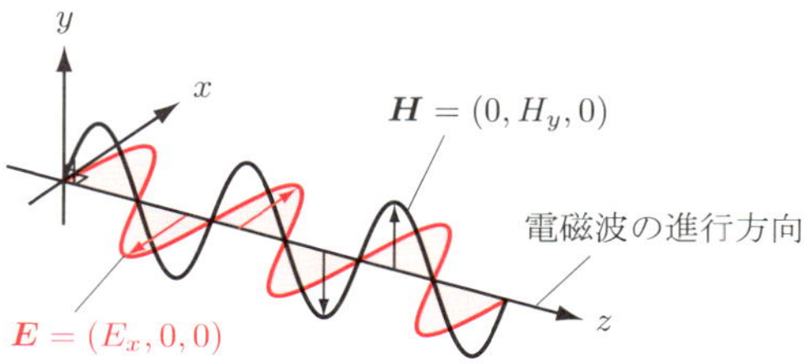

図 9.1　z 軸の正の方向に進行する電磁波

式 (9.13)，(9.14) を用いると，電磁波の速さと真空中の光速 $c\,(\mathrm{m\,s^{-1}})$ とが一致することが示され，その値は次のようになる．

$$c = \frac{1}{\sqrt{\varepsilon_0 \mu_0}} \tag{9.15}$$

ここで，$k = \omega/c$ を用いた．

9.3　ポインティング・ベクトル

平面電磁波のエネルギーの流れは，次のような**ポインティング・ベクトル** (Poynting's vector) $\boldsymbol{S}$ によって与えられる．

$$\boldsymbol{S} = \boldsymbol{E} \times \boldsymbol{H} \tag{9.16}$$

問題 9.1　表皮効果の深さ

電気伝導率 σ，誘電率 ε，透磁率 μ の一様な導体において，角周波数 ω をもつ電磁波に対する表皮効果の深さを求めよ．

意　義

電磁波は導体の表面付近にしか侵入できないことを理解する．

ヒント

- マクスウェル方程式を用いる．

解　答

図 9.2 のように座標軸を選び，$z \geq 0$ の領域に導体が存在し，電磁波が z 軸の正の方向に進行すると仮定する．また，電流が x 軸に沿った方向だけに流れるとする．

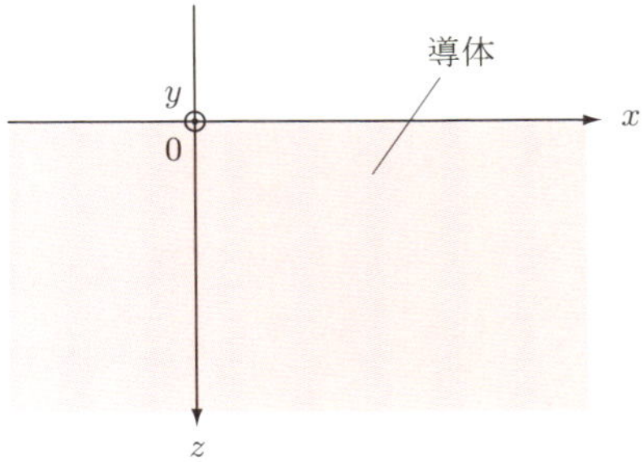

図 9.2　表皮効果

オームの法則から，電磁波の電界 $\boldsymbol{E}$ は x 成分 E_x だけをもつ．さらに，E_x が y 方向に一様であると仮定すると，マクスウェル方程式から次のようになる．

$$\mathrm{rot}\,\boldsymbol{E} = \nabla \times \boldsymbol{E} = \begin{vmatrix} \hat{\boldsymbol{x}} & \hat{\boldsymbol{y}} & \hat{\boldsymbol{z}} \\ \frac{\partial}{\partial x} & \frac{\partial}{\partial y} & \frac{\partial}{\partial z} \\ E_x & 0 & 0 \end{vmatrix} = \hat{\boldsymbol{y}}\frac{\partial E_x}{\partial z} - \hat{\boldsymbol{z}}\frac{\partial E_x}{\partial y}$$
$$= \hat{\boldsymbol{y}}\frac{\partial E_x}{\partial z} = -\frac{\partial \boldsymbol{B}}{\partial t} \tag{9.17}$$

式 (9.17) から，磁界 $\boldsymbol{H} = \boldsymbol{B}/\mu$ は y 成分 H_y だけをもち，次式が成り立つ．

$$\frac{\partial E_x}{\partial z} = -\mu\frac{\partial H_y}{\partial t} \tag{9.18}$$

磁界 $\boldsymbol{H}$ が y 成分 H_y だけをもつので，マクスウェル方程式から次の関係が導かれる．

$$\mathrm{rot}\,\boldsymbol{H} = \nabla \times \boldsymbol{H} = \begin{vmatrix} \hat{\boldsymbol{x}} & \hat{\boldsymbol{y}} & \hat{\boldsymbol{z}} \\ \frac{\partial}{\partial x} & \frac{\partial}{\partial y} & \frac{\partial}{\partial z} \\ 0 & H_y & 0 \end{vmatrix} = \hat{\boldsymbol{x}}\left(-\frac{\partial H_y}{\partial z}\right) + \hat{\boldsymbol{z}}\frac{\partial H_y}{\partial x}$$
$$= \left(\sigma E_x + \varepsilon\frac{\partial E_x}{\partial t}\right)\hat{\boldsymbol{x}} \tag{9.19}$$

ここで，電流密度を $\boldsymbol{i} = \sigma E_x \hat{\boldsymbol{x}}$ とおいた．

式 (9.19) から次式が得られる．

$$-\frac{\partial H_y}{\partial z} = \sigma E_x + \varepsilon\frac{\partial E_x}{\partial t}, \quad \frac{\partial H_y}{\partial x} = 0 \tag{9.20}$$

式 (9.18) を z について微分し，式 (9.20) の第 1 式を t について微分してから代入することで H_y を消去すると，次のようになる．

$$\frac{\partial^2 E_x}{\partial z^2} = \sigma\mu\frac{\partial E_x}{\partial t} + \varepsilon\mu\frac{\partial^2 E_x}{\partial t^2} \tag{9.21}$$

式 (9.20) の第 1 式を z について微分し，式 (9.18) を代入して E_x を消去すると，次のようになる．

$$\frac{\partial^2 H_y}{\partial z^2} = \sigma\mu\frac{\partial H_y}{\partial t} + \varepsilon\mu\frac{\partial^2 H_y}{\partial t^2} \tag{9.22}$$

式 (9.21) と式 (9.22) は同じ形をしているので，E_x と H_y は同じ形の解をもつ．ここでは，E_x をとりあげ，次のようにおく．

$$E_x = E_0 \exp[-\mathrm{i}\,(\omega t - kz)] \tag{9.23}$$

式 (9.23) を式 (9.21) に代入して整理すると，次式が得られる．

$$k^2 = \varepsilon\mu\omega^2 + \mathrm{i}\,\sigma\mu\omega \tag{9.24}$$

導体中では，一般に $\varepsilon\mu\omega^2 \ll \sigma\mu\omega$ が成り立つので，式 (9.24) から波数 k は次のように求められる．

$$k = \sqrt{\frac{\sigma\mu\omega}{2}}\,(1+\mathrm{i}) \equiv \frac{1}{\delta}(1+\mathrm{i}) \tag{9.25}$$

式 (9.25) を式 (9.23) に代入すると，次のようになる．

$$E_x = E_0 \exp\left[-\mathrm{i}\left(\omega t - \frac{1}{\delta}z\right)\right] \exp\left(-\frac{1}{\delta}z\right) \tag{9.26}$$

式 (9.26) は，平面電磁波が導体に侵入すると減衰し，導体表面から δ 程度の深さまでしか到達できないことを示している．この効果を**表皮効果** (skin effect) といい，$\delta = \sqrt{2/\sigma\mu\omega}$ は表皮効果の深さとよばれている．

真空中の光速 c を用いると，電磁波の波長は $\lambda = 2\pi c/\omega$ と表される．したがって，表皮効果の深さは $\delta = \sqrt{\lambda/\pi c\sigma\mu}$ と書くこともできる．

問題 9.2　真空中を伝搬する平面電磁波 (1)

式 (9.13) を導け.

意　義

マクスウェル方程式を通して，電界，磁界の関係を理解する.

ヒント

- 真空中では電流密度は 0 である.
- マクスウェル方程式の右辺，左辺を個別に計算する.

解　答

まず，式 (9.12) から，次のようになる.

$$\operatorname{rot}\boldsymbol{H} = \nabla \times \boldsymbol{H} = \begin{vmatrix} \hat{\boldsymbol{x}} & \hat{\boldsymbol{y}} & \hat{\boldsymbol{z}} \\ \frac{\partial}{\partial x} & \frac{\partial}{\partial y} & \frac{\partial}{\partial z} \\ 0 & H_y & 0 \end{vmatrix}$$

$$= \hat{\boldsymbol{x}}\left(-\frac{\partial H_y}{\partial z}\right) + \hat{\boldsymbol{z}}\frac{\partial H_y}{\partial x} = -\mathrm{i}\,kH_y\,\hat{\boldsymbol{x}} \tag{9.27}$$

次に，式 (9.11) から，次のようになる.

$$\frac{\partial \boldsymbol{D}}{\partial t} = \frac{\partial\,(\varepsilon_0 E_x)}{\partial t}\,\hat{\boldsymbol{x}} = -\mathrm{i}\,\varepsilon_0\omega E_x\,\hat{\boldsymbol{x}} \tag{9.28}$$

ここで，$\boldsymbol{D} = \varepsilon_0\boldsymbol{E}$ を用いた.

真空中では $\operatorname{rot}\boldsymbol{H} = \partial\boldsymbol{D}/\partial t$ が成り立つので，式 (9.27)，(9.28) から，次の結果が得られる.

$$kH_y = \varepsilon_0\omega E_x \tag{9.29}$$

問題 9.3 真空中を伝搬する平面電磁波 (2)

式 (9.14) を導け．

意　義

マクスウェル方程式を通して，電界，磁界の関係を理解する．

ヒント

- マクスウェル方程式の右辺，左辺を個別に計算する．

解　答

まず，式 (9.11) から，次のようになる．

$$
\begin{aligned}
\mathrm{rot}\,\boldsymbol{E} = \nabla \times \boldsymbol{E} &= \begin{vmatrix} \hat{\boldsymbol{x}} & \hat{\boldsymbol{y}} & \hat{\boldsymbol{z}} \\ \frac{\partial}{\partial x} & \frac{\partial}{\partial y} & \frac{\partial}{\partial z} \\ E_x & 0 & 0 \end{vmatrix} \\
&= \hat{\boldsymbol{y}}\frac{\partial E_x}{\partial z} + \hat{\boldsymbol{z}}\left(-\frac{\partial E_x}{\partial y}\right) = \mathrm{i}\,kE_x\,\hat{\boldsymbol{y}} \qquad (9.30)
\end{aligned}
$$

次に，式 (9.12) から，次のようになる．

$$
-\frac{\partial \boldsymbol{B}}{\partial t} = -\frac{\partial\,(\mu_0 H_y)}{\partial t}\,\hat{\boldsymbol{y}} = \mathrm{i}\,\mu_0 \omega H_y \hat{\boldsymbol{y}} \qquad (9.31)
$$

ここで，$\boldsymbol{B} = \mu_0 \boldsymbol{H}$ を用いた．式 (9.30)，(9.31) を $\mathrm{rot}\,\boldsymbol{E} = -\partial \boldsymbol{B}/\partial t$ に代入すると，次の結果が得られる．

$$
kE_x = \mu_0 \omega H_y \qquad (9.32)
$$

問題 9.4　一様な絶縁体中を伝搬する平面電磁波のエネルギー

一様な絶縁体中を伝搬する平面電磁波に対して，電界のエネルギーと磁界のエネルギーが等しいことを示せ．また，この平面電磁波のエネルギーの流れがポインティング・ベクトルによって与えられることを示せ．ただし，絶縁体の誘電率を ε，透磁率を μ とする．

意　義

平面電磁波のエネルギーについて理解を深める．

ヒント

- マクスウェル方程式を用いる．
- 電界のエネルギー密度と磁界のエネルギー密度を用いる．

解　答

平面電磁波が z 軸の正の方向に進行し，$\boldsymbol{E} = (E_x, 0, 0)$，$\boldsymbol{H} = (0, H_y, 0)$ とおく．そして，E_x と H_y が，それぞれ次のように表されると仮定する．

$$E_x = E_0 \exp[-\mathrm{i}\,(\omega t - kz)] \tag{9.33}$$

$$H_y = H_0 \exp[-\mathrm{i}\,(\omega t - kz)] \tag{9.34}$$

絶縁体中では，電流密度 $\boldsymbol{i} = 0$ である．したがって，$\mathrm{rot}\,\boldsymbol{H} = \partial \boldsymbol{D}/\partial t$ が成り立ち，この式に式 (9.33)，(9.34) を代入すると，次の結果が得られる．

$$\varepsilon\omega E_x = kH_y \tag{9.35}$$

式 (9.33)，(9.34) を $\mathrm{rot}\,\boldsymbol{E} = -\partial \boldsymbol{B}/\partial t$ に代入すると，次の結果が得られる．

$$kE_x = \mu\omega H_y \tag{9.36}$$

式 (9.35)，(9.36) から，次式が成り立つ．

$$\left(k^2 - \varepsilon\mu\omega^2\right) E_x H_y = \left(\frac{1}{v^2} - \varepsilon\mu\right) \omega^2 E_x H_y = 0 \tag{9.37}$$

ここで，$k = \omega/v$ であり，v は平面電磁波が絶縁体中を伝搬する速さである．

式 (9.37) から，v は次のように求められる．

$$v = \frac{1}{\sqrt{\varepsilon\mu}} \tag{9.38}$$

また，式 (9.35)，(9.36) の各辺同士をかけ，さらに 1/2 をかけると，次の関係が導かれる．

$$\frac{1}{2}\,\varepsilon {E_x}^2 = \frac{1}{2}\,\mu {H_y}^2 \tag{9.39}$$

式 (9.38)，(9.39) を用いると，平面電磁波のエネルギーの流れは，次のように表される．

$$\left(\frac{1}{2}\,\varepsilon {E_x}^2 + \frac{1}{2}\,\mu {H_y}^2\right) v = \varepsilon {E_x}^2 \frac{1}{\sqrt{\varepsilon\mu}} = \sqrt{\frac{\varepsilon}{\mu}}\, {E_x}^2 = \frac{H_y}{E_x}\, {E_x}^2 = E_x H_y \tag{9.40}$$

さて，$\boldsymbol{E} \perp \boldsymbol{H}$ だから，ポインティング・ベクトル $\boldsymbol{S} = \boldsymbol{E} \times \boldsymbol{H}$ の大きさ $|\boldsymbol{S}|$ は次のようになる．

$$|\boldsymbol{S}| = E_x H_y \tag{9.41}$$

式 (9.40) と式 (9.41) が一致していることから，平面電磁波のエネルギーの流れがポインティング・ベクトルによって与えられるといえる．

問題 9.5　導体中を進む平面電磁波 (1)

一様な導体中を進む平面電磁波の位相速度と減衰係数を求めよ．ただし，導体の電気伝導率を σ，誘電率を ε，透磁率を μ とする．

意　義

電気伝導率と電磁波の減衰との関係を理解する．

ヒント

- マクスウェル方程式を用いる．
- 電界と磁界を複素表示を用いて表す．

解　答

平面電磁波が z 軸の正の方向に進行し，$\boldsymbol{E} = (E_x, 0, 0)$，$\boldsymbol{H} = (0, H_y, 0)$ とおくと，マクスウェル方程式から次のようになる．

$$\mathrm{rot}\,\boldsymbol{E} = \nabla \times \boldsymbol{E} = \begin{vmatrix} \hat{\boldsymbol{x}} & \hat{\boldsymbol{y}} & \hat{\boldsymbol{z}} \\ \frac{\partial}{\partial x} & \frac{\partial}{\partial y} & \frac{\partial}{\partial z} \\ E_x & 0 & 0 \end{vmatrix} = \hat{\boldsymbol{y}}\frac{\partial E_x}{\partial z} - \hat{\boldsymbol{z}}\frac{\partial E_x}{\partial y} = -\mu\frac{\partial H_y}{\partial t}\hat{\boldsymbol{y}} \tag{9.42}$$

$$\begin{aligned}\mathrm{rot}\,\boldsymbol{H} = \nabla \times \boldsymbol{H} &= \begin{vmatrix} \hat{\boldsymbol{x}} & \hat{\boldsymbol{y}} & \hat{\boldsymbol{z}} \\ \frac{\partial}{\partial x} & \frac{\partial}{\partial y} & \frac{\partial}{\partial z} \\ 0 & H_y & 0 \end{vmatrix} = \hat{\boldsymbol{x}}\left(-\frac{\partial H_y}{\partial z}\right) + \hat{\boldsymbol{z}}\frac{\partial H_y}{\partial x} \\ &= \left(\sigma E_x + \varepsilon\frac{\partial E_x}{\partial t}\right)\hat{\boldsymbol{x}}\end{aligned} \tag{9.43}$$

ここで，電流密度を $\boldsymbol{i} = \sigma E_x \hat{\boldsymbol{x}}$ とおいた．

式 (9.42)，(9.43) から次の関係が導かれる．

$$\frac{\partial E_x}{\partial y} = 0, \quad \frac{\partial H_y}{\partial x} = 0 \tag{9.44}$$

$$\frac{\partial E_x}{\partial z} = -\mu\frac{\partial H_y}{\partial t}, \quad -\frac{\partial H_y}{\partial z} = \sigma E_x + \varepsilon\frac{\partial E_x}{\partial t} \tag{9.45}$$

式 (9.45) の第 1 式，第 2 式をそれぞれ z, t で微分し，H_y を消去すると，

$$\frac{\partial^2 E_x}{\partial z^2} = \sigma\mu\frac{\partial E_x}{\partial t} + \varepsilon\mu\frac{\partial^2 E_x}{\partial t^2} \tag{9.46}$$

が得られる．ここで，屈折率の実部を n_r，消衰係数を κ として，複素屈折率 $\tilde{n} = n_\mathrm{r} + \mathrm{i}\kappa$ を導入し，電界 E_x を次のように仮定する．

$$E_x = E_0 \exp[-\mathrm{i}\,(\omega t - kz)] = E_0 \exp\left[-\mathrm{i}\left(\omega t - \frac{n_\mathrm{r} + \mathrm{i}\kappa}{c}\omega z\right)\right] \tag{9.47}$$

なお，真空中の光速 c を用いて波数は $k = \tilde{n}\omega/c = (n_\mathrm{r} + \mathrm{i}\kappa)\omega/c$ と表され，位相速度は $v_\mathrm{p} = c/n_\mathrm{r}$，減衰係数は $\alpha = \omega\kappa/c$ によって与えられる．

式 (9.47) を式 (9.46) に代入して整理すると，次式が得られる．

$$\left(\frac{{n_\mathrm{r}}^2 - \kappa^2}{c^2} - \varepsilon\mu\right)\omega^2 + \mathrm{i}\left(\frac{2n_\mathrm{r}\kappa}{c^2}\omega - \sigma\mu\right)\omega = 0 \tag{9.48}$$

式 (9.48) が成り立つためには，式 (9.48) の左辺において，実部，虚部がそれぞれ 0 でなくてはならない．したがって，次の結果が得られる．

$${n_\mathrm{r}}^2 - \kappa^2 = c^2\varepsilon\mu \tag{9.49}$$

$$2n_\mathrm{r}\kappa = \frac{c^2\sigma\mu}{\omega} \tag{9.50}$$

式 (9.49)，(9.50) から，n_r と κ は，それぞれ次のようになる．

$$n_\mathrm{r} = \left\{\frac{c^2\mu}{2}\left[\varepsilon + \left(\varepsilon^2 + \frac{\sigma^2}{\omega^2}\right)^{1/2}\right]\right\}^{1/2} \tag{9.51}$$

$$\kappa = \left\{\frac{c^2\mu}{2}\left[-\varepsilon + \left(\varepsilon^2 + \frac{\sigma^2}{\omega^2}\right)^{1/2}\right]\right\}^{1/2} \tag{9.52}$$

式 (9.51)，式 (9.52) から，位相速度 $v_\mathrm{p} = c/n_\mathrm{r}$ と減衰係数 $\alpha = \omega\kappa/c$ は，それぞれ次のように表される．

$$v_\mathrm{p} = \frac{c}{n_\mathrm{r}} = c\left\{\frac{c^2\mu}{2}\left[\varepsilon + \left(\varepsilon^2 + \frac{\sigma^2}{\omega^2}\right)^{1/2}\right]\right\}^{-1/2} \tag{9.53}$$

$$\alpha = \frac{\omega\kappa}{c} = \frac{\omega}{c}\left\{\frac{c^2\mu}{2}\left[-\varepsilon + \left(\varepsilon^2 + \frac{\sigma^2}{\omega^2}\right)^{1/2}\right]\right\}^{1/2} \tag{9.54}$$

問題 9.6　導体中を進む平面電磁波 (2)

電磁波に対して，電界と磁界の比を電磁波のインピーダンスという．一様な導体中を進む平面電磁波のインピーダンスを求めよ．また，この平面電磁波の電界のエネルギーと磁界のエネルギーの比を求めよ．ただし，導体の電気伝導率を σ，誘電率を ε，透磁率を μ とする．

意　義

導体中を進む電磁波を理解する．

ヒント

- 複素屈折率を用いる．

解　答

平面電磁波が z 軸の正の方向に進行し，$\boldsymbol{E} = (E_x, 0, 0)$，$\boldsymbol{H} = (0, H_y, 0)$ とする．複素屈折率 $\tilde{n} = n_{\mathrm{r}} + \mathrm{i}\kappa$ を用いて，E_x と H_y を次のようにおく．

$$E_x = E_0 \exp[-\mathrm{i}\,(\omega t - kz)] = E_0 \exp\left[-\mathrm{i}\left(\omega t - \frac{n_{\mathrm{r}} + \mathrm{i}\kappa}{c}\,\omega z\right)\right] \tag{9.55}$$

$$H_y = H_0 \exp[-\mathrm{i}\,(\omega t - kz)] = H_0 \exp\left[-\mathrm{i}\left(\omega t - \frac{n_{\mathrm{r}} + \mathrm{i}\kappa}{c}\,\omega z\right)\right] \tag{9.56}$$

ここで，c は真空中の光速，n_{r} は式 (9.51) で与えられる屈折率の実部，κ は式 (9.52) によって表される消衰係数である．

式 (9.55)，(9.56) を式 (9.45) の第 1 式に代入すると，次のようになる．

$$\frac{n_{\mathrm{r}} + \mathrm{i}\kappa}{c}\,\omega E_x = \mu\omega H_y \tag{9.57}$$

式 (9.57) から，電磁波のインピーダンス Z は次のように求められる．

$$Z = \frac{E_x}{H_y} = \frac{c\mu}{n_{\mathrm{r}} + \mathrm{i}\kappa} = \frac{c\mu}{{n_{\mathrm{r}}}^2 + \kappa^2}\,(n_{\mathrm{r}} - \mathrm{i}\kappa) \tag{9.58}$$

この平面電磁波の電界のエネルギー $\varepsilon|E_x|^2/2$ と磁界のエネルギー $\mu|H_y|^2/2$

の比は，式 (9.58) から次のようになる．

$$\frac{\varepsilon|E_x|^2/2}{\mu|H_y|^2/2} = \frac{\varepsilon {E_x}^* E_x}{\mu {H_y}^* H_y} = \frac{\varepsilon}{\mu}\left(\frac{E_x}{H_y}\right)^* \frac{E_x}{H_y} = \frac{c^2\varepsilon\mu}{{n_\mathrm{r}}^2 + \kappa^2} \tag{9.59}$$

補　足

スカラーポテンシャル ϕ とベクトルポテンシャル $\boldsymbol{A}$

- クーロンゲージ：$\mathrm{div}\,\boldsymbol{A} = \nabla\cdot\boldsymbol{A} = 0$

$$\nabla^2\phi = -\frac{\rho}{\varepsilon_0}$$

$$\nabla^2\boldsymbol{A} = -\mu_0\,\boldsymbol{i}$$

ここで，ρ は電荷密度，ε_0 は真空の誘電率，μ_0 は真空の透磁率，$\boldsymbol{i}$ は電流密度である．

- ローレンツ・ゲージ：$\varepsilon_0\mu_0\dfrac{\partial\phi}{\partial t} = -\mathrm{div}\,\boldsymbol{A}$

$$\nabla^2\phi - \frac{1}{c^2}\frac{\partial^2\phi}{\partial t^2} = -\frac{\rho}{\varepsilon_0}$$

$$\nabla^2\boldsymbol{A} - \frac{1}{c^2}\frac{\partial^2\boldsymbol{A}}{\partial t^2} = -\mu_0\,\boldsymbol{i}$$

ここで，c は真空中の光速である．

問題 9.7　電離層の誘電率

電離層における電子が，他の気体分子との衝突によって抵抗力を受けるとき，電離層の誘電率を求めよ．ただし，抵抗力は，電子の速度 v に比例するとする．

意　義

電子に対する抵抗力と誘電率との関係を理解する．

ヒント

- 電子に対する抵抗力を考慮した運動方程式を立てる．
- 電子の変位と電界が振動解をもつと仮定する．

解　答

電子の質量を m_0，電子の変位を x，平均衝突時間を τ，時間を t とすると，電子に対する抵抗力は $-m_0 v/\tau = -(m_0/\tau)\,\mathrm{d}x/\mathrm{d}t$ と表すことができる．

電子の電荷を $-e$，電離層における電界を E とすると，電子に対する運動方程式は，次のようになる．

$$m_0 \frac{\mathrm{d}^2 x}{\mathrm{d}t^2} = -eE - \frac{m_0}{\tau}\frac{\mathrm{d}x}{\mathrm{d}t} \tag{9.60}$$

電子の変位 x と電界を E をそれぞれ次のようにおく．

$$x = x_0 \exp(\mathrm{i}\omega t),\ E = E_0 \exp(\mathrm{i}\omega t) \tag{9.61}$$

式 (9.61) を運動方程式 (9.60) に代入すると，次式が得られる．

$$\left(-m_0\omega^2 + \mathrm{i}\frac{m_0\omega}{\tau}\right)x = -eE \tag{9.62}$$

式 (9.62) から，電子の変位 x は，次のようになる．

$$x = \frac{eE}{m_0\omega^2 - \mathrm{i}\,m_0\omega/\tau} \tag{9.63}$$

電子の濃度を n とし，式 (9.63) を用いると，分極 P は次のように求められる．

$$P = -nex = -\frac{ne^2}{m_0\omega^2 - \mathrm{i}\,m_0\omega/\tau}E \tag{9.64}$$

電束密度 D は，式 (9.64) から次のように表される．

$$D = \varepsilon_0 E + P = \left(\varepsilon_0 - \frac{ne^2}{m_0\omega^2 - \mathrm{i}\,m_0\omega/\tau}\right)E = \varepsilon E \tag{9.65}$$

誘電率 ε は，式 (9.65) から次のように求められる．

$$\varepsilon = \varepsilon_0 - \frac{ne^2}{m_0\omega^2 - \mathrm{i}\,m_0\omega/\tau} \tag{9.66}$$

復　習

電束密度 $\boldsymbol{D}$

$$\boldsymbol{D} \equiv \varepsilon_0\boldsymbol{E} + \boldsymbol{P} = \varepsilon_{\mathrm{s}}\varepsilon_0\boldsymbol{E} = \varepsilon\boldsymbol{E}$$

分極 $\boldsymbol{P}$ と電気双極子モーメント $\boldsymbol{p}_n$

$$\boldsymbol{P} \equiv \sum_n \boldsymbol{p}_n = \sum_n q_n\boldsymbol{r}_n$$

問題 9.8　同軸ケーブルを伝わる信号の速さ

半径 b (m) の導体円筒の中に半径 a (m) の同心導線が配置され，導体円筒と導線との間に誘電率 ε $(\mathrm{F\,m^{-1}})$，透磁率 μ $(\mathrm{H\,m^{-1}})$ の物質が挿入されている．この同軸ケーブルを高周波信号が伝わる速さを求めよ．ただし，導体円筒の厚さは十分薄いとして無視せよ．

意　義

同軸ケーブルを高周波信号が伝わるときは，高周波信号に付随する電磁波が高周波信号のもつ電力を伝達していることを理解する．

ヒント

- 単位長さあたりの電気容量とインダクタンスを考える．
- 同軸ケーブルの長さ方向の位置における電圧と電流を考える．

解　答

第 2 章の式 (2.17) で求めたように，単位長さあたりの電気容量 C_{L} $(\mathrm{F\,m^{-1}})$ は次のようになる．

$$C_{\mathrm{L}} = \frac{2\pi\varepsilon}{\ln(b/a)} \tag{9.67}$$

次に，同軸ケーブルの単位長さあたりのインダクタンス L_{L} $(\mathrm{H\,m^{-1}})$ を求める．図 9.3 のように，半径 b (m) の導体円筒と半径 a (m) の同心導線に電流 I (A) が反対向きに流れているとする．そして，中心線を法線とし，中心線上に中心をもつ半径 r (m) の円の円周を周回経路として，アンペールの法則を適用する．

(a) $r < a$ の場合

$$\oint \boldsymbol{H}\cdot \mathrm{d}\boldsymbol{l} = 2\pi r H = \frac{I}{\pi a^2}\cdot \pi r^2 = \frac{r^2}{a^2} I \tag{9.68}$$

式 (9.68) から，磁界の大きさ H $(\mathrm{A\,m^{-1}})$ は，次のように表される．

$$H = \frac{I}{2\pi a^2} r \tag{9.69}$$

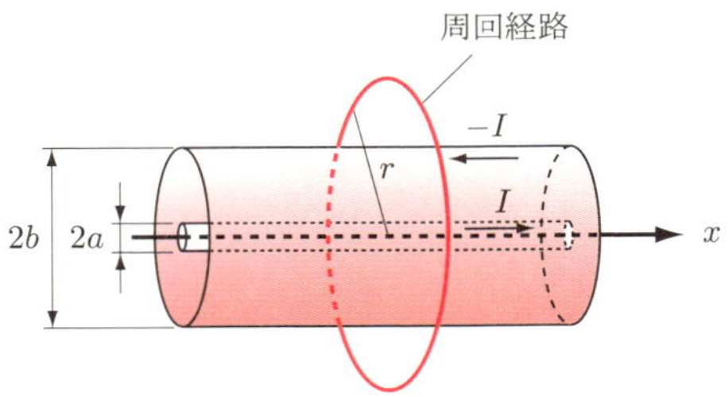

図 9.3 同軸ケーブルと周回経路

(b) $a \leq r < b$ の場合

$$\oint \boldsymbol{H} \cdot \mathrm{d}\boldsymbol{l} = 2\pi r H = I \tag{9.70}$$

式 (9.70) から，磁界の大きさ $H\,(\mathrm{A\,m^{-1}})$ は，次のように求められる．

$$H = \frac{I}{2\pi r} \tag{9.71}$$

(c) $r \geq b$ の場合

$$\oint \boldsymbol{H} \cdot \mathrm{d}\boldsymbol{l} = 2\pi r H = I + (-I) = 0 \tag{9.72}$$

式 (9.72) から，磁界の大きさ $H\,(\mathrm{A\,m^{-1}})$ は，次のようになる．

$$H = 0 \tag{9.73}$$

単位長さあたりの磁気エネルギー $U_\mathrm{L}\,(\mathrm{J\,m^{-1}})$ は，式 (9.69)，(9.71)，(9.73) から，次のようになる．

$$\begin{aligned} U_\mathrm{L} &= \iint \frac{1}{2}\mu H^2\,\mathrm{d}S \\ &= \frac{1}{2}\mu \int_0^a \mathrm{d}r \int_0^{2\pi} \mathrm{d}\varphi\, r \left(\frac{I}{2\pi a^2} r\right)^2 + \frac{1}{2}\mu \int_a^b \mathrm{d}r \int_0^{2\pi} \mathrm{d}\varphi\, r \left(\frac{I}{2\pi r}\right)^2 \\ &= \frac{\mu}{4\pi}\left(\frac{1}{4} + \ln\frac{b}{a}\right) I^2 \simeq \frac{1}{2}\left(\frac{\mu}{2\pi}\ln\frac{b}{a}\right) I^2 \equiv \frac{1}{2} L_\mathrm{L} I^2 \end{aligned} \tag{9.74}$$

ここで，問題 9.1 で示したように，表皮効果によって，高周波の電磁界はほとんど導体内部には入らないことから，式 (9.74) の 2 行目第 1 項の寄与，つまり式 (9.74) の 3 行目のカッコ内第 1 項の寄与は十分小さいとして無視した．

高周波信号に対する単位長さあたりのインダクタンス $L_{\mathrm{L}}\,(\mathrm{H\,m^{-1}})$ は，式 (9.74) から次のようになる．

$$L_{\mathrm{L}} = \frac{\mu}{2\pi}\ln\frac{b}{a} \tag{9.75}$$

図 9.3 において，位置 $x\,(\mathrm{m})$ における電流を $I\,(\mathrm{A})$，電圧を $V\,(\mathrm{V})$ とし，位置 $x+\mathrm{d}x\,(\mathrm{m})$ における電流を $I+\mathrm{d}I\,(\mathrm{A})$，電圧を $V+\mathrm{d}V\,(\mathrm{V})$ とすると，次式が成り立つ．

$$\mathrm{d}I = (C_{\mathrm{L}}\,\mathrm{d}x)\,\frac{\partial V}{\partial t}, \quad \mathrm{d}V = (L_{\mathrm{L}}\,\mathrm{d}x)\,\frac{\partial I}{\partial t} \tag{9.76}$$

式 (9.76) から，次の偏微分方程式が得られる．

$$\frac{\partial I}{\partial x} = C_{\mathrm{L}}\frac{\partial V}{\partial t}, \quad \frac{\partial V}{\partial x} = L_{\mathrm{L}}\frac{\partial I}{\partial t} \tag{9.77}$$

ここで，左辺が変数 x のみについての微分であることを強調するために，偏微分記号を用いた．

式 (9.77) の第 1 式，第 2 式をそれぞれ x, t について偏微分し，電圧 $V\,(\mathrm{V})$ を消去すると，次のようになる．

$$\frac{\partial^2 I}{\partial t^2} = \frac{1}{L_{\mathrm{L}}C_{\mathrm{L}}}\frac{\partial^2 I}{\partial x^2} \tag{9.78}$$

高周波信号の速さを $v\,(\mathrm{m\,s^{-1}})$ として，関数 $f(x-vt)$ と $g(x+vt)$ を用いて，電流 $I\,(\mathrm{A})$ を次のようにおく．

$$I = f(x-vt) + g(x+vt) = f(s_1) + g(s_2) \tag{9.79}$$

ただし，$s_1 = x - vt$, $s_2 = x + vt$ とした．式 (9.79) から次式が得られる．

$$\begin{aligned}\frac{\partial I}{\partial t} &= \frac{\partial s_1}{\partial t}\frac{\partial f}{\partial s_1} + \frac{\partial s_2}{\partial t}\frac{\partial g}{\partial s_2} = -v\frac{\partial f}{\partial s_1} + v\frac{\partial g}{\partial s_2}\\ &= -v\frac{\partial x}{\partial s_1}\frac{\partial f}{\partial x} + v\frac{\partial x}{\partial s_2}\frac{\partial g}{\partial x} = -v\frac{\partial f}{\partial x} + v\frac{\partial g}{\partial x}\end{aligned} \tag{9.80}$$

$$\begin{aligned}\frac{\partial^2 I}{\partial t^2} &= \frac{\partial}{\partial t}\left(\frac{\partial I}{\partial t}\right) = \frac{\partial s_1}{\partial t}\frac{\partial}{\partial s_1}\left(-v\frac{\partial f}{\partial x}\right) + \frac{\partial s_2}{\partial t}\frac{\partial}{\partial s_2}\left(v\frac{\partial g}{\partial x}\right)\\ &= v^2\frac{\partial x}{\partial s_1}\frac{\partial}{\partial x}\left(\frac{\partial f}{\partial x}\right) + v^2\frac{\partial x}{\partial s_2}\frac{\partial}{\partial x}\left(\frac{\partial g}{\partial x}\right)\\ &= v^2\frac{\partial^2 f}{\partial x^2} + v^2\frac{\partial^2 g}{\partial x^2} = v^2\frac{\partial^2}{\partial x^2}(f+g) = v^2\frac{\partial^2 I}{\partial x^2}\end{aligned} \tag{9.81}$$

式 (9.81) を式 (9.78) の左辺に代入すると，次のようになる．

$$\frac{\partial^2 I}{\partial t^2} = v^2 \frac{\partial^2 I}{\partial x^2} = \frac{1}{L_\mathrm{L} C_\mathrm{L}} \frac{\partial^2 I}{\partial x^2} \tag{9.82}$$

式 (9.82)，(9.67)，(9.75) から，高周波信号の速さを $v\,(\mathrm{m\,s^{-1}})$ は次のように求められる．

$$v = \frac{1}{\sqrt{L_\mathrm{L} C_\mathrm{L}}} = \frac{1}{\sqrt{\varepsilon\mu}} \tag{9.83}$$

式 (9.83) は式 (9.38) と一致している．このことから，**高周波信号の速さ $v\,(\mathrm{m\,s^{-1}})$ は高周波信号に付随する電磁波の速さである**ことがわかる．つまり，同軸ケーブルを高周波信号が伝わるときは，高周波信号に付随する電磁波が高周波信号のもつ電力を伝達しているのである．

補　足

導線中の電子の速さ v_e と高周波信号の速さ v

導線中の電子の速さ $v_\mathrm{e}\,(\mathrm{m\,s^{-1}})$ は，銅製の半径 $r = 1.00\,\mathrm{mm}$ の導線に電流 $I = 10.0\,\mathrm{mA}$ が流れている場合，次のようになる．

$$v_\mathrm{e} = \frac{I}{neS} = 2.35 \times 10^{-4}\,\mathrm{m\,s^{-1}}$$

ここで，n は電子濃度，e は電気素量，S は導線の断面積である．

高周波信号の速さ $v\,(\mathrm{m\,s^{-1}})$ は，絶縁体の比誘電率 $\varepsilon_\mathrm{s} = 2.2$，比透磁率 $\mu_\mathrm{s} = 1$ の場合，次のようになる．

$$v = \frac{1}{\sqrt{\varepsilon\mu}} = \frac{1}{\sqrt{\varepsilon_\mathrm{s}\varepsilon_0\mu_\mathrm{s}\mu_0}} = 2.02 \times 10^{8}\,\mathrm{m\,s^{-1}} \gg v_\mathrm{e}$$

問題 9.9　垂直入射時の光の反射

結晶表面に垂直に光が入射するとき，電界に対する反射率 r を求めよ．ただし，結晶内を伝搬する透過光の波数 k'' は，結晶の複素屈折率を用いて，次式で表されるとする．

$$k'' = (n_{\mathrm{r}} + \mathrm{i}\,\kappa)\frac{\omega}{c} = (n_{\mathrm{r}} + \mathrm{i}\,\kappa)k \tag{9.84}$$

ここで，n_{r} は屈折率，κ は消衰係数，ω は光の角周波数，c は真空中の光速，$k = \omega/c$ は光の波数である．

意　義

光の反射と複素屈折率の関係を理解する．

ヒ ン ト

- 電界と磁界の境界条件を用いる．

解　答

入射光として，z 方向に伝搬する平面波を考え，電界が x 成分のみをもつとする．そして，入射光の電界 E_x を次のようにおく．

$$E_x = A\exp[-\,\mathrm{i}\,(\omega t - kz)] \tag{9.85}$$

ここで，A は入射光の電界の振幅，ω は入射光の角周波数，k は入射光の波数である．また，反射光の電界 E_x'，透過光の電界 E_x'' をそれぞれ次のように表す．

$$E_x' = -\,A'\exp[-\,\mathrm{i}\,(\omega t + kz)],\quad E_x'' = A''\,\exp[-\,\mathrm{i}\,(\omega t - k''z)] \tag{9.86}$$

マクスウェル方程式 $\mathrm{rot}\,\boldsymbol{E} = -\partial\boldsymbol{B}/\partial t$ から，次のようになる．

$$\mathrm{rot}\,\boldsymbol{E} = \nabla \times \boldsymbol{E} = \begin{vmatrix} \hat{\boldsymbol{x}} & \hat{\boldsymbol{y}} & \hat{\boldsymbol{z}} \\ \frac{\partial}{\partial x} & \frac{\partial}{\partial y} & \frac{\partial}{\partial z} \\ E_x & 0 & 0 \end{vmatrix} = \hat{\boldsymbol{y}}\frac{\partial E_x}{\partial z} - \hat{\boldsymbol{z}}\frac{\partial E_x}{\partial y}$$

$$= \hat{\boldsymbol{y}}\frac{\partial E_x}{\partial z} = -\frac{\partial \boldsymbol{B}}{\partial t} \tag{9.87}$$

式 (9.87) から，磁界 $\boldsymbol{H} = \boldsymbol{B}/\mu_0$ は y 成分 H_y だけをもち，次式が成り立つ.

$$\frac{\partial E_x}{\partial z} = \mathrm{i}\,kE_x = \mathrm{i}\,\frac{\omega}{c}E_x = \mathrm{i}\sqrt{\varepsilon_0\mu_0}\,\omega E_x = -\mu_0\frac{\partial H_y}{\partial t} \tag{9.88}$$

ここで，ε_0 は真空の誘電率，μ_0 は真空の透磁率であり，$c = 1/\sqrt{\varepsilon_0\mu_0}$ を用いた.

式 (9.88) に式 (9.85) を代入し，式 (9.86) についても同様な計算をすると，入射光の磁界 H_y，反射光の磁界 H'_y，透過光の磁界 H''_y は，次のように表される.

$$H_y = \sqrt{\frac{\varepsilon_0}{\mu_0}}A\exp[-\mathrm{i}\,(\omega t - kz)] \tag{9.89}$$

$$H'_y = \sqrt{\frac{\varepsilon_0}{\mu_0}}A'\exp[-\mathrm{i}\,(\omega t + kz)] \tag{9.90}$$

$$H''_y = (n_\mathrm{r} + \mathrm{i}\,\kappa)\sqrt{\frac{\varepsilon_0}{\mu_0}}A''\exp[-\mathrm{i}\,(\omega t - k''z)] \tag{9.91}$$

境界において電界の接線成分は連続，磁界の接線成分は連続だから，空気と結晶の境界を $z = 0$ とすると，次式が成り立つ.

$$E_x + E'_x = E''_x,\quad H_y + H'_y = H''_y \tag{9.92}$$

したがって，

$$A - A' = A'',\quad A + A' = (n_\mathrm{r} + \mathrm{i}\,\kappa)A'' \tag{9.93}$$

が成立する．この結果，電界に対する反射率 r は，次のように求められる.

$$r = \frac{A'}{A} = \frac{n_\mathrm{r} + \mathrm{i}\,\kappa - 1}{n_\mathrm{r} + \mathrm{i}\,\kappa + 1} \tag{9.94}$$

問題 9.10　電気双極子放射

振動する電気双極子が放射する電磁界を求めよ．

意　義

発光のメカニズムの基礎である．

ヒント

- スカラーポテンシャル ϕ とベクトルポテンシャル $\boldsymbol{A}$ を用いる．
- 電流の変化の情報が伝わる時間を考慮する．
- ローレンツ・ゲージを用いる．

解　答

図 9.4 のように，xyz-座標系を用い，電気双極子の位置を原点，点 P の位置を (x, y, z) とする．そして，原点を始点として点 P を終点とするベクトルを $\boldsymbol{r}$ とする．

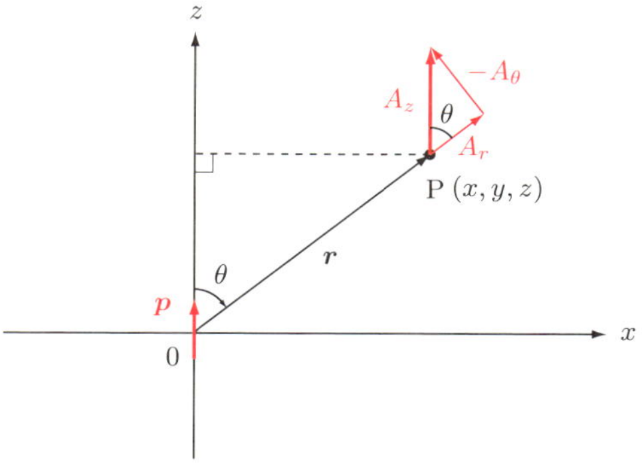

図 9.4　電気双極子の周囲のベクトルポテンシャル

電気双極子モーメント $\boldsymbol{p}$ の大きさ p を時間 t の関数として次のようにおく．

$$p = p_0 \sin(\omega t) \tag{9.95}$$

原点における振動電流は z 方向だけに流れる．この振動電流を I とすると，

式 (9.95) から次のように表される.

$$I\,\mathrm{d}z = \frac{\partial p}{\partial t} = \omega p_0 \cos(\omega t) \tag{9.96}$$

ここで, $\mathrm{d}z$ は z 軸上の微小経路の長さである.

原点における振動電流が z 方向だけに流れることから, ベクトルポテンシャル $\boldsymbol{A}$ は z 成分 A_z だけをもつ. また, 原点における電流の変化の情報が点 P まで届くには, $|\boldsymbol{r}|/c = r/c$ だけ時間がかかる. したがって, 時刻 t での点 P におけるベクトルポテンシャルは, 時刻 t より前の時刻である $t - r/c$ での原点における電流の変化によって与えられる. この結果, 点 P における A_z は次のようになる.

$$A_z = \left[\mu_0 \frac{I\,\mathrm{d}z}{4\pi r}\right]_{t-r/c} = \frac{\mu_0 \omega p_0}{4\pi r} \cos\left[\omega\left(t - \frac{r}{c}\right)\right] = \frac{\mu_0 \omega p_0}{4\pi r} \cos(\omega t - kr) \tag{9.97}$$

ここで, μ_0 は真空の透磁率であり, $k = \omega/c$ とおいた.

極座標 (r, θ, φ) を用いると, ベクトルポテンシャル $\boldsymbol{A}$ の r 成分 A_r, θ 成分 A_θ, φ 成分 A_φ は, 図 9.4 から次のように表される.

$$A_r = A_z \cos\theta = \frac{\mu_0 \omega p_0 \cos\theta}{4\pi r} \cos(\omega t - kr) \tag{9.98}$$

$$A_\theta = -A_z \sin\theta = -\frac{\mu_0 \omega p_0 \sin\theta}{4\pi r} \cos(\omega t - kr) \tag{9.99}$$

$$A_\varphi = 0 \tag{9.100}$$

式 (9.98)–(9.100) から, $\mathrm{div}\,\boldsymbol{A}$ は次のようになる.

$$\begin{aligned}\mathrm{div}\,\boldsymbol{A} &= \frac{1}{r^2}\frac{\partial}{\partial r}\left(r^2 A_r\right) + \frac{1}{r\sin\theta}\frac{\partial}{\partial \theta}\left(A_\theta \sin\theta\right) + \frac{1}{r\sin\theta}\frac{\partial}{\partial \varphi} A_\varphi \\ &= \frac{\mu_0 \omega p_0 \cos\theta}{4\pi r^2}\left[kr\sin(\omega t - kr) - \cos(\omega t - kr)\right]\end{aligned} \tag{9.101}$$

ここで, 次のローレンツ・ゲージ (Lorentz gauge) を用いる.

$$\varepsilon_0 \mu_0 \frac{\partial \phi}{\partial t} = -\mathrm{div}\,\boldsymbol{A} \tag{9.102}$$

ただし, ϕ はスカラーポテンシャル, ε_0 は真空の誘電率である.

積分定数を 0 とすると，スカラーポテンシャル ϕ は，式 (9.101)，(9.102) から，次のように求められる．

$$\phi = -\frac{1}{\varepsilon_0\mu_0}\int \mathrm{div}\,\boldsymbol{A}\,\mathrm{d}t = \frac{p_0\cos\theta}{4\pi\varepsilon_0 r^2}\left[kr\cos(\omega t - kr) + \sin(\omega t - kr)\right] \tag{9.103}$$

式 (9.98)–(9.100)，(9.103) から，電界 $\boldsymbol{E}$ の r 成分 E_r，θ 成分 E_θ，φ 成分 E_φ は，次のように表される．

$$\begin{aligned} E_r &= -\frac{\partial\phi}{\partial r} - \frac{\partial A_r}{\partial t} \\ &= \frac{p_0\cos\theta}{2\pi\varepsilon_0 r^3}\left[kr\cos(\omega t - kr) + \sin(\omega t - kr)\right] \end{aligned} \tag{9.104}$$

$$\begin{aligned} E_\theta &= -\frac{1}{r}\frac{\partial\phi}{\partial\theta} - \frac{\partial A_\theta}{\partial t} \\ &= \frac{p_0\sin\theta}{4\pi\varepsilon_0 r^3}\left[kr\cos(\omega t - kr) + (1 - k^2r^2)\sin(\omega t - kr)\right] \end{aligned} \tag{9.105}$$

$$E_\varphi = -\frac{1}{r\sin\theta}\frac{\partial\phi}{\partial\varphi} - \frac{\partial A_\varphi}{\partial t} = 0 \tag{9.106}$$

ここで，$\varepsilon_0\mu_0\omega^2 = \omega^2/c^2 = k^2$ を用いた．

式 (9.98)–(9.100) から，磁束密度 $\boldsymbol{B}$ (T) の r 成分 B_r，θ 成分 B_θ，φ 成分 B_φ は，次のように表される．

$$\begin{aligned} B_r &= \mathrm{rot}_r\boldsymbol{A} = (\nabla\times\boldsymbol{A})_r = \frac{1}{r\sin\theta}\frac{\partial}{\partial\theta}(A_\varphi\sin\theta) - \frac{1}{r\sin\theta}\frac{\partial}{\partial\varphi}A_\theta \\ &= 0 \end{aligned} \tag{9.107}$$

$$\begin{aligned} B_\theta &= \mathrm{rot}_\theta\boldsymbol{A} = (\nabla\times\boldsymbol{A})_\theta = \frac{1}{r\sin\theta}\frac{\partial}{\partial\varphi}A_r - \frac{1}{r}\frac{\partial}{\partial r}(rA_\varphi) \\ &= 0 \end{aligned} \tag{9.108}$$

$$\begin{aligned} B_\varphi &= \mathrm{rot}_\varphi\boldsymbol{A} = (\nabla\times\boldsymbol{A})_\varphi = \frac{1}{r}\frac{\partial}{\partial r}(rA_\theta) - \frac{1}{r}\frac{\partial}{\partial\theta}A_r \\ &= \frac{\mu_0\omega p_0\sin\theta}{4\pi r^2}\left[\cos(\omega t - kr) - kr\sin(\omega t - kr)\right] \end{aligned} \tag{9.109}$$

付録 A

電磁気学における基本方程式

マクスウェル方程式

$$\mathrm{rot}\,\boldsymbol{H} = \nabla \times \boldsymbol{H} = \boldsymbol{i} + \frac{\partial \boldsymbol{D}}{\partial t} \tag{A.1}$$

$$\mathrm{rot}\,\boldsymbol{E} = \nabla \times \boldsymbol{E} = -\frac{\partial \boldsymbol{B}}{\partial t} \tag{A.2}$$

$$\mathrm{div}\,\boldsymbol{D} = \nabla \cdot \boldsymbol{D} = \rho \tag{A.3}$$

$$\mathrm{div}\,\boldsymbol{B} = \nabla \cdot \boldsymbol{B} = 0 \tag{A.4}$$

ここで，$\boldsymbol{H}$ は磁界，$\boldsymbol{i}$ は電流密度，$\boldsymbol{D}$ は電束密度，$\boldsymbol{E}$ は電界，$\boldsymbol{B}$ は磁束密度，ρ は電荷密度である．なお，∇ はナブラ (nabla) とよばれる微分演算子であり，xyz-座標系では，次のように定義されている．

$$\nabla \equiv \frac{\partial}{\partial x}\hat{\boldsymbol{x}} + \frac{\partial}{\partial y}\hat{\boldsymbol{y}} + \frac{\partial}{\partial z}\hat{\boldsymbol{z}} \tag{A.5}$$

ただし，$\hat{\boldsymbol{x}}$, $\hat{\boldsymbol{y}}$, $\hat{\boldsymbol{z}}$ は，それぞれ各軸の正の方向を向いた単位ベクトルである．

電界と電束密度

$$\boldsymbol{D} \equiv \varepsilon_0 \boldsymbol{E} + \boldsymbol{P} = \varepsilon \boldsymbol{E} = \varepsilon_\mathrm{s}\varepsilon_0 \boldsymbol{E} \tag{A.6}$$

ここで，ε_0 は真空の誘電率，$\boldsymbol{P}$ は分極，ε は誘電率，ε_s は比誘電率である．

磁界と磁束密度

$$\boldsymbol{B} \equiv \mu_0 (\boldsymbol{H} + \boldsymbol{M}) = \mu \boldsymbol{H} = \mu_\mathrm{s}\mu_0 \boldsymbol{H} \tag{A.7}$$

ここで，μ_0 は真空の透磁率，$\boldsymbol{M}$ は磁化，μ は透磁率，μ_s は比誘磁率である．

ベクトルポテンシャルとスカラーポテンシャル

$$\boldsymbol{B} = \mathrm{rot}\,\boldsymbol{A} = \nabla \times \boldsymbol{A} \tag{A.8}$$

$$\boldsymbol{E}' = -\nabla\phi - \frac{\partial \boldsymbol{A}}{\partial t} + \boldsymbol{v} \times \boldsymbol{B} \tag{A.9}$$

ここで，$\boldsymbol{A}$ はベクトルポテンシャル，$\boldsymbol{E}'$ は運動している導体が感じる電界，ϕ はスカラーポテンシャル，$\boldsymbol{v}$ は導体の速度である．

連続の式

$$\frac{\partial \rho}{\partial t} + \mathrm{div}\,\boldsymbol{i} = 0 \tag{A.10}$$

ガウスの法則

$$\iint \boldsymbol{E} \cdot \boldsymbol{n}\,\mathrm{d}S = \frac{Q}{\varepsilon} = \frac{Q}{\varepsilon_{\mathrm{s}}\varepsilon_0} \tag{A.11}$$

ここで，$\boldsymbol{n}$ は閉曲面表面の単位法線ベクトル，$\mathrm{d}S$ は閉曲面表面の微小面積，Q は閉曲面内に存在する全電荷である．

ビオー-サヴァールの法則

$$\boldsymbol{H} = \int \frac{I}{4\pi r^3}\,\mathrm{d}\boldsymbol{s} \times \boldsymbol{r} \tag{A.12}$$

ここで，I は導線に流れている定常電流，$\mathrm{d}\boldsymbol{s}$ は導線上の微小経路ベクトルであって定常電流 I と同じ方向をもつ．また，$\boldsymbol{r}$ は $\mathrm{d}\boldsymbol{s}$ の始点から測定点に引いたベクトルであり，$|\boldsymbol{r}| = r$ とした．

アンペールの法則

$$\oint \boldsymbol{H} \cdot \mathrm{d}\boldsymbol{l} = I \tag{A.13}$$

ここで，$\mathrm{d}\boldsymbol{l}$ は周回経路上の微小経路ベクトル，I は周回経路を縁とする面を貫く全電流である．

付録 B

極座標におけるベクトル解析

B.1 一般座標

計量と尺度係数

xyz-座標系における 2 点 (x, y, z), $(x+\mathrm{d}x, y+\mathrm{d}y, z+\mathrm{d}z)$ 間の微小距離を $\mathrm{d}s$ とすると，次のように表される．

$$\mathrm{d}s^2 = \mathrm{d}x^2 + \mathrm{d}y^2 + \mathrm{d}z^2 \tag{B.1}$$

一般座標 q_1, q_2, q_3 を導入して，x, y, z を q_1, q_2, q_3 の関数として表すと，次の関係が成り立つ．

$$\mathrm{d}x = \frac{\partial x}{\partial q_1}\mathrm{d}q_1 + \frac{\partial x}{\partial q_2}\mathrm{d}q_2 + \frac{\partial x}{\partial q_3}\mathrm{d}q_3 \tag{B.2}$$

$$\mathrm{d}y = \frac{\partial y}{\partial q_1}\mathrm{d}q_1 + \frac{\partial y}{\partial q_2}\mathrm{d}q_2 + \frac{\partial y}{\partial q_3}\mathrm{d}q_3 \tag{B.3}$$

$$\mathrm{d}z = \frac{\partial z}{\partial q_1}\mathrm{d}q_1 + \frac{\partial z}{\partial q_2}\mathrm{d}q_2 + \frac{\partial z}{\partial q_3}\mathrm{d}q_3 \tag{B.4}$$

式 (B.2)–(B.4) を式 (B.1) に代入すると，次のようになる．

$$\mathrm{d}s^2 = \sum_i \sum_j g_{ij}\mathrm{d}q_i\mathrm{d}q_j \tag{B.5}$$

ここで導入した**計量** (metric) g_{ij} は，次式によって定義されている．

$$g_{ij} \equiv \frac{\partial x}{\partial q_i}\frac{\partial x}{\partial q_j} + \frac{\partial y}{\partial q_i}\frac{\partial y}{\partial q_j} + \frac{\partial z}{\partial q_i}\frac{\partial z}{\partial q_j} \tag{B.6}$$

一般座標 q_1, q_2, q_3 を用いた $q_1q_2q_3$-座標系が直交座標系の場合，式 (B.5) は次のように簡単化される．

$$ds^2 = \sum_i g_{ii} dq_i{}^2 \equiv \sum_i h_i{}^2 dq_i{}^2 = \sum_i (h_i\, dq_i)^2 = \sum_i ds_i{}^2 \tag{B.7}$$

ここで，h_i は**尺度係数** (scale factor) であり，$h_i\, dq_i = ds_i$ とおいた．尺度係数 h_i として正の値をとると，式 (B.6)，式 (B.7) から次のようになる．

$$h_i = \left[\left(\frac{\partial x}{\partial q_i}\right)^2 + \left(\frac{\partial y}{\partial q_i}\right)^2 + \left(\frac{\partial z}{\partial q_i}\right)^2\right]^{1/2} \tag{B.8}$$

勾　配

$q_1 q_2 q_3$-座標系において，各軸方向の単位ベクトルを $\hat{\boldsymbol{e}}_1, \hat{\boldsymbol{e}}_2, \hat{\boldsymbol{e}}_3$ とする．このとき，スカラー関数 ϕ の**勾配** (gradient) は，次のように表される．

$$\begin{aligned}\operatorname{grad}\phi = \nabla\phi &= \frac{\partial\phi}{\partial s_1}\,\hat{\boldsymbol{e}}_1 + \frac{\partial\phi}{\partial s_2}\,\hat{\boldsymbol{e}}_2 + \frac{\partial\phi}{\partial s_3}\,\hat{\boldsymbol{e}}_3 \\ &= \frac{1}{h_1}\frac{\partial\phi}{\partial q_1}\,\hat{\boldsymbol{e}}_1 + \frac{1}{h_2}\frac{\partial\phi}{\partial q_2}\,\hat{\boldsymbol{e}}_2 + \frac{1}{h_3}\frac{\partial\phi}{\partial q_3}\,\hat{\boldsymbol{e}}_3 \\ &= \sum_i \frac{1}{h_i}\frac{\partial\phi}{\partial q_i}\,\hat{\boldsymbol{e}}_i \end{aligned} \tag{B.9}$$

発　散

ベクトル $\boldsymbol{A}$ の**発散** (divergence) は，次式によって定義される．

$$\operatorname{div}\boldsymbol{A} = \nabla\cdot\boldsymbol{A} \equiv \lim_{\Delta V\to 0}\frac{\displaystyle\iint \boldsymbol{A}\cdot\boldsymbol{n}\, dS}{\Delta V} \tag{B.10}$$

ここで，ΔV は図 B.1 の微小空間の体積であって，次のように表される．

$$\Delta V = \Delta s_1 \Delta s_2 \Delta s_3 = h_1 h_2 h_3 \Delta q_1 \Delta q_2 \Delta q_3 \tag{B.11}$$

また，$\boldsymbol{n}$ は図 B.1 の微小空間の表面における単位法線ベクトルであって，微小空間の内側から外側に向いている．なお，dS は微小空間の表面の微小面積である．

ベクトル $\boldsymbol{A}, \boldsymbol{n}$ の平行／反平行という関係に注意して面積分をおこなうと，次の結果が得られる．

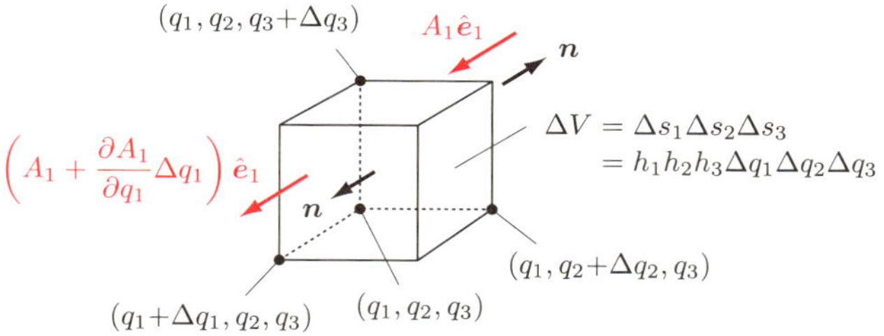

図 B.1　$q_1q_2q_3$-座標系における微小空間

$$\iint \boldsymbol{A}\cdot\boldsymbol{n}\,\mathrm{d}S = -\left(A_1\Delta s_2\Delta s_3\right)_{q_1} + \left(A_1\Delta s_2\Delta s_3\right)_{q_1+\Delta q_1}$$
$$-\left(A_2\Delta s_3\Delta s_1\right)_{q_2} + \left(A_2\Delta s_3\Delta s_1\right)_{q_2+\Delta q_2}$$
$$-\left(A_3\Delta s_1\Delta s_2\right)_{q_3} + \left(A_3\Delta s_1\Delta s_2\right)_{q_3+\Delta q_3} \quad \text{(B.12)}$$

式 (B.12) の右辺の第 2 項，第 4 項，第 6 項をテイラー展開し，1 次の項まで残すと，次のようになる．

$$\left(A_1\Delta s_2\Delta s_3\right)_{q_1+\Delta q_1} = \left(A_1\Delta s_2\Delta s_3\right)_{q_1} + \frac{\partial}{\partial q_1}\left(A_1\Delta s_2\Delta s_3\right)\Delta q_1 \quad \text{(B.13)}$$

$$\left(A_2\Delta s_3\Delta s_1\right)_{q_2+\Delta q_2} = \left(A_2\Delta s_3\Delta s_1\right)_{q_2} + \frac{\partial}{\partial q_2}\left(A_2\Delta s_3\Delta s_1\right)\Delta q_2 \quad \text{(B.14)}$$

$$\left(A_3\Delta s_1\Delta s_2\right)_{q_3+\Delta q_3} = \left(A_3\Delta s_1\Delta s_2\right)_{q_3} + \frac{\partial}{\partial q_3}\left(A_3\Delta s_1\Delta s_2\right)\Delta q_3 \quad \text{(B.15)}$$

式 (B.13)–(B.15) を式 (B.12) に代入すると，次のように表される．

$$\iint \boldsymbol{A}\cdot\boldsymbol{n}\,\mathrm{d}S = \frac{\partial}{\partial q_1}\left(A_1\Delta s_2\Delta s_3\right)\Delta q_1 + \frac{\partial}{\partial q_2}\left(A_2\Delta s_3\Delta s_1\right)\Delta q_2$$
$$+ \frac{\partial}{\partial q_3}\left(A_3\Delta s_1\Delta s_2\right)\Delta q_3$$
$$= \frac{\partial}{\partial q_1}\left(A_1h_2h_3\right)\Delta q_1\Delta q_2\Delta q_3 + \frac{\partial}{\partial q_2}\left(A_2h_3h_1\right)\Delta q_1\Delta q_2\Delta q_3$$
$$+ \frac{\partial}{\partial q_3}\left(A_3h_1h_2\right)\Delta q_1\Delta q_2\Delta q_3$$
$$= \left[\frac{\partial}{\partial q_1}\left(A_1h_2h_3\right) + \frac{\partial}{\partial q_2}\left(A_2h_3h_1\right) + \frac{\partial}{\partial q_3}\left(A_3h_1h_2\right)\right]$$
$$\times \Delta q_1\Delta q_2\Delta q_3 \quad \text{(B.16)}$$

式 (B.16)，(B.11) を式 (B.10) に代入すると，ベクトル $\boldsymbol{A}$ の発散は，次のように求められる．

$$
\begin{aligned}
\operatorname{div} \boldsymbol{A} &= \nabla \cdot \boldsymbol{A} \\
&= \frac{1}{h_1 h_2 h_3}\left[\frac{\partial}{\partial q_1}(A_1 h_2 h_3) + \frac{\partial}{\partial q_2}(A_2 h_3 h_1) + \frac{\partial}{\partial q_3}(A_3 h_1 h_2)\right]
\end{aligned} \tag{B.17}
$$

回　転

ベクトル $\boldsymbol{A}$ の**回転** (rotation) は，次式によって定義される．

$$
\operatorname{rot} \boldsymbol{A} = \nabla \times \boldsymbol{A} \equiv \lim_{\Delta S \to 0} \frac{\oint \boldsymbol{A} \cdot \mathrm{d}\boldsymbol{l}}{\Delta S} \tag{B.18}
$$

ここで，ΔS は図 B.2 の微小面の面積であって，次のように表される．

$$
\Delta S = \Delta s_1 \Delta s_2 = h_1 h_2 \Delta q_1 \Delta q_2 \tag{B.19}
$$

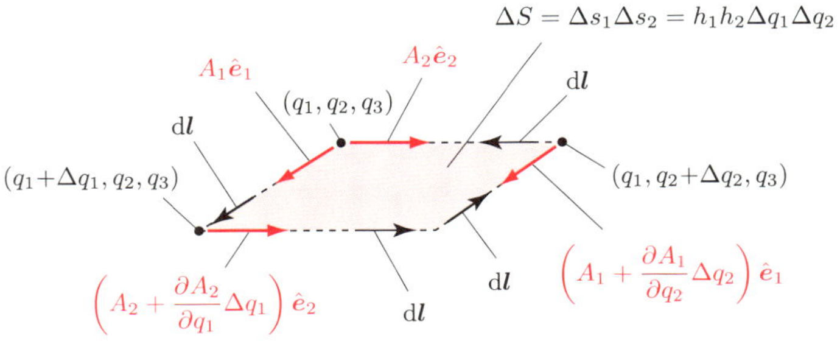

図 B.2　$q_1 q_2 q_3$-座標系における微小面積

また，$\mathrm{d}\boldsymbol{l}$ は図 B.2 の微小面の縁上の微小経路ベクトルで，反時計回りに向いている．ベクトル $\boldsymbol{A}$, $\mathrm{d}\boldsymbol{l}$ の向きに注意すると，周回積分は次のようになる．

$$
\begin{aligned}
\oint \boldsymbol{A} \cdot \mathrm{d}\boldsymbol{l} &= (A_1 \Delta s_1)_{q_1, q_2} - (A_1 \Delta s_1)_{q_1, q_2+\Delta q_2} \\
&\quad + (A_2 \Delta s_2)_{q_1+\Delta q_1, q_2} - (A_2 \Delta s_2)_{q_1, q_2}
\end{aligned} \tag{B.20}
$$

式 (B.20) の右辺の第 2 項，第 3 項をテイラー展開し，1 次の項まで残すと，次のようになる．

$$(A_1 \Delta s_1)_{q_1, q_2+\Delta q_2} = (A_1 \Delta s_1)_{q_1, q_2} + \frac{\partial}{\partial q_2}(A_1 \Delta s_1)\,\Delta q_2 \tag{B.21}$$

$$(A_2 \Delta s_2)_{q_1+\Delta q_1, q_2} = (A_2 \Delta s_2)_{q_1, q_2} + \frac{\partial}{\partial q_1}(A_2 \Delta s_2)\,\Delta q_1 \tag{B.22}$$

式 (B.21)，(B.22) を式 (B.20) に代入すると，次のように表される．

$$\begin{aligned}\oint \boldsymbol{A} \cdot \mathrm{d}\boldsymbol{l} &= \frac{\partial}{\partial q_1}(A_2 \Delta s_2)\,\Delta q_1 - \frac{\partial}{\partial q_2}(A_1 \Delta s_1)\,\Delta q_2 \\ &= \frac{\partial}{\partial q_1}(A_2 h_2)\,\Delta q_1 \Delta q_2 - \frac{\partial}{\partial q_2}(A_1 h_1)\,\Delta q_1 \Delta q_2 \\ &= \left[\frac{\partial}{\partial q_1}(A_2 h_2) - \frac{\partial}{\partial q_2}(A_1 h_1)\right] \Delta q_1 \Delta q_2\end{aligned} \tag{B.23}$$

式 (B.23)，(B.19) を式 (B.18) に代入し，他の成分についても同様な計算をおこなうと，ベクトル $\boldsymbol{A}$ の回転の各成分は，次のように表される．

$$(\mathrm{rot}\,\boldsymbol{A})_1 = (\nabla \times \boldsymbol{A})_1 = \frac{1}{h_2 h_3}\left[\frac{\partial}{\partial q_2}(A_3 h_3) - \frac{\partial}{\partial q_3}(A_2 h_2)\right] \tag{B.24}$$

$$(\mathrm{rot}\,\boldsymbol{A})_2 = (\nabla \times \boldsymbol{A})_2 = \frac{1}{h_3 h_1}\left[\frac{\partial}{\partial q_3}(A_1 h_1) - \frac{\partial}{\partial q_1}(A_3 h_3)\right] \tag{B.25}$$

$$(\mathrm{rot}\,\boldsymbol{A})_3 = (\nabla \times \boldsymbol{A})_3 = \frac{1}{h_1 h_2}\left[\frac{\partial}{\partial q_1}(A_2 h_2) - \frac{\partial}{\partial q_2}(A_1 h_1)\right] \tag{B.26}$$

式 (B.24)–式 (B.26) からベクトル $\boldsymbol{A}$ の回転は，次のように書くことができる．

$$\mathrm{rot}\,\boldsymbol{A} = \nabla \times \boldsymbol{A} = \frac{1}{h_1 h_2 h_3}\begin{vmatrix} \hat{\boldsymbol{e}}_1 h_1 & \hat{\boldsymbol{e}}_2 h_2 & \hat{\boldsymbol{e}}_3 h_3 \\ \frac{\partial}{\partial q_1} & \frac{\partial}{\partial q_2} & \frac{\partial}{\partial q_3} \\ A_1 h_1 & A_2 h_2 & A_3 h_3 \end{vmatrix} \tag{B.27}$$

ラプラシアン

式 (B.9)，(B.17) から，スカラー関数 ϕ のラプラシアンは，次のようになる．

$$\nabla^2\phi = \nabla\cdot\nabla\phi$$
$$= \frac{1}{h_1h_2h_3}\left[\frac{\partial}{\partial q_1}\left(\frac{h_2h_3}{h_1}\frac{\partial\phi}{\partial q_1}\right)+\frac{\partial}{\partial q_2}\left(\frac{h_3h_1}{h_2}\frac{\partial\phi}{\partial q_2}\right)+\frac{\partial}{\partial q_3}\left(\frac{h_1h_2}{h_3}\frac{\partial\phi}{\partial q_3}\right)\right] \tag{B.28}$$

B.2 円柱座標

尺度係数

図 B.3 に示す**円柱座標** (cylindrical coordinates) を考える．点 P の座標を xyz-座標系で (x, y, z) とする．円柱座標 (r, φ, z) を用いると，x, y, z は，それぞれ次のように表される．

$$x = r\cos\varphi \tag{B.29}$$

$$y = r\sin\varphi \tag{B.30}$$

$$z = z \tag{B.31}$$

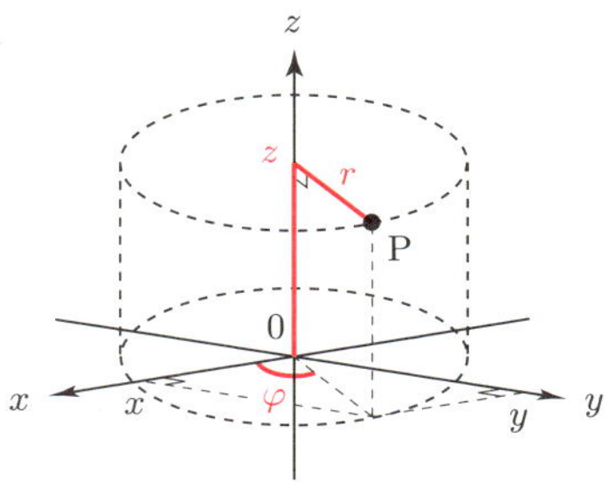

図 B.3 円柱座標

ここで，$q_1 = r$, $q_2 = \varphi$, $q_3 = z$ として，式 (B.29)–(B.31) を式 (B.8) に代入すると，尺度係数 h_1, h_2, h_3 は，次のように求められる．

$$h_1 = 1, \quad h_2 = r, \quad h_3 = 1 \tag{B.32}$$

したがって，勾配，発散，回転，ラプラシアンは次のようになる．

勾 配

$$\mathrm{grad}_r\,\phi = (\nabla\phi)_r = \frac{\partial\phi}{\partial r} \tag{B.33}$$

$$\mathrm{grad}_\varphi\,\phi = (\nabla\phi)_\varphi = \frac{1}{r}\frac{\partial\phi}{\partial\varphi} \tag{B.34}$$

$$\mathrm{grad}_z\,\phi = (\nabla\phi)_z = \frac{\partial\phi}{\partial z} \tag{B.35}$$

$$\mathrm{grad}\,\phi = \nabla\phi = \frac{\partial\phi}{\partial r}\,\hat{\boldsymbol{e}}_r + \frac{1}{r}\frac{\partial\phi}{\partial\varphi}\,\hat{\boldsymbol{e}}_\varphi + \frac{\partial\phi}{\partial z}\,\hat{\boldsymbol{e}}_z \tag{B.36}$$

発 散

$$\mathrm{div}\,\boldsymbol{A} = \frac{1}{r}\frac{\partial}{\partial r}(rA_r) + \frac{1}{r}\frac{\partial}{\partial\varphi}A_\varphi + \frac{\partial}{\partial z}A_z \tag{B.37}$$

回 転

$$\mathrm{rot}_r\boldsymbol{A} = (\nabla\times\boldsymbol{A})_r = \frac{1}{r}\frac{\partial}{\partial\varphi}A_z - \frac{\partial}{\partial z}A_\varphi \tag{B.38}$$

$$\mathrm{rot}_\varphi\boldsymbol{A} = (\nabla\times\boldsymbol{A})_\varphi = \frac{\partial}{\partial z}A_r - \frac{\partial}{\partial r}A_z \tag{B.39}$$

$$\mathrm{rot}_z\boldsymbol{A} = (\nabla\times\boldsymbol{A})_z = \frac{1}{r}\frac{\partial}{\partial r}(rA_\varphi) - \frac{1}{r}\frac{\partial}{\partial\varphi}A_r \tag{B.40}$$

$$\mathrm{rot}\,\boldsymbol{A} = \nabla\times\boldsymbol{A} = \frac{1}{r}\begin{vmatrix} \hat{\boldsymbol{e}}_r & r\hat{\boldsymbol{e}}_\varphi & \hat{\boldsymbol{e}}_z \\ \frac{\partial}{\partial r} & \frac{\partial}{\partial\varphi} & \frac{\partial}{\partial z} \\ A_r & rA_\varphi & A_z \end{vmatrix} \tag{B.41}$$

ラプラシアン

$$\nabla^2\phi = \frac{\partial^2\phi}{\partial r^2} + \frac{1}{r}\frac{\partial\phi}{\partial r} + \frac{1}{r^2}\frac{\partial^2\phi}{\partial\varphi^2} + \frac{\partial^2\phi}{\partial z^2} \tag{B.42}$$

B.3 球 座 標

尺度係数

図 B.4 に示す**球座標** (spherical coordinates) を考える．点 P の座標を xyz-座標系で (x, y, z) とする．球座標 (r, θ, φ) を用いると，x, y, z は，それぞれ次

のように表される．

$$x = r\sin\theta\cos\varphi \tag{B.43}$$

$$y = r\sin\theta\sin\varphi \tag{B.44}$$

$$z = r\cos\theta \tag{B.45}$$

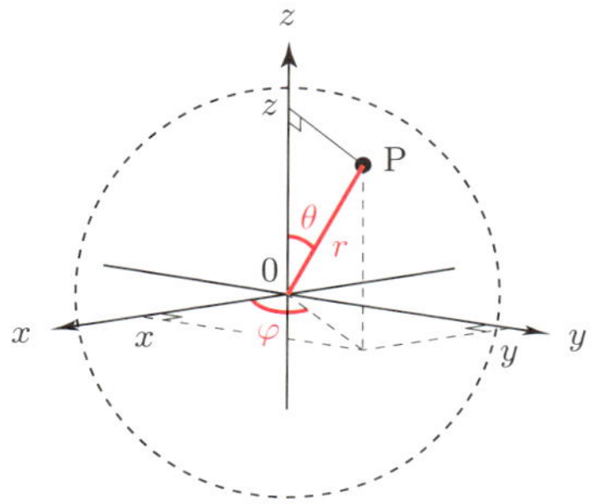

図 B.4 球座標

ここで，$q_1 = r,\ q_2 = \theta,\ q_3 = \varphi$ として，式 (B.43)–(B.45) を式 (B.8) に代入すると，尺度係数 h_1, h_2, h_3 は，次のように求められる．

$$h_1 = 1, \quad h_2 = r, \quad h_3 = r\sin\theta \tag{B.46}$$

したがって，勾配，発散，回転，ラプラシアンは次のようになる．

勾 配

$$\mathrm{grad}_r\,\phi = (\nabla\phi)_r = \frac{\partial\phi}{\partial r} \tag{B.47}$$

$$\mathrm{grad}_\theta\,\phi = (\nabla\phi)_\theta = \frac{1}{r}\frac{\partial\phi}{\partial\theta} \tag{B.48}$$

$$\mathrm{grad}_\varphi\,\phi = (\nabla\phi)_\varphi = \frac{1}{r\sin\theta}\frac{\partial\phi}{\partial\varphi} \tag{B.49}$$

$$\mathrm{grad}\,\phi = \nabla\phi = \frac{\partial\phi}{\partial r}\,\hat{\boldsymbol{e}}_r + \frac{1}{r}\frac{\partial\phi}{\partial\theta}\,\hat{\boldsymbol{e}}_\theta + \frac{1}{r\sin\theta}\frac{\partial\phi}{\partial\varphi}\,\hat{\boldsymbol{e}}_\varphi \tag{B.50}$$

発 散

$$\mathrm{div}\,\boldsymbol{A} = \frac{1}{r^2}\frac{\partial}{\partial r}\left(r^2 A_r\right) + \frac{1}{r\sin\theta}\frac{\partial}{\partial\theta}\left(A_\theta \sin\theta\right) + \frac{1}{r\sin\theta}\frac{\partial}{\partial\varphi}A_\varphi \qquad \text{(B.51)}$$

回 転

$$\mathrm{rot}_r\boldsymbol{A} = (\nabla\times\boldsymbol{A})_r = \frac{1}{r\sin\theta}\frac{\partial}{\partial\theta}\left(A_\varphi\sin\theta\right) - \frac{1}{r\sin\theta}\frac{\partial}{\partial\varphi}A_\theta \qquad \text{(B.52)}$$

$$\mathrm{rot}_\theta\boldsymbol{A} = (\nabla\times\boldsymbol{A})_\theta = \frac{1}{r\sin\theta}\frac{\partial}{\partial\varphi}A_r - \frac{1}{r}\frac{\partial}{\partial r}\left(rA_\varphi\right) \qquad \text{(B.53)}$$

$$\mathrm{rot}_\varphi\boldsymbol{A} = (\nabla\times\boldsymbol{A})_\varphi = \frac{1}{r}\frac{\partial}{\partial r}\left(rA_\theta\right) - \frac{1}{r}\frac{\partial}{\partial\theta}A_r \qquad \text{(B.54)}$$

$$\mathrm{rot}\,\boldsymbol{A} = \nabla\times\boldsymbol{A} = \frac{1}{r^2\sin\theta}\begin{vmatrix} \hat{\boldsymbol{e}}_r & r\,\hat{\boldsymbol{e}}_\theta & r\sin\theta\,\hat{\boldsymbol{e}}_\varphi \\ \frac{\partial}{\partial r} & \frac{\partial}{\partial\theta} & \frac{\partial}{\partial\varphi} \\ A_r & rA_\theta & r\sin\theta A_\varphi \end{vmatrix} \qquad \text{(B.55)}$$

ラプラシアン

$$\nabla^2\phi = \frac{\partial^2\phi}{\partial r^2} + \frac{2}{r}\frac{\partial\phi}{\partial r} + \frac{1}{r^2}\left(\frac{\partial^2\phi}{\partial\theta^2} + \cot\theta\,\frac{\partial\phi}{\partial\theta} + \frac{1}{\sin^2\theta}\frac{\partial^2\phi}{\partial\varphi^2}\right) \qquad \text{(B.56)}$$

参考文献

[1] 沼居貴陽,「大学生のためのエッセンス 電磁気学」(共立出版, 2010).

[2] 太田浩一,「電磁気学の基礎 I」(シュプリンガー・ジャパン, 2007).

[3] 太田浩一,「電磁気学の基礎 II」(シュプリンガー・ジャパン, 2007).

[4] 今井功,「古典物理の数理」(岩波書店, 2003).

[5] 今井功,「新感覚物理入門 — 力学・電磁気学の新しい考え方 —」(岩波書店, 2003).

[6] 太田浩一,「マクスウェル理論の基礎 — 相対論と電磁気学 —」(東京大学出版会, 2002).

[7] 牟田泰三,「電磁力学」(岩波書店, 2001).

[8] 太田浩一,「電磁気学の基礎 I」(丸善, 2000).

[9] 太田浩一,「電磁気学の基礎 II」(丸善, 2000).

[10] J. D. Jackson, "Classical Electrodynamics" Third Ed. (John Wiley & Sons, 1999):J. D. ジャクソン;西田稔 訳,「電磁気学 上」(吉岡書店, 2002),「電磁気学 下」(吉岡書店, 2003).

[11] 砂川重信,「理論電磁気学」第 3 版 (紀伊國屋書店, 1999).

[12] 小柴正則,「基礎からの電磁気学 — 精選問題 100 題と詳しい解答付き —」(培風館, 1998).

[13] 砂川重信,「電磁気学 — 初めて学ぶ人のために —」改訂版 (培風館, 1997).

[14] 霜田光一,「歴史をかえた物理実験」(丸善, 1996).

[15] 中山正敏,「物質の電磁気学」(岩波書店, 1996).

[16] 長谷川晃,「基礎原理にもとづく工科系の電磁気学」(岩波書店, 1995).

[17] 川村清,「電磁気学」(岩波書店, 1994).

[18] 砂川重信,「電磁気学の考え方」(岩波書店, 1993).

[19] 霜田光一,「簡明 電磁気ハンドブック」(聖文社, 1993).

[20] A. Tonomura, "Electron Holography" (Springer-Verlag, 1993).

[21] 今井功,「電磁気学を考える」(サイエンス社, 1990).

[22] 近角聰信,「基礎電磁気学」(培風館, 1990).

[23] 長岡洋介, 丹慶勝市,「例解電磁気学演習」(岩波書店, 1990).

[24] 砂川重信,「電磁気学 — 初めて学ぶ人のために —」(培風館, 1988).

[25] V. D. Barger and M. G. Olsson, "Classical Electricity and Magnetism — A Contemporary Perspective —" (Allyn and Bacon, 1987) : V. D. バーガー, M. G. オルソン ; 小林澈郎, 土佐幸子 共訳,「電磁気学 — 新しい視点にたって — I」(培風館, 1991),「電磁気学 — 新しい視点にたって — II」(培風館, 1992).

[26] 砂川重信,「電磁気学」(岩波書店, 1987).

[27] 砂川重信,「電磁気学演習」(岩波書店, 1987).

[28] 外村彰,「電子波で見る世界 — 電子線ホログラフィー —」(丸善, 1985).

[29] 外村彰,「電子線ホログラフィー — ミクロの情報をつかむ新技術 —」(オーム社, 1985).

[30] E. M. Purcell, "Electricity and Magnetism" Second Ed. (McGraw-Hill, 1985) : E. M. パーセル ; 飯田修一 監訳,「電磁気学 (第 2 版) 上」(丸善, 1989),「電磁気学 (第 2 版) 下」(丸善, 1989).

[31] 長岡洋介,「電磁気学 II」(岩波書店, 1983).

[32] 長岡洋介,「電磁気学 I」(岩波書店, 1982).

[33] ア・エス・カンパニエーツ ; 高見穎郎 監修, 佐野理 訳,「電磁気学 –物質中の電磁力学 (東京図書, 1981).

[34] ア・エス・カンパニエーツ ; 高見穎郎 監修, 佐野理 訳,「相対論と電磁力学」(東京図書, 1980).

[35] 霜田光一, 近角聰信 編,「大学演習 電磁気学」全訂版 (裳華房, 1980).

[36] 藤田広一, 佐々木 敬介,「続電磁気学演習ノート」(コロナ社, 1979).

[37] 藤田広一,「続電磁気学ノート」改訂版 (コロナ社, 1978).

[38] 熊谷寛夫,「電磁気学の基礎 — 実験室における —」(裳華房, 1975).

[39] 藤田広一,「電磁気学ノート」改訂版 (コロナ社, 1975).

[40] 藤田広一, 野口晃,「電磁気学演習ノート」(コロナ社, 1974).

[41] J. D. Jackson, "Classical Electrodynamics" Second Ed. (John Wiley & Sons, 1974) : J. D. ジャクソン ; 西田稔 訳,「電磁気学 上」(吉岡書店, 1994),「電磁気学 下」(吉岡書店, 1994).

[42] 末松安晴,「電磁気学」(共立出版, 1973).

[43] 砂川重信,「理論電磁気学」第 2 版 (紀伊國屋書店, 1973).

[44] 平川浩正,「電気力学」(培風館, 1973)

[45] 安達三郎, 曽根敏夫, 米谷務, 山之内和彦,「電磁気学演習」(丸善, 1973).

[46] 二村忠元,「電磁気学」(丸善, 1972).

[47] 藤田広一,「電磁気学ノート」(コロナ社, 1971).

[48] 後藤憲一, 山崎修一郎,「詳解電磁気学演習」(共立出版, 1970).

[49] 平川浩正,「電磁気学」(培風館, 1968).

[50] 熊谷寛夫, 荒川泰二,「電磁気学」(朝倉書店, 1965).

[51] R. P. Feynman, R. B. Leighton, and M. Sands, "The Feynman Lectures on Physics" Volume II (Addison-Wesley, 1964):R. P. ファインマン, R. B. レイトン, M. サンズ;宮島龍興 訳,「ファインマン物理学 III 電磁気学」(岩波書店, 1969), 戸田盛和 訳,「ファインマン物理学 IV 電磁波と物性」(岩波書店, 1971).

[52] エリ・ランダウ, イェ・リフシッツ;井上健男, 安河内昂, 佐々木健 訳,「電磁気学 2」(東京図書, 1965).

[53] エリ・ランダウ, イェ・リフシッツ;恒藤敏彦, 広重徹 訳,「場の古典論」増訂新版 (東京図書, 1964).

[54] エリ・ランダウ, イェ・リフシッツ;井上健男, 安河内昂, 佐々木健 訳,「電磁気学 1」(東京図書, 1962).

[55] W. K. H. Panofsky and M. Phillips, "Classical Electricity and Magnetism" Second Ed. (Addison-Wesley, 1962; Dover, 2005):W. K. H. パノフスキー, M. フィリップス;林忠四郎, 西田稔共 訳,「電磁気学 上」新版 (吉岡書店, 1967), 林忠四郎, 天野恒雄共 訳,「電磁気学 下」新版 (吉岡書店, 1968).

[56] R. Becker, "Electromagnetic Fields and Interactions" (Blaisdell, 1964; Dover, 1982).

[57] J. D. Jackson, "Classical Electrodynamics" (John Wiley & Sons, 1962):J. D. ジャクソン;西田稔, 寺下陽一 訳,「電磁気学 1」(紀伊國屋書店, 1972),「電磁気学 2」(紀伊國屋書店, 1973).

[58] 高橋秀俊,「電磁気学」(裳華房, 1959).

[59] 霜田光一, 近角聰信 編,「大学演習 電磁気学」(裳華房, 1956).

[60] J. C. Slater and N. H. Frank, "Electromagnetism" Third Ed. (McGraw-Hill, 1947; Dover, 1969):J. C. スレイター, N. H. フランク;柿内賢信 訳,「電磁気学」

第 3 版（丸善，1974）.

[61] J. A. Stratton, "Electromagnetic Theory" (McGraw-Hill, 1941)：J. A. ストラットン；桜井時夫 訳,「電磁理論」(日本社，1943；生産技術センター，1976).

[62] E. T. Whittaker, "A History of the Theories of Aether and Electricity — from the Age of Descartes to the Close of the Nineteenth Century —" (Longmans, Green, and Co., 1910)：E.T. ホイッテーカー；霜田光一，近藤都登 訳「エーテルと電気の歴史」上，下（講談社,1976）.

[63] J. C. Maxwell, "A Treatise on Electricity and Magnetism" Third Ed., Vol.1, Vol.2 (Clarendon Press, 1891; Dover, 1954).

索　　引

■ た行

■ は行

■ や行

■ ら行

Memorandum

Memorandum

Memorandum

Memorandum

著者紹介

沼居　貴陽（ぬまい　たかひろ）工学博士

慶應義塾大学工学部電気工学科卒.
同大学院修士課程修了後，日本電気株式会社光エレクトロニクス研究所,
北海道大学助教授，キヤノン株式会社中央研究所を経て，立命館大学教授.

著　書「半導体レーザー工学の基礎」（丸善）
「固体物理学演習」（丸善）
「熱物理学・統計物理学演習」（丸善）
「論理回路入門」（丸善）
「改訂版　固体物理学演習」（丸善）
「例題で学ぶ半導体デバイス」（森北出版）
「固体物性入門」（森北出版）
「固体物性を理解するための統計物理入門」（森北出版）
「大学生のためのエッセンス　電磁気学」（共立出版）
「大学生のためのエッセンス　量子力学」（共立出版）
“Fundamentals of Semiconductor Lasers”（Springer）
“Laser Diodes and Their Applications to Communications and Information Processing”（John Wiley & Sons）

大学生のための電磁気学演習
Problems and Solutions in Electromagnetism for College Students

2011 年 7 月 30 日　初版 1 刷発行
2020 年 2 月 20 日　初版 4 刷発行

著　者　沼居 貴陽　© 2011

発　行　**共立出版株式会社** / 南條光章
東京都文京区小日向 4-6-19
電話　03-3947-2511（代表）
〒112-0006 / 振替口座 00110-2-57035
www.kyoritsu-pub.co.jp

印　刷
製　本　錦明印刷

一般社団法人
自然科学書協会
会員

検印廃止
NDC 427.01
ISBN 978-4-320-03476-1

Printed in Japan

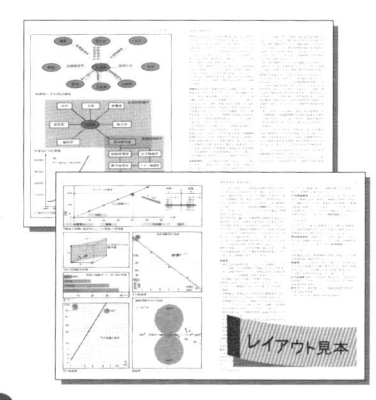